散落在苏州古城的老宅、璀璨如珠，是歷史文化名城的重要元素。保护和利用好这些珍貴遺產，是我們的義務和責任。

蒋宏坤

中共江苏省委常委、苏州市委书记蒋宏坤为本书题词大家都说苏州很美，而且说了很久很久。今天，当我们编辑了《古城遗珠——苏州控保建筑探幽》后，我们才更深感自傲地说：“苏州美的内涵就是那些散落在大街小巷的控保老宅和文保建筑，她们像历史尘埃中出土的明珠一样，一直在古城熠熠生辉。”

古城遗珠（续）

苏州控保建筑探幽

主编 沈庆年

苏州大学出版社

图书在版编目（CIP）数据

古城遗珠 ：苏州控保建筑探幽 ：续 / 沈庆年主编
. -- 苏州 ：苏州大学出版社，2013.1
ISBN 978-7-5672-0400-3

Ⅰ. ①古… Ⅱ. ①沈… Ⅲ. ①古建筑－文物保护－苏州市 Ⅳ. ①TU-87

中国版本图书馆CIP数据核字(2013)第017779号

总顾问： 蒋宏坤
特邀顾问： 王仁宇　徐刚毅
编委会主任： 王金兴
编委会副主任： 沈庆年　张　纯
策划编辑： 姜林强　石永昌
特约撰稿： 何大明　王梦沂　杨维忠　郑凤鸣　邹永明　王为国　徐苏君　吉　辰　王春年　张品荣　张平生　柯继承　沈嘉乐
摄影： 徐刚毅　瞿金根　郁梦玮等
美术装帧： 谭家馨　李　风
印务： 周　云　季炜康

古城遗珠——苏州控保建筑探幽（续）
沈庆年 主编
责任编辑 方 圆

苏州大学出版社出版发行
（地址：苏州市十梓街1号　邮编：215006）
苏州恒久印务有限公司
（地址：苏州市友新路28号东侧　邮编：215128）

开本700mm×1000mm　1/16　印张19.5　字数278千
2013年4月第1版 2013年4月第1次印刷
ISBN 978-7-5672-0400-3　定价：58.00元

苏州大学版图书若有印装错误，本社负责调换
苏州大学出版社营销部 电话：0512-65225020
苏州大学出版社网址 http://www.sudapress.com

代序

和控制保护建筑同行

王仁宇

《苏州楼市》杂志总编沈庆年先生在苏州文化旅游发展集团董事长王金兴先生的全力支持下，组织杂志撰稿人编辑出版了一本关于苏州市控制保护建筑的书籍，书名很雅，叫《古城遗珠——苏州控保建筑探幽》。

所谓控制保护建筑，是指散落在苏州古城区及各镇大街小巷内数百处有一定文物价值的古老建筑。其中以古民居为多，此外也不乏寺庙庵观、义庄祠堂和会馆公所之类的建筑。这些建筑长期以来挤满了住户，号称七十二家房客，虽然年久失修，衰败破落，历史的欠账随处可见，但细细品赏，依然各具特色，精妙之处历历可数。有的深藏在小巷尽头，或是临流筑室；有的高楼深阁、雕梁画栋；有的庭院深深、曲径通幽，凿有池沼、叠有山石、栽有奇花异卉。如果不是亲眼目睹真不会相信，一处书斋前面，只有巴掌大的庭院，四周高墙深锁，但仍不忘修筑一处极为精致的花坛，栽上几株红的或黄的天竺，而后在墙上刻上一方“遥风漏月”的砖细题额。在这里似乎真的能听到寂寞的寒窗学子对大自然的真情呼唤。这一处处精心修建的被人誉为苏式建筑的实例，反映了苏州几代人乃至几十代人生活和居住的真实状况，凝聚了先人无穷的智慧和杰出的创造。苏州是个人文荟萃之地，状元宰相、文人学者、诗人画家代有辈出，他们就是从这些古老的建筑中走出来，并谱写了绚丽的人生篇章。

这些曾经精美的建筑，连同刻烙其间的历史印记，构筑了苏州辉煌的历史和灿烂的文化。打开沈先生主编的《古城遗珠——苏州控保建筑探幽》一书，不难发现，书中的记述离我们并不遥远，那些精美的建筑就坐落在我们经常路过的小巷深处、桥头河边；那些杰出人物仿佛就是似曾相识的左邻右舍，只是尘封已久，渐渐淡出了我们的视野。该书的出版发行，将帮助我们重新找回岁月的印痕，唤醒历史的记忆。

一

说起控制保护建筑，还得从1982年苏州市开展的那次大规模文物园林建筑普查说起。

“文革”的硝烟刚刚散去，保护苏州这座被誉为“人间天堂”的古城这一严肃课题，便受到众多有识之士的关注。吴亮平、匡亚明等前辈站在保护民族文化遗产的高度，在报刊上发出了“救救苏州古城”这震撼人心的呼唤；邓小平等中央领导高瞻远瞩，明确指示：要保护好苏州这座美丽的古城；国务院、江苏省委派出调查组，协助苏州做好古城保护工作，并拨专款，抢救修复苏州文庙、环秀山庄、艺圃、全晋会馆、瑞光塔、北寺塔院等一批重要文物保护单位。在此期间，苏州被公布为我国首批历史文化名城，明确了苏州古城的城市性质。事后我才醒悟到，这是文化战线上一场惊心动魄的斗争，是对“文革”“极左思潮”干扰下被搞乱了的文物保护事业的拨乱反正。因此我认为，1982年是苏州文化史上极不平凡的一年。

苏州大规模文物园林古建筑普查，就是在上述重大历史背景下展开的，目的十分明确：对遭到破坏的苏州古城进行一次全面清理，以便摸清家底、加强管理，切实做好保护工作。这次普查是在苏州市政府的直接领导下开展的，我们文管会办公室全力以赴。此外，还从园林、城建、宗教、房管等部门抽调了十多位骨干同志组成了专业调查组。调查组的同志分头深入各区，在当地街道、居委会的配合下，拉网式地穿街走巷，寻访踏看。普查工作历时半年，结果丰硕，我们惊喜地发现了数量众多的各类古建园林。我们审慎地反复评估、论证，选定其中文物价值较高的37处古建文物，由苏州市政府公布为市级文物保护单位。这使苏州市的各级文物保护单位跃增到92处，数量之多，为全省之冠。为巩固普查结果，对留下的其他古建筑，由于其历史沿革、建筑特色和人文内涵等要素，一时尚难搞清，公布为文物保护单位条件尚不成熟，决定从中精选252处，由苏州市政府专门发文予以保留，并规定未经批准不得任意翻建、改建和拆除，而且还特地起了一个具有约束力的名称——苏州市控制保护建筑，这就是苏州市控保建筑的由来。

二

随着时间的推移和工作的深入，我们对控制保护建筑的重要价值和加强保护的意义，已从最初为了巩固普查成果的想法，逐步和苏州历史文化名城的保护联系在一起。这些控保建筑已成为苏州历史文化名城不可或缺的组成部分。这些民居建筑群体遗存是苏州古城最为厚实的文化基础。记得当时在回答媒体采访时，笔者提出：控保建筑是构成苏州古城风貌的重要元素，是苏州建筑文化传承弘扬的遗传基因，是解读苏州历史文化信息的密码，这一“元素、基因和密码”，其核心思想是确保苏州古城的真实性和完整性。

我们公布保护一批数量可观的控制保护建筑，是在做一件前人从未做过的事，是一项具有开创意义的工作。这对拓展文化遗存保护的空间，充实承载人文内涵的载体，扩大可观瞻的文化景观，使苏州古城形态更加丰满完整，起了很大的推动作用，使我们能拥有一个更具文物价值和文化品位的古老苏州。

三

控制建筑保护工作难度很高，实际情况要比预计的复杂得多，远远超乎我们原先的想象。

控制保护建筑公布之初，正好遇上一些单位和部门为解决干部职工的住房困难，采用自筹资金、自主建房的热潮，特别是下放苏北的干部职工和知青返城，在城市缺房状况更加明显的情况下，出现了“见缝插屋”的不规范局面，导致保护与建设之间的矛盾尤为突出。当时我们的应对措施主要是“四处救火”“以理服人”，采取面对面的艰苦细致工作，近乎是上门请求“刀下留房”，不要将老房子拆去。

眼巴巴地等待形势的好转，却始料未及，迎来了一场城市建设“风暴”。这场“风暴”来势之迅猛、力度之大、拆迁范围之广，前所未有。诸如为打通古城东西通道所实施的干将路工程，以及全城54个街坊的旧城改造工程等，用“天翻地覆”来描述，也不算夸张。当时百万建设大军进驻苏州古城，全城成了一个大工地。面对需要保护的建筑已不再是个别的几个点，而是成片成线。我们能依靠的手段只有城市规划这道防线了，规划管理的严格把关是最为有效的保护措施。但是，一些单位和部门为了一时所需、一己之利，或是由于管理上的混乱和疏忽造成的错拆、误拆仍时有发生。为防止此类意外，我们不仅在每一处控保建筑的大门上钉上了醒目的标志，而且还经常穿梭于工地、建设单位和规划部门之间，严格监督、妥善协调，尽量减少损失。

这场城市建设“风暴”历经数年，苏州全市200多处控保建筑大多数完整地保存了下来，这是我们交出的一张成绩单。经过这场大拆大建，许多传统建筑消失了，却也得到了一个意外的收获：控保建筑在市民的心目中成了自己家乡的标志，他们找到了回家的感觉，控保建筑因而显得弥足珍贵，其地位得到显著提升。

四

苏州市控制保护建筑公布迄今，已艰难地走过了将近30个年头。由于政府的重视和大家的努力配合，它们目前的处境也有所改善，关心它们命运的已不光是文物部门一家，我们不再感到孤单。2002年苏州市人大常委会还制定了《苏州市古建筑保护管理办法》，控保建筑正式受到了法律的保护；政协委员关于控保建筑保护的提案年年不断，提出了许多积极的建议和意见；房管局、规划局等行政部门，以及吴文化研究会、吴都学会等社团组织的专家学者开展了深入研究，撰写了文章，编写了书籍，控保建筑的保护已深入人心。

笔者和这些控保建筑结伴同行，走过了漫漫长路，跨越了道道难关，结下了深厚感情。“控制保护建筑”这个由笔者给苏州市政府的报告中首次提出的名称，也得到了大家的认可并沿用至今。这些年来，控制保护建筑给了我巨大的压力，有担忧也有焦虑。但是控保建筑也给了我无限的欢乐和喜悦，特别是每当有新的重要发现、考证取得某些成果，或者是某一控保建筑得以修缮竣工时，便会感到由衷的高兴。我退休后做的第一件事是编写了《苏州名人故居》一书，是我对控保建筑多年结伴同行的成果，是一份工作总结，也是一份工作移交报告。

本以为到此为止可以告一段落，但总觉得事未了、情未断，其中最为牵挂的是这些控保建筑的逐一修复和合理使用，这是我们公布这些控保建筑的初衷，也是终极目标。这些百年建筑年久失修，如让其依然受风雨侵袭，使用失当，那么，总有一天它们会消失殆尽，离我们而去，一切都会前功尽弃。

前些年，笔者陪同谢辰生、罗哲文两位文物大家参观双塔影园和葑湄草堂等几处业已修复的控保建筑，两位古建筑权威边走边看，忍不住点头赞叹。二老坐在池塘边的石条上，任凉风习习，纵论天下民居，为苏州的建筑所折服。此时此刻，我却深感不安，无限内疚：天天大谈保护文化遗产，全市200多处文化精品，苏州特有的一份宝贝，然而迄今得以全面修复的不过十之一二，其余的仍在风雨飘摇之中。

正在我苦闷彷徨之际，忽然听到一个喜讯，苏州市委、市政府决定：从2011年开始要对苏州市区控保建筑逐年加以修复、利用，并已落实由苏州文化旅游发展集团等单位实施。工作已经启动，这让我看到了苏州控保建筑的美好前景。

《古城遗珠——苏州控保建筑探幽》一书即将面世，我感到由衷的高兴。我非常感谢沈主编和作者们的辛勤劳动，他们用真实的故事、生动的语言，为苏州市控保建筑作出了详尽阐释。同时也非常感谢苏州文化旅游发展集团鼎力支持这本书的出版发行，这将有力地推动苏州市文物保护事业的深入发展。这也从另一个侧面为苏州市控保建筑的永续保护和合理利用开辟了一条新的战线。

前言

为历史建筑重生而欢呼

徐刚毅

这些年苏州建了很多很多房子，其总量早已超过了苏州有史以来历朝历代所建房子的总和。然而其中真正能让我心里感动的民居建筑却很少见到，太多的新建筑，谈不上有多少美感，更说不出有多少内涵，实用却不耐看，速成而不长久，见多了心里也烦。那么，我所心仪的建筑究竟应该是什么样子的呢？思来想去，真正能让我产生心灵激荡的，还是那些被称为古建老宅子的历史建筑。虽然它们之中有许多早已被人遗忘，但只要走近它们，心里就会与之产生共鸣，被它深深地吸引。

历史建筑的韵味来源于其生命之树常青，似乎永远也不会被岁月淘汰。不朽的生命来源于它的诗意，无论是空间布局还是环境形态，也无论是构作工艺还是体量色彩，都是那样恰到好处、疏密有度、错落有致，给人带来美感。更有那历经岁月沧桑而积淀下来的隽永内涵，让人沉思，让人流连。

然而曾经有一个阶段，一些人却把历史建筑当成了包袱，当成了落后，必欲拆去而后快。1993年至2002年，延续了十年之久的古城大拆迁，那情景我们总不至于都遗忘了吧？

其实古建老宅子都是很精彩的，只是由于几十年来人们没有对它们负起责任来，一任七十二家房客杂乱居住，破坏性地使用，才使得很多古建老宅变得满目凄凉。所幸那些无知无畏、让人不堪回首的日子很快就过去了，如今历史建筑又重新得到了人们的关注。

2011年年初，苏州市委蒋宏坤书记专门指示苏州市政协：要针对古建老宅子的保护问题进行认真调研。在这之后，苏州市委、市政府随即启动了首批12处古建老宅子的保护修复工程。为了顺利推进此项工作，苏州文化旅游集团还特地成立了苏州古城投资建设有限公司，专门从事历史建筑的保护和利用工作，由此拉开了苏州古城区大规模保护历史建筑的序幕。

我们终于迎来了这一天，在这承前启后的时刻，《苏州楼市》杂志一批对古建老宅情有独钟的人士，在沈庆年先生的组织下，写作了一批有关历史建筑内涵挖掘、谜团解读的文章。为了让人们对历史建筑有更多的了解，苏州文化旅游集团决定全力支持《苏州楼市》，让这些文章得以结集出版，这对于历史建筑的保护与利用工作无疑是雪中送炭。

尤其让人高兴的是，蒋宏坤书记还特地为本书题词，为的就是让历史建筑的深厚内涵广为人们知晓，以促进历史建筑的保护和利用。

相信由苏州文化旅游集团支持出版的这套丛书，将伴随着历史建筑的重生而长久流传。

历史建筑是有灵性的，今天我们爱护它们，将来它们也会佑护我们，就像祖先关爱子孙……

目录

名人故居

庭院人家

寺观教堂

祠堂会所

遗存别筑

乡村古建

附录

—名人故居—

桃花坞里望炊楼

控保档案：编号为003谢家福故居，位于桃花坞大街264号，乃清代建筑。

谢家福故居（即“望炊楼”）位于桃花坞大街264号。

桃花坞在历史上多有兴废。最早是农桑之地，到宋熙宁年间，梅宣义在此筑台冶园，柳堤花坞，风物一新，称“五亩园”，又名“梅园”。绍圣年间，枢密章楶在五亩园南筑“桃花坞别墅”，占地700亩。章氏子弟在此基础上又广辟池沼，建成了庄园式园林，人称“章园”。《吴门表隐》誉其“园林第宅，卓冠一时”。梅、章两家为世交，梅宣义之子梅采南、章楶之子章咏华，仿效曲水流觞典故，将两园池塘打通，建双鱼放生池，一端通梅园的“双荷花池”，一端通章园的“千尺潭”。时郡人多于此春游看花，鼎盛一时。宋末兵变后，梅园、章园废圮不堪。元以后，桃花坞又屡有兴建。明弘治年间，著名画家唐寅以卖画所蓄，购得章楶的桃花坞别墅，取名为“桃花庵”，并在四周种桃树数亩，唐寅自号“桃花庵主”。清顺治初年，名医沈明生又购得此地，复建“桃花庵”等建筑以表追思，时人称“唐家园”或“沈太翁园”。乾隆年间，僧禅林、道心改建为宝华庵，光绪年间又改为文昌阁。清末，叶昌炽在五亩园重筑园亭，建筑物名称多用五亩园旧有，人

称“叶氏花园”。后被谢家福购得，建起“望炊楼”。如此风雅的名称，不是一般人能想得出的，傍晚时分，登上望炊楼楼头遥望千家万户的炊烟，既富有生活情趣，安闲中又似乎透着一份关切。

谢家福（1847—1897），苏州人，字绥之，一字锐止，号桃源主人、望炊楼主人等，晚又号锐庵。谢家先世居阳夏（今河南太康），晋朝时，谢世先祖南迁至会稽东山。明洪武初年，再迁余姚之孟家葑。崇祯年间，谢振龙带族人定居苏州，从此占籍吴县。谢家福出生时，其父谢元庆已50岁了，半百之年得子，父亲对谢家福的教育特别严格。谢家福4岁时，父亲握着儿子的小手，写出了一个“九”字；到了9岁那年，谢家福已可写得擘窠大字分赠给亲戚朋友，一时间，“九龄童子书”名动苏州。太平天国战乱期间，谢家福随母亲避居上海，战事结束重返家园。在积极参与地方事务建设之余，谢家福没有放弃自己的学业，同治七年（1868），他补府学博士弟子员。但是，传统的“四书五经”已不能满足谢家福了解新世界的雄心壮志，特别是当时国家已深陷帝国主义列强打上门来的所谓的“开放”，与外国人打交道的事件在方方面面纷纭而起，国家和社会十分需要能与外国人沟通的人才。在这样的情况下，谢家福成了一位学贯中西的清代洋务运动的积极参与者。

光绪年间，时任上海电报总局提调的谢家福，因丧母丁忧，返居苏州桃花坞，购得宋朝人梅宣义位于桃花坞的“五亩园”遗址，当时五亩园的旁边有着废圮过半的轮香善局和一批名贤祠宇。谢家福先将闵子祠、岳忠武、文忠烈、张文忠祠（轮香义塾）一个接一个地修复，以作接义公所、轮香局、义塾（儒孤学舍）及丙房（灵舍）之用，然后又在五亩园旧址上建造数间房屋，除去杂草，疏浚池沼，点缀亭榭，种上花木，按照史书记载，努力恢复着五亩园一带的旧风景和老地名。光绪十八年（1892），谢家福以国子监学政身份参与了中国电报事业的创设，建立了闻名电报界的苏州电报传习所（苏堂），成为苏州电报通信的创始人。苏堂为我国早期培养电信人才的三大学校之一（另两所分设在天津、上海），三年间它一共为我国电报界培养和输送了报务人才

800余人，影响极为深远。谢家福著作等身，除编撰有关“军国大事”的书集外，还印刻了《望炊楼丛书》和《磷血丛钞》，汇集了相当丰富的文史资料。而他的《五亩园小志》，无论是对苏州桃花坞，还是对古典园林五亩园来说，都是一份最详尽的总结，其地位，在苏州地方志乘上是独一无二的。

1894年7月，中日甲午战争爆发，谢家福上书大臣李鸿章，要求从戎参军谋，主张筹购军火，择兵将而战。但李鸿章未予理睬。“书数上，不得请，遂发愤，至呕血……”终于，忧劳成疾的谢家福，在闻知清军战败，清政府被迫和日本签订了丧权辱国的《马关条约》后，忧愤交加，“呕血数升，旬日而卒”。谢家福逝世后，谢家从此中落，庭园很快荒废，清亡不久，五亩园部分房舍曾移作殡仪馆。谢家福的嗣孙谢安生，继承了部分五亩园房产。五亩园废弃后，部分建筑移作昆剧传习所，另有部分建筑（轮昌局）曾移作殡仪馆之用。孙谢安生成为此处殡仪馆的最后一位馆长。殡仪馆撤销后，原址大部分改建为民居。五亩园园址1961年被林业机械厂占用（其前，西部部分土地即蔡家河东段北部曾为东风焦炭厂所有），园内残存楼亭等景如更好轩、碧藻轩、碑廊及古木、亭、池等，最后消失于1974年。2005年9月，林业机械厂搬迁完毕，土地被拍卖，今已在建别墅区。

现存的谢家福故居南向，门口的黄底黑字木牌上有几行简介，深褐色大门紧闭，门环已经锈迹斑驳。谢家原宅是做得很精细的，分为东西中3路，深5进，占地面积3456平方米，内有花园水池，有着苏州私家庭园的深藏不露，曲径通幽。现存仅2路，西路有楼5进，东路的轿厅和大厅主体结构基本完整。大厅面阔3间12米，进深7檩11.8米，扁作梁，前置船篷轩。宅基为明代沈均废园故址，嵌在墙上的“废园”石额尚在。太平天国时曾为劝王万镇坤的王府。现由桃花坞房管所管理使用。

悬壶世家曹沧洲

控保档案：编号为018曹沧洲故居，位于阊门西街59、61号，乃清代建筑。

在桃花坞大街的西南面，有一条南北向的老街——阊门西街，老苏州简称其为“西街”，它南接东中市西端，北接桃花桥（过桥即为今桃花桥路），是旧时东、西中市闹市区北通桃花坞的最主要的一条街道。西街的59、61号里，是曹沧洲的故居（即务本堂）。曹沧洲故居占地约3600平方米。正路东向5进，门屋、轿厅、大厅各3间。大厅面阔11.5米，进深6檩12米，扁作梁，前有双翻轩。有陆润庠题额砖雕门楼与厅相对。厅后为走马堂楼5间带2厢，末进上房亦为楼房5间。大厅南为一狭长庭园，中凿水池，东列花厅，西有书斋。正路以北有房屋3组南向，于备弄内次第列门，入门各有庭院，正屋皆楼房，或3间或5间，前后参差，高低错落。现正路后部堂楼、上房及北路诸屋为民居，基本完整。南部为内燃机配件厂所用。门屋、轿厅、书斋、水池均无存，并改建厂房，唯大厅独存。

曹沧洲（1849—1931），名元恒，字智涵，晚号兰雪老人，又号兰叟。苏州吴县人。曹家世代行医，专长内外科。他幼承家学，又认真学习叶天士、薛生白等江浙名医的经验，对温病有丰富的治疗经验和精辟见解，治疗烂喉丹痧有独到的办法，他既精内科，又善治外疡。自订“连城散”和“消坚散”两外敷药方，方便病家。光绪三十三年（1907）与青浦名医陈莲舫同被征召入

京为御医。1995年版《苏州市志》有传，民间传说慈禧太后病甚，不思进食，曹思其长期山珍海味，肠胃肥腻过甚，便用萝卜籽所煎汤剂，令饮之泻刮肥腻，果然见效。慈禧大喜，奖褒有加。苏州民间因有“三钱萝卜籽，换来红顶子（官帽）”的说法。现存《御医请脉详注》抄本，即他与陈莲舫为光绪帝诊治的脉案、药方。光绪三十四年（1908）三月初九，曹沧洲在给清帝诊脉后，在《脉案》中写道：“皇上肝肾阴虚，脾阳不足，气血亏损。”从曹氏记录看，这位清帝的病情着实不轻。1908年11月14日，光绪帝驾崩，次日，慈禧太后紧跟其后。光绪、慈禧死后，曹沧洲因病告归故里。遂谢绝诊事，颐养天年。虽然吴中妙手无力回天，但曹沧洲的“御医”招牌真实不虚，这位苏州民间医生也从此声名鹊起。遗著有《曹沧洲医案》《霍乱救急便览》《戒烟有效无弊法》，末一种列有汤、丸四种方剂，对当时戒烟起过一定作用。另有曹氏诊病医案抄本数种。

曹家到曹沧洲这一代，应该是曹家最兴旺的时期。曹沧洲有兄弟三人，曹沧洲是老大。老二、老三都是读书人，中举后同为翰林院编修，被赞誉为兄弟翰林。后来老二外放，官居二品大员，任河南兵备道，督黄河水利，可惜英年早逝。据曹氏后裔称，曹家老三倒是非常长寿，是典型的清朝遗老。据说，曹家老三每天还在屋内跪拜皇上，口出必称“吾皇万岁”，一直留着长辫子。老三晚年孤苦，双目失明，又没有后代，由政府资助赡养，直到1954年去世。

曹家的宅邸曾经相当宏伟，如今的曹沧洲故居仅是其中一小部分。据曹家后裔告知，原先的宅院有门厅、轿厅、照壁等，大大小小的建

筑有20多座。东起阊门西街，西至五峰园弄，北面要到后来的桃坞老年公寓，那里曾是曹家宴客的饭厅，最南要到空军老干部招待所，其中东部老宅全都为曹家所有。在北面的打铁弄

里，还有部分房屋是给丫鬟住的。曹宅的形制很特殊，中路上的大堂和走马楼面东设门，不像苏州许多宅院都是面南设门。3开间的大堂尚存，只是作为中路的堂前，被盖了一座水泥小楼，正门被封死，得从旁侧的新开门进入。大堂南侧原有备弄，南路建筑曾有庭院、花厅、书斋等，后被工厂征用，原貌不再。由小弄进入61号里，有3座面南而建的2层小楼，油漆斑驳，门窗为民国风貌，曹家后裔仍居住在里面。

另：苏州瓣莲巷曾是曹沧洲诊所的所在地，现为曹沧洲祠，祠内大厅有陆承曜先生所题的柱联：“深深小巷，悬壶世家为民疗宿疾；熠熠吴门，断脉神手入阕治沉疴。”可以看出，苏州人对这个平民出生的御医，是十分尊敬和爱戴的。

香禅居士着蒲团

控保档案：编号为037谦益堂潘宅，位于刘家浜24、26、28号，乃清代建筑。

刘家浜巷24、26、28号的门牌内，为潘宅建筑群，已被列入苏州市控制保护建筑，定名谦益堂潘宅，但具体建筑年代无文字查考。据地方志介绍，此宅应为潘姓盐商所有，宅内存有明、清、民国等各时期风格的建筑。为坐北朝南3路，建筑面积2385平方米。中路4进，第2进为大厅，梁架柱础为明代风格，硬山顶，面阔3间11.2米，进深8檩13.6米，梁架扁作，前有船篷轩，青石础，台基高4踏步。后有楼厅2进。西路有楼4进，东路有楼3进。大厅曾悬有光绪帝所赐“恩荣”匾额，“文革”中被毁。20世纪50年代，花厅、花园改建为厂房。现已散为民居，住户密度相对较大，以中老年留守居民为主，各处建筑均破损严重。

《金阊区志》中记载，潘家宅院内曾有“香禅精舍”，其主人是潘钟瑞。潘钟瑞（1822—1890），长洲人。原名振生，字圜云，又字麐生，号近僧、瘦羊、香禅，晚号香禅居士、瘦羊居士。室名香禅精舍、百不如人室。为清增贡生，后为太常寺博士。少孤力学，精篆隶，工词章，长于金石考证，究心文献，熟诸掌故。嗜爱山水，所游诸名胜皆有记考，所交皆当世名士。潘钟瑞三十丧偶不再娶，卒年六十八。

潘钟瑞是潘家有名的才子，他好

学，嗜诗词，著作甚多，有《百不如人室诗文草》稿本，叶廷管辑《劫余所见诗录》录《百不如人室诗稿》一卷，此外尚有《奉思录》《虎阜石刻仅存录》《苏台麋鹿记》《庚申噩梦记》等著作。为咸同年间著名吴派声律派词人，有《香禅词》。擅长北碑、隋楷，曾为留园涵碧山房等处篆匾。潘钟瑞亦能篆刻，并精于金石考证。他在苏州与吴昌硕是重要的金石之交，吴昌硕的《怀人诗》中就有一首写他的："黄山白岳几回看，经过严陵七里滩。听水听风随处见可，香禅居士着蒲团。"吴昌硕还为他画过《香禅精舍图》，说他无家室之累，翛然一身，如空山老衲，而没有打种供佛之烦。潘钟瑞亦属苏州"贵潘"一脉，虽不比潘祖荫尊贵，但家世也很华贵。他孝敬母亲，丧妻后不再娶，只以考订金石自娱。因此与吴昌硕深有默契，过从甚密。每次得到珍贵的书画碑版，都一起赏析。他常为吴昌硕书画题跋，吴昌硕则为之奏刀刻印，两人相得甚欢。

刘家浜26号，是整座建筑的中路。但建筑外形缩了一进，应是门厅被拆除了，如今看到的只是结构已经破坏的轿厅。里面的厅堂部分被全部封闭，而且在顶部还开孔建有2个气窗，俗称老虎天窗。通向大厅的天井西侧搭建了小平房，天井的石板已无存。里面大厅毁坏较为严重，除了部分梁架结构，厅堂原先的面貌已经不见。此大厅应是悬匾的谦益堂正厅，正中梁枋上还存有匾托。正厅面阔3间，前部带廊。所有的长窗半窗、廊柱间的栏杆均无存。西次间连同廊下被砖封闭，东次间封闭但外廊留存，正是此留存，才看到了廊柱等构件。廊无轩，但月梁完整。廊后厅内有作抬头轩一处，为船篷型。厅外带有3级踏步，厅内方砖铺地。础石、梁架以及踏步石带有明朝风格，估计为潘家购宅时原貌。

大厅与楼厅间有一天井，面南院墙中部有一残破的衣架锦式墙门，其背部原先有门楼，“文革”时遭毁。天井为水泥铺地。楼厅为面阔3间带2厢的2层小楼，楼厅整体布局较为传统，2楼栏杆带有卷草花饰隔板。厅内木质屏门与两侧木板壁尚完整，东西两侧各有一个完整的雕有卷草花的飞罩，下面是2对屏风。东西次间安有西洋风格的木门。后部屏门之东有一楼梯间，木梯亦有民国风格。其后封闭，须东转入东备弄。备弄中部东向有一石库门，可通向东路建筑，但有门紧闭，仅能从窗看到一座2层小楼，似清代构筑，上部较完整。东备弄北偏西向有一石库门通后进。此进小楼也是民国构筑，但破损较严重。西路建筑可从大厅西侧边门进，目前尚存2层小楼一座。

潘宅既有精致的明代遗构，又有清代的装饰，更有大量民国时期的建筑，加之居民的乱搭乱建，给人的感觉比较杂乱。

刘家浜内尢顶富

控保档案： 编号为038尢先甲故居，位于刘家浜39、41、43号，乃清代建筑。

刘家浜39、41、43号，是原清代富商尢先甲的故居，尢先甲（1843—1922），字鼎孚，苏州人，清光绪二年（1876）进士，曾在礼部任职。光绪九年（1883）因其父去世，尢告“丁忧”假回乡守孝（古代祖制，朝廷官员的父母去世，无论此人任何官职，从得知丧事那天起，须回到祖籍守制27个月，称“丁忧”），回乡后尢不再复出，就在苏州办起了实业。

尢先甲居家近40年，以经商为业，并热心于社会公益慈善事业。在清末社会变革动荡时期，对苏州地方颇有贡献。他曾投资创办同仁和绸缎局，积极参与苏纶、苏经两厂筹建事宜，以发展民族工商业。苏州

商务总会成立后，被推选为总理、议事，连任20年。地方每遇灾难，尢先甲都带头劝捐放赈，得到清廷嘉奖，赏赐花翎，赐侍读衔及三代二品封典。尢先甲在苏州地方上颇有影响，还先后被推举为江苏省铁路公司驻苏州分公司经董、江苏省认捐事务所苏州事务所所长、南洋劝业会吴县物产会会长等职。为保障地方治安，与众乡绅筹设团练局，自任北路局董。辛亥革命爆发，与孔昭晋、江衡等人，劝说江苏巡

抚程德全易帜反正。民国建立后，尢先甲除办理商务之外，还从事官粥局、民团局、平粜局等公益慈善事业。

尢先甲曾为金鸡湖李公堤题碑一块，为《重修金鸡湖堤工记》。李公堤是中国最大的内城湖泊——金鸡湖湖中唯一的湖中长堤，有着百余年历史。20世纪四五十年代，堤上尚通纤路，当年东西两头各有石亭一座，供纤夫歇脚休息。西面石亭中曾立有两块石碑，较大一块上书“李公堤”三个大字；较小一块就为尢先甲题写，楷书镌刻着《重修金鸡湖堤工记》全文。碑中记载：李公堤始建于1890年，“金鸡湖水势浩瀚，袤延广阔，波澜险恶。驾舟过之，每蹈不测。邑尊李公恻然悯之。爰建一堤，筑土石五六里，以杀水势。植杨柳数千株，以固堤防风而有所蔽。水波不兴，途无所危，而行旅皆便。帆樯若织，履险如夷”。光绪三十三年（1907），李公堤经过18年的波浪冲击，日渐倾圮。时任元和县令的窦訇膏，组织重修，花去银币4000多元，均由城乡士绅募捐，其中角直沈家出钱最多。这些在尢先甲的《重修金鸡湖堤工记》中都有记载。20世纪七八十年代，亭废堤破，有些堤段还湮没水下，此碑下落不明，不知后来找到没有。如今的李公堤已是金鸡湖南岸极具活力的区域，成了集高端特色餐饮、娱乐、观光、休闲、文化为一体的国际风情商业水街，环金鸡湖八大景观之一。

尢先甲家资颇富，号称“尢顶富”。坐落于刘家浜的故居，是一处规模较大的古建筑，曾有房屋3落7进，占地面积3000多平方米。尢宅门北开，贯通刘家浜和景德路。目前最西和最东两路均已经大毁，基本找不到原先面目。20世纪末，在景德路扩建工程中，又拆除了尢宅最南端的部分建筑。现较完整的有2路，资料所述的中路现存门厅、花篮厅及楼厅；东路存有轿厅、正厅及3座楼厅。中路建筑门厅为3间，中部正门1间，为江南地区较有特色的竹丝墙门，东西为旧时门房，现为居民。门厅南为门楼。根据字牌的落款，当为乾隆丁未年间构筑。当年的门楼精美绝伦，上枋为浮雕戏曲故事，下枋为吉祥花饰，字牌镌“凤羽展辉”字样。门楼带有一斗六升牌科，足以证明前主人显赫的社会地位。可惜牌楼已风烛残年，许多雕刻都损坏了，门也没有了踪影。门厅后的轿厅以及其与东部相连的茶厅，也被改得面目全非。从39号进入，能看到后部的建筑。备弄西侧均为昔日中路建筑。第一、二个门就是花篮厅，目前居住了好几户人家，花篮厅所有的梁架结构也都在居民装修时封闭。花篮厅的长窗等已经消失。花篮厅后是一座堂楼，三间带两厢。此处楼厅的很多构件已非本来面目。东路建筑同样有自己的门厅，但是格局已经被破坏。轿厅同遭毁坏，中间的门已被封闭，仅能看出以前这里有过一个门楼。轿厅后有天井连通大厅，天井间保留有完好的石板。大厅面阔3间，除明间保留长窗外，次间均已封闭，且开有采光小窗。东次间外还另建有一简易平房，作厨房之用。大厅内有船篷轩1座，厅后侧的板壁、屏门完整，其上仍有匾托1对，描金尚未褪色。其后的建筑均为3间两厢的2层小楼，窗饰各异，3进小楼内带有船篷型楼下轩1座，构件雕刻甚精美。天井内有残存门楼1座，字牌为篆书。下枋中部有较完整的“岁寒三友”浮雕。

尢氏原有的花园很大，曾自己办过自由农场，后来才逐渐拆毁，花园遗址现为苏州双喜牛奶公司。西落早已坍废，民国时改建成民房，新中国成立后房屋全部归公，曾开过工厂，后陆续散为民居，最多时曾住有100多户居民。

犹见当年玉蜻蜓

控保档案：编号为039申宅，位于刘家浜38号，乃清代建筑。

明代，申时行家族在苏州具有极高的知名度，申时行位极人臣，祖上又是富商，因此在苏州拥有多处大型的宅院，除刘家浜38号外，苏州景德路等多处遗迹都与申家有关。

据《宋平江城坊考》记载，刘家浜原为“徐大船巷，又作徐胡桥巷。刘尚书缨宅在定光寺西，今犹名刘家浜”。刘缨（1442—1523），明代苏州人，字与清，号铁柯。成化十四年（1477）进士。知滕县，历三年，召为河南道御史。历官兵部右侍郎，正德五年擢南京刑部尚书。也就是说，刘家浜原名徐大船巷，后因明朝大官刘缨住这里，巷边又是一条小河浜，就约定俗成叫成“刘家浜”。位于刘家浜38号的申家老宅，为清时翻建，其建筑风格古朴素雅，留有明显的明代痕迹，宅院坐北朝南，2落4进，面积有2000多平方。

申家在苏州旧时的家喻户晓，源于一段流传甚广的故事——《玉蜻蜓》（后因申氏后裔的反对，故将评弹主人公申姓改为金姓）。当年流传的故事有好几个版本，笔者倾向这样的版本：苏州巨富申贵升娶了吏

部尚书张国勋之女为妻，但婚后感情不和。一日申贵升去虎丘游玩，偶遇法华庵尼姑志贞，二人一见钟情，申贵升留住庵中不思归家，后不幸病死庵中。此时志贞已身怀六甲，后产下一子，取

名申时行。志贞因畏人言，在申时行襁褓中裹上血书及申贵升遗物玉蜻蜓扇坠，让庵里干杂活的婆婆深夜送子归还申府。但婆婆在路上受惊，竟将孩子弃于桥头。一豆腐店店主恰好路过，便将其抱回抚养。不久豆腐店毁于大火，因生活困苦，豆腐店主无奈将孩子卖给苏州离任知府徐尚珍（浙江东阳人），徐因无儿子而视为已出，即改名为徐时行，后又按徐氏排行取名为元宰。徐时行生性聪慧，在徐尚珍的精心培养下，才华横溢，远近闻名。16年后，时行得中乡试第一名，不久从东阳赴京殿试，此时徐尚珍将血书和玉蜻蜓扇坠交给时行，并告诉其身世。时行在血书中读出亲生母亲为法华庵尼姑志贞，遂在赴京途中转道法华庵，凭玉蜻蜓扇坠与亲生母亲相认。随后徐时行继续北上，明嘉靖四十一年（1562）在殿试中一举夺魁，嘉靖皇帝钦点状元（《中国历代文状元》有记载，钦点状元为徐时行）。

申时行是在《明史》中有传记载的高官："字汝默，号瑶泉，长洲人。生于明世宗嘉靖十四年（1535），卒于神宗万历四十二年（1614），年八十岁。嘉靖四十一年（1562）进士第一，授修撰。历左庶子，掌翰林院事。以文字受知张居正。万历中，累官吏部尚书，继张四维为首相，政务宽大，世称长者。然专承上意，不能建树。内阁疏请建储，首列时行名，时行方在告，又密疏否认。言官乃劾其巧避首事，排陷同官，求罢官。卒，谥文定。时行所著诗文，有《赐闲堂集》四十卷、《四库总目》传于世。"申时行中状元后曾官居礼部尚书兼大学士，是万历皇帝的5个老师之一。后官居首辅8年半，位极人臣。后因立太子问题被人弹劾，在事业辉煌之际辞官回乡，在故乡苏州游山玩水、吟诗著述，所著诗文有《赐闲堂集》四十卷、《四库总目》传世。逍遥自在23年后，卒于万历四十二年，终年80岁。

申家老宅的38号门，实为整个建筑的东部备弄，而建筑的正门门厅，现编号38-1号。中落门厅正门已经过改建，木门缺失，改建成一间居室，中部仅留有一道供人通行的窄道。第二进轿厅基本无法辨识原样格局，以现状看，为近年大修并改建过。天井两侧有搭建，石板天井已换成水泥铺地。中部一落，自轿厅开始隔断，与后无法连通，须从备弄绕进。中路第三进是大厅，厅全貌已无法看到。备弄沿西有一小门，能见到正厅东南侧的部分梁架结构，但是此开门处，却属原先大厅的边墙。稍北另一小门内，能见正厅的后檐为双步结构构造，以立柱判断，正厅为三间宽。厅堂的廊柱均已砌进墙内。从砌起的墙体看，内部已被改建成两层楼的房间，仅从南部小门能窥见里面是扁作梁。从第五进侧面进去，为四五两进相连的走马楼，走马楼内天井原地面无存，上部窗户已被陆续替换。二层有明显的新漆痕迹，下部的承重、雀宿檐等构筑保存状况较好，可惜曲椽已被截短。第四进堂楼下层的部分结构，形制为鹤颈一枝香轩和部分雕花月梁尚得留存。东部备弄里，还保留着当年放置灯烛的壁洞，仿佛在暗处叙述着“玉蜻蜓”的故事。

是富是贵探潘宅

控保档案：编号为040潘宅，位于五爱巷36号，乃清代建筑。

五爱巷，东起吴趋坊，西至周王庙弄，《宋平江城坊考》中名为王枢密巷。“枢密”是宋代武官的职位，应得名于曾居于此地的王姓枢密使。后误传五枢密巷，20世纪50年代中期改为今名。原因是发音与王洗马巷接近，容易搞错。五爱巷，老苏州读成“乌为”巷。

五爱巷36号，苏州《金阊区志》中记载为潘宅，为坐北朝南两落清代建筑，砖墙开嵌石库门形式，内有轿厅、大厅、花厅、内厅、女厅等，中路轿厅的整体架构尚存，面阔3间，内部已被住户使用砖块分隔划分成多个区域。立面全貌无法辨识，北檐有一完整船篷形廊轩。轿厅北部已完全隔断，中路建筑须从东部备弄进去。二进天井为六角碎石铺地，屋檐瓦当及滴水为寿字纹，3间开阔的楼厅（大厅）下层梁架大多无法辨识，内部均被住户分隔装修而遮蔽。楼厅所有长窗均已失踪。中部明间枋额被遮挡，下部连同东次间已被住户使用不锈钢栅栏做成防盗罩。立柱间居民自行制作了晾衣架。楼厅上部半窗部分改成了塑钢窗。

三进有砖雕门楼一座，上枋主体以上已毁，该门楼在《金阊区志》中被命名为“梅兰竹菊”。门楼上枋东西端垂花柱带有石榴花饰及葵式纹挂落，饰有竹、菊、

寿桃、蝙蝠、兰、梅，但仅中部和东部各残留一段。字牌全毁，东西兜肚有透雕，东为残缺的“青梅竹马”，西为“松鹤延年”。下枋中部有一方完好的透雕包袱锦“多子多寿”图。门楼勒脚闩膛等尚在，但底部封闭。青石板天井已高低不平，齐门楼有一居民搭建的平房，当作厨房。四进为一单面坡三合天井小院，以中轴楼厅两侧厢房分布。正厅楼上连同东厢有嵌寿“卍”字栏，半窗均为菱角花饰，未施油漆；正厅上为六扇半窗。但栏杆同上部半窗的木色及风格迥异，疑上部的半窗为民国或更后时期维修换装。西厢原筑全毁，现为砖瓦砌就。中部及东厢有挂落，花饰带有西洋风格。四进亦有砖雕门楼，其风格异于前者。门楼上枋已毁，残存一民国风格装饰门券，东西兜肚残缺，东部残破，仅能认出以人物为主题，西部疑为“天官赐福”。上枋为西式纹饰，下枋有一浮雕包袱锦，卷草戗边，内有花饰，中部为一圆体“寿”字。门楼已封闭，东侧被搭建平房遮蔽。最后一进同样是一座两层小楼，破损严重。窗户已在后世修缮时更换，栏杆已无，原处住户使用木板固定封闭，挂落仅有部分花饰依稀可辨。

苏州潘家是大家族，分“贵”“富”两支，“贵潘”由清高官潘世恩、潘祖荫为代表，诗礼传家；“富潘”以清代潘颖昌为代表，商贾世家。在苏州城里，留存诸多的潘宅，均为此两潘的子孙所遗。但五爱巷的潘宅内，到底居住的是哪一位，并没有记载。据网友“尖兵”考证：作为一个拥有轿厅的大宅院，宅主是有社会地位、有雄厚财力的人，起码应拥有一个三开间宽的门厅。但目前的潘宅大门已为石库门，而石库门宽度是无法通行轿辇的。说明此宅是在晚清或民国时改建成了当时流行的石库门。里面的楼梯及房门也明显带有民国风格。而改建之人应

该就是购买潘宅的人。那么是谁呢？仔细观察，此宅院墙上，留有“平阳衍庆堂界”石碑。查资料得知，在浙江温州平阳县就有衍庆堂，系陈氏一族。据36号的老住户告知，隔壁38号的一片宅子曾是陈氏宗祠的财产。38号的大门与36号齐平，从整体来看，36号占据中部和东部，38号则仅为西端一落。一般来说，大户人家的宅院两侧，均会有封火墙和备弄，主要就是要与邻居隔开，以利防火。而且考虑到古代封建社会的制度，大户人家宅院的进深都有控制，只会在横向发展，备弄就作为这若干落院落的纽带而存在。38号和36号间，并无高大的封火墙发现，两户亦无明显的区分。针对此线索，以及36、38号门墙连成一片的情况，很有可能36号潘宅在主人移居后，被陈氏宗祠所收购，遂将38、36号连通，改砌了门墙，并在新门墙角置以界碑。是否如此，有待进一步考证。

苏州古建筑的真正内涵，要去细心寻找。绕过墙角去寻找隔壁人家的故事，那才是古老的苏州、永恒的苏州。

庭院深深万宜楼

控保档案： 编号为043汪鸣銮故居，位于王洗马巷26、28、30号，乃清代建筑。

洗马是古代的一官职名，全称叫“太子洗马”，秦汉始置时作“先马”，后人误作“洗马”。为太子专属官员，主要是为太子出行作先导，即在马前驰驱之意，后改为执掌图籍。苏州的王洗马巷，就因以前巷中住过一个姓王的太子洗马，故名。

王洗马巷内，有一户住了许多人家的大宅院，俗称“万宜楼”。宅内曾住过一位光绪帝党人物——汪鸣銮。汪鸣銮（1839—1907），字柳门，浙江钱塘（今杭州）人，侨居吴门。为道光四年（1824）进士，选庶吉士，授翰林院编修。后任陕、甘、赣、鲁、粤等地学政，主持河南、江西、山东等地乡试。1894年升任吏部右侍郎兼贰刑部。在审理杨葛冤案（杨乃武与小白菜案）中，他是参与审问、支持平反者之一。浙江的杨葛冤案，曾由省府县三级七审，屈判成冤案。次年，杨乃武的姐姐赴京告状，求浙江籍京官帮助申冤，于是汪鸣銮等28名官员联函奏请交刑部复审，获慈禧恩准，杨葛冤案终于真相大白，参与该案的数十名贪官也受到不同程度的处分。1895年签订《马关条约》时，日本侵略者坚索台湾、澎湖，汪鸣銮力陈海疆重地

不可弃，并力主光绪皇帝亲政，“乾纲睿断”，以免掣肘，被慈禧太后下令革职，永不叙用。汪鸣銮罢官后，定居在苏州王洗马巷万宜楼。先后主讲杭州诂经精舍、敷文书院。他还是《孽海花》作者曾朴的岳父，其部分事迹被女婿曾朴写进了晚清四大谴责小说之一的《孽海花》。

苏州评弹中有一段比喻来形容祝枝山宅屋之大：“前门落在吴趋坊，后门恨不得要到山塘街。”虽然这很夸张，但足以说明苏州深宅大院的确存在。汪鸣銮故居就曾是这样的大院。前门落在王洗马巷，后门开在包衙前，足足横穿了两条巷子。通过院落间的备弄，走进汪鸣銮故居，确能体会到那句“庭院深深深几许”之意。汪鸣銮故居位于王洗马巷26、28、30号，坐北朝南，楼房很多，原为3路7进。28号是中落，虽正门门厅已经不存，院内大厅保存得还较为完整，花厅结构亦比较精细，只是骑马楼已经很破败。厅后有五开间楼。东路6进，以楼为主。全宅存有砖雕门楼6座，十分古朴。可惜宅院已被居民隔成了一个个小间，各自之间无法走通，因此里面的砖雕门楼已很难看到。中路第三进为百宴厅，面阔5间18米，进深10檩12.8米，扁作梁，前置有船篷轩、青石础。据说此厅能够容纳百人同时举行宴会，规模相当大。

汪鸣銮的私家藏书楼，规模也很大。据记载，光绪三十二年（1906）七月初，王鏊的第十三世孙、光绪进士王颂蔚，与清末著名藏书家、金石学家叶昌炽等人，曾登上王洗马巷汪宅的藏书之所在——万宜楼，留下了“上下三楹，楼上四面列置书椟，中空以通天气，栏干绕之，又用鹿卢以便取携，建霞之意匠也”等文字描述。叶昌炽又见其所藏前蜀王锴手书《妙法莲华经》残字本、元本《近思录》。张元济《涵芬楼烬余书录》子部有其宋本《近思录集解》8册。叶昌炽在《祭汪郎亭师文》云："导登书楼，周览图史，宋元旧椠，士礼艺芸，相视莫逆，镇库之珍。" 万宜楼有《善本书目》一册，有宋本13种，元本12种，抄本158种，批稿本67种，皆为善本，可惜于光绪二十四年（1898）十一月，万宜楼"厅事失火，焚去藏书数十箧"，不然的话，规模还要大。苏州是历史文化名城，文脉源远流长，人才辈出，藏书之风享誉海内外，历朝繁衍不衰，至明清已蔚然成风，前后计数百家，万宜楼就曾是其中之一。汪鸣銮享年67岁。汪卒后，其藏书都被出售，且只卖得八千元银币。有"吴中掌故第一人"之称的王謇留诗道："蕞尔八千袁氏币，万宜楼闭宋元沦。" 万宜楼从此淹没在时代风雨中。

现26、28号除设有王洗马巷托儿所外，还住有40户居民。30号存3开间大厅，结构完整，现为建工局104工区食堂。

名扬天下诵芬堂

控保档案：编号为048诵芬堂雷宅，位于包衙前20、22号，乃清代建筑。

包衙前20、22号，是著名的三百年老字号“雷允上”中药店的创始人雷大升的家族宅第。据记载，雷宅坐北朝南，东西两路。东门内有贴砖内影壁。东路为走马楼，面阔5间13.3米，进深19米，扁作梁，青石础，长短窗和挂落完好。中央天井宽8.7米，长4.8米。西路两进楼房，后进为西式建筑。

雷大升（1695—1779），字允上，号南山，长洲人，为清初制药商人。允上幼年时，天资聪敏，勤奋好学，尤爱读医、药书籍。弱冠以后，投在王晋山医家门下学医，对医、药二门都能悉心钻研。雍正元年（1723），雷允上北上入都，后在归途中游历燕齐间，采药于深山大川，返里后继续钻研医药，并从事丸、散、膏、丹之修合，设诵芬堂于苏州阊门内穿珠巷（即专诸巷）天库前周王庙弄口。乾隆初，雷允上“举鸿博不就，隐于医”，遂挂牌行医，设诊所于诵芬堂内，集医、药于一处。允上医术高明，治病有方，遇贫者常予药，又亲司炉台，炼合丹丸。他所修合的丸、散、膏、丹，用药地道讲究，大都是由麝香、珍

珠、西黄、犀角、羚羊角、伽楠香、猴枣等名贵细料药材组成，药效灵验，声誉鹊起，民意视为“救命药”。有《金匮辨证》《经病方论》《要症论略》等书。允上致力经营雷允上诵芬

堂45年，至乾隆四十四年（1779）病逝。“不为良臣，便为良医”，苏州文人不第而医似乎为传统，故此，苏州在历史上就名医颇多，到清代更是开创了业内有显赫之名的吴门医派。雷允上医术好，药也好，其研制的秘制六神丸、痧药蟾酥丸、诸葛行军散、玉枢丹、辟瘟丹、八宝红灵丹、小金丹、大活络丹、人参再造丸、苏合香丸、安宫牛黄丸等细料成药，更是名扬天下。雷家在嘉庆、乾隆年间就完成了资本积累。

国人向有致富后要置业的习惯，雷家同样如此。除了药铺外，雷家在苏州还有若干房产，其中可考的就有：庙堂巷的雷家花园，保留最好，也最大。位于通和坊34号的3落5进，有砖刻门楼2座，大厅有彩绘，可惜在干将路扩建中被拆除。另外还有刘家浜32号住宅、西中市的诵芬堂旧址。位于包衙前20、22号的建筑，则相对比较完整。22号为清代建筑，传统外貌石库门。后进小楼从外表看去是一桩典型的西式洋楼结构，外壁的雕花惟妙惟肖，表面的廊柱也是十分精细，只可惜自从雷家败了之后，房子的主人也是几经易手，时至今日，楼里已住满了房客，虽挂上了控保建筑的招牌，但日益破落的楼房让人惋惜。20号的外墙，民国时改成的青砖扁砌墙，保留了砖雕门楼，现改为西式泥塑结构，看上去还算高大完整。推开陈旧的木门，迎面的贴砖影壁仍在。诵芬堂雷宅局部在2007年的梅雨中倒塌，附近的民房也遭受了牵连。由于包衙前20号的诵芬堂属于私有的控保建筑，而房子的主人居住在外地，且已八十高龄，身患重病，根本无力承担房屋维修的费用。针对房屋存在的危险，相关部门只得将部分建筑一拆了事，至今为废墟一堆。

百花巷里养闲草

控保档案：编号为049潘曾玮故居，位于西百花巷4号，乃清代建筑。

在西百花巷东首，现苏州剧装戏具公司位置，保留有一座苏州市控保建筑——养闲草堂。草堂的主人潘曾玮（1818—1886），苏州吴县人，为晚清大学士潘世恩第四子，字宝臣，又字玉淦、季玉，出生于苏州钮家巷凤池园，荫生。潘曾玮自幼聪颖，5岁入私塾，道光二十三年（1843）顺天乡试，挑取誊录，遂弃举子业。益留心经世之学，并肆力于诗古文辞。潘曾玮生性散淡，闲居在苏时常与诸老聚会以论文为乐，以行善读书为要务。书法喜学颜柳，40岁后临摹《兰亭》，寒暑无间。间以诗酒陶冶性情。潘曾玮每天用一两个时辰手书日记，撰有《正学编》《自镜斋文钞》《咏花词》《玉洤词》《正学编疏解》《养闲草堂图记》《横塘泛月图记》等十多种。官至观察使、刑部郎中。太平军南下，破常州、占苏州、攻上海，时任刑部郎中的潘曾玮被派回江南办团练，所谓食君之禄，忠君之事，潘曾玮便与冯桂芬一起操办团练，潘曾玮在清军收复苏州城一事中居功甚伟。

潘曾玮曾为李鸿章当说客，巧妙平息因苏州杀降而引起的英国人戈登率“常胜军”（清镇压太平军的雇佣军）事件。1863年，李鸿章伙同常胜军包围苏州，太平军浴血奋战，清军、常胜军屡攻不下。守卫苏城的太平军将领有纳王郜永宽等“四王”“四天将”，他们与主帅谭绍光不和。常胜军首领戈登，通过奸细了解到此情况，特别是知道纳王有降意后，便主张诱降纳王，兵不血刃，攻克苏州。戈登的建议为李鸿章采纳，经过一番秘密联络，双方约定由郜永宽谋杀谭绍光，取其首级，并献苏州城以降清。而戈登承诺，保证郜及部下性命，并给副将以上一

定官职，赏赐郜本人二品武职。于是郜永宽等8人乘在慕王府议事的机会，刺杀了谭绍光。献谭的头颅给清军，大开城门降清。谁知，李鸿章不但没有履约，反而杀害了8个降将，同时在苏州大开杀戒，诛杀了城内数万太平军。这种残忍无耻的行径，引起了戈登的强烈不满和愤怒，提着洋枪要找李鸿章算账。在李鸿章躲起来的情况下，戈登留下最后通牒，要求李鸿章下台，不然他就率常胜军攻打清军，再将苏城交还太平军。戈登同时给英国驻华公使写信，要求英国政府干预，迫使李鸿章下台。一向行事老辣的李鸿章慌了手脚，他一面向英国人求援，一面又请苏州的潘曾玮当说客，代为调解；另一方面向朝廷辩解，希望得到朝廷的支持，解散常胜军。经过潘曾玮等人的调解，英方认为维持与清政府的“和好”更符合自己的利益，便制止了戈登的过激行为，解散了常胜军。一场大风波就这样在潘曾玮等人的巧妙调解下平息了。

1864年，潘曾玮迁居到位于西百花巷4号的养闲草堂。该建筑坐北朝南，分东西两路，正路前后5进，西路南部辟园，有假山水榭，楼厅为5开间2厢，面阔约20米，进深约15米。潘宅当年极为气派，门厅曾悬挂有李鸿章所题“祖孙父子叔侄兄弟翰林之家”匾，厅内有“肃静”“回避”行牌及衔牌。可惜时过境迁，现仅存了北面部分楼厅。1885年，潘曾玮去世后，家道渐落。清末民初时，潘家将宅第卖给了“豫源钱庄”的创办人程觐岳。20世纪50年代后期，原园中精致桂花厅、海棠亭被移建至苏州环秀山庄，90年代初，原四面厅移建至苏州城西南的石湖渔庄，题堂匾为“农圃堂”。

潘曾玮的故居，改革开放前是苏州剧装戏具厂，2000年，戏具厂改制为股份合作制企业，是生产戏剧舞台服饰的专业工厂，其戏曲服装包括各类演出戏衣和道具，如宫装、清装、硬盔、软巾、靴鞋、口面、头饰、刀枪棍棒等。此外，还生产各民族服装，仿古历史服饰、宗教服饰等，在国内市场中影响较大。

典雅的怡老园后楼

控保档案：编号为108怡老园后楼，位于学士街209号，乃清代建筑。

在苏州古城区西部，北起景德路，南至道前街，有一条历史积淀丰厚的街巷，名“学士街”。老街商肆繁荣，为古代药铺一条街。明代，赫赫有名的大学士王鏊居此。后人为纪念王鏊，巧妙地将街名更改为谐音的“学士街”。另一种说法来自民国《吴县志》，书载：“药市街，今名学士街。”王鏊晚年在此建造别墅，名“怡老园”。如今，仅存后楼的怡老园已得到原汁原味地修复，并且列入苏州市控制保护建筑（编号108号），地址在学士街209号（现为389号）。

王鏊（1450—1524），字济之，号守溪，晚号拙叟，时人称为“震泽先生”。明代苏州府吴县洞庭东山陆巷村人。他既是名重一时的宰相，又是著述颇丰的文学家。

王鏊8岁就能诵读经史。成化十年（1474）中乡试第一名为解元。此后，会试又中第一名为会元，殿试列第三名为探花，授翰林编修。历任侍讲学士、少詹士。正德元年（1506）为吏部右侍郎，累进户部尚书、文渊阁大学士。次年，加少傅兼太子少傅。后以武英殿大学士（宰相）致仕。逝世后，谥号“文恪”。王鏊为人正直，敢于直谏。当时，以刘瑾为首的8名宦官（史称“八党”）弄权，专横跋扈。王鏊采用各种办法与宦官势力作斗争，狠狠打击了他们的嚣张气焰。正德四年（1509），王鏊因孤掌难鸣，连续3次上书辞官。最后回归故里终不复出。

回到苏州，王鏊在药市街建造别墅以养老娱乐，故名“怡老园”。从此，他以“看书著作为娱”。他勤奋好学，一生著有《震泽编》《震泽集》《姑苏志》等地方文献，以及《孝宗实录》《诗文集》《四书文集》等。嘉靖三年（1524），王鏊病逝于家中，享年75岁。其墓葬在洞庭东山，牌坊上有唐伯虎手书的对联：“海内文章第一；山中宰相无双。”

王鏊所建怡老园，仿洞庭东山景物，临流筑室，粉墙环绕，古松老柏，极富城市山林野趣。园内景点错落，有“清荫看竹”“玄修芳草”“抚松采霞”“撷芳笑春”诸胜。旁依夏驾湖辟为荷花池。当时，王鏊和沈周、吴宽、杨循吉等结文酒社，吟诗作画。文徵明、祝枝山、王宠、唐伯虎等先后为其弟子，游园于此20多年。顾璘《宴守溪相国园亭》（守溪即王鏊）一诗咏怡老园：“窈窕平泉宅，清华独乐园。烟霞深晚景，花竹霭春温。招饮临丛桂，怀仙倚洞门。自惭尘土质，聊尔奉琴尊。”王鏊去世后，怡老园为其后代所居，前后长达200余年。

清代康熙元年（1662），怡老园改建为官署，大门东向，仪门南向，堂名“正己”。乾隆二十七年（1762），改建为江苏布政使署。咸丰十年（1860）毁于兵火，同治四年（1865）重建。辛亥革命以来，用作学校。新中国成立后，先后为机械学校、苏州市第十八中学和平江中学使用。园仅存后楼一座，坐北朝南，面阔5间28.9米，进深10.8米。左右两侧带厢楼。梁架粗壮，圆作无雕饰，出檐较深，有明代建筑特色。

如今，坐落在学士街平江中学内的怡老园后楼，已经得到原汁原味地修复，传承吴地香山帮建筑的历史文脉。围合在粉墙内的后楼，制式为五开间二夹厢楼厅。院墙

的大门为一座精美的砖雕门楼。屋脊是云纹脊。门楼上枋精雕人物故事图。中枋两侧为兜肚，也精雕人物故事。中间题额“明德惟馨”。下枋精雕3个“寿”字，并且配以蝙蝠图案，象征“福寿双全”。砖细门框镶以花岗岩外边。两扇对开朱漆大门上，镶嵌一对铜铺首，扣之铿锵清脆。

进入院门，是一座与院门紧连的袖珍亭式门厅。站在这里，可以纵览庭院全貌。以怡老园后楼为中心的走马楼，围合出一座幽雅的庭院。庭院的铺地，东西两侧为砖地，中间是花岗岩。花岗岩石板古朴典雅，积淀着岁月沧桑，是不可多得的怡老园原物。庭院中间，矗立一座太湖石石峰，玲珑雅致。庭院北面和东西两侧厢房前，环以砖细铺地走廊。北面走廊的粉墙上，以门楼为中心，左右各镶嵌2幅砖雕壁画。壁画内容为王鏊生平事迹的生动写照。内容分别为“耿直进谏”“王鏊出山”“力救众臣”和“颐养天年”。浩然正气，由此可见一斑。

怡老园后楼朝南，左右厢房与后楼垂直相连。正脊塑龙吻脊，题额“怡老园”。两侧圆柱上，挂一副抱柱联：“积金积玉不如积书教子；宽田宽地莫名宽厚待人。”这副对联，既是王鏊为官之道的写照，也是他的治家名言。其中的哲理，值得我们后人深思。如今，后楼的底层辟为学校的会议室，布置一堂典雅的明式家具。二楼为学校行政办公室，辟有校长室、教务处等。室内摆放的椅子，也是古色古香的明式家具。

为了更有利于这座控保建筑的保存与传承，2011年11月22日，国家语委语言文字应用培训基地、江苏省书法水平等级证书考试苏州考试中心，同时在学士街王鏊别墅怡老园揭牌。平江中学将全部迁出怡老园。目前，苏州市语言文字培训中心、苏州市普通话培训测试站已经进驻怡老园。

名医承澹盦故居

控保档案： 编号为146承澹盦故居，位于大石头巷牛车弄6号，乃清代建筑。

沧浪区牛车弄有一处修葺一新的古民居，宅南向，甚为幽静。此处便是名医承澹盦故居，小巷深宅，很难寻觅其踪迹，但在若干年前，这里是门庭若市的诊室，声名远扬。

承澹盦，清末民初江阴华墅人，原名启桐、秋悟，1899年9月13日生，17岁时师从名医。卒于1957年。家世业医，幼年即随其父乃盈公，习针灸，外科及幼科。后又从瞿简庄习内科，家境寒素，苦学不倦。当时针灸可以治疗各种疑难杂症，运用方便且费用低廉，易于普及，有相当之推行必要。承澹盦遂以发扬针灸为己任，在1930年于无锡创办中国针灸研究社，又于1932年东渡日本，求学于东京高等针灸学校。1933年毕业回国，又另行创办中国针灸专科学校，广为培养人才，为复兴针灸打下基础。抗日战争期间，无锡针灸研究社毁于战火，承澹盦西上成都。1938年，于成都创办中国针灸讲习所，兼任成都国医学校教授。十余年中，他处于反动政权之下，备受摧残，独立支撑，不为世所重视。日本投降之后，承澹盦返回苏州，于司前街复设中国针灸学研究社。

新中国成立后，政府重视中医，澹盦得以施展抱负，先后出任江苏省中医学校校长、中华医学会副会长、中国科学院生物学部委员、第二届全国政协委员，毕生从事针灸的实践、研究和教育工作，提出并应用针灸治疗伤寒，丰富了针灸治疗时疫的经验。一生著作甚多，有《中国针灸治疗学》《中国针灸学》《子午流注针法》《针灸薪传集》《校注十四经发挥》《经穴图解》等。1957年因心脏病发，医治无效，病逝于寓所，终年59岁。

承澹盦先生以弘扬针灸学术为毕生的追求，一生桃李遍天下。其

弟子追随先师的学术风范和学术路径，继往开来，在现代针灸学术研究、医疗和教育等领域进行了重要的拓展。北京赵尔康、杨甲三、程莘农，南京邱茂良、杨长森、杨兆民、肖少卿，福建陈应龙、留章杰，广东曾天治，广西罗兆琚，河南邵经明，浙江高镇五，安徽陆善仲、孔昭遐，山西谢锡亮，湖南詹永康等，无不以师出承门为荣。更有诸多承门传人，如香港卢觉愚、谢永光、邓昆明，新加坡何敬慈、邓颂如、刘致中，菲律宾高达三、关飞雄，以及被誉为“美国针灸之父”的苏天佑等，严守承澹盦先生遗训，将针灸广泛传播至东南亚及欧美。代代相传的承门针灸薪火逐渐铸成了众口称誉的学术丰碑，令中外学界引颈而望，形成了中医针灸学术发展史上具有科学学派特质的现代学术流派。江阴古称“澄江”，因而海内外弟子门生共同将本学派名之曰“澄江针灸学派”，并逐渐得到学界认同。

承澹盦先生留下的学术财富十分丰厚，深为学界所景仰。对承澹盦先生的诞辰纪念、学术思想总结评述、历史功绩的追忆，层出不穷。随着“澄江针灸学派”的提出，对澄江针灸学派的研究文章一直不绝于途。

大石头巷牛车弄住宅，是承澹盦抗战胜利后买下的。坐北朝南，前后5进平房，第2、3进均面宽3间，是当年的诊疗室。第4进为主体建筑，面宽5间，当中3间缩进，留出前廊，为主人的起居室，总建筑面积为481.59平方米。医者承澹盦，耗尽毕生精力为振兴中医针灸业奔波劳碌，身后留下的是丰厚的精神财富以及杏林春晖。

明代宰相家族聚居地

控保档案： 编号为174怀厚堂王宅，位于十全街265号及怀厚里（现十全街五龙堂西侧），乃清代建筑。

苏州是座古城，街巷多多，四通八达， 街名很有文化气息，就其街巷环境特征，便有了许多民间的口头叫法， 一听便知，城南有条十泉街，因为没有人行树，向南是大片农田，尤其是夏天，烈日当空，晒在行人头上，火辣辣的，实在难熬，所以就有了“晒煞十泉街” 的谚语。

这十泉街因从前沿街有十口古井而名。清代乾隆6次下江南，6次到苏州，又在十泉街隔河的带城桥下塘苏州织造局住过，乾隆又自号“十全老人”， 苏州官府为拍皇帝马屁，借名纪念乾隆帝来过这条街，遂将街名改为“十全街”。20世纪50年代时，从葑门到人民路段进行拓宽，十全街东面原是葑门大街，西边是宋至明的孝友坊、南园东巷，清以后称大太平巷，拓宽后合称十全街。

就在这条十全街西段，原有蒋介石的二夫人姚冶秋及次子蒋纬国居住的“ 丽夕阁” ，20世纪50年代为南园宾馆，向西百步之遥的十全街265号， 便是明代大学士王鏊后裔，清光绪间军机章京、学者王颂蔚故居怀厚堂，现为编号174号控制保护建筑。

据王鏊十五代孙王守鑫在《老宅寻梦》中有对怀厚堂的描述：“当年的怀厚堂大门开在十全街旧门牌153号内，是一座典型的明清古建筑民居群宅，建于清代中期。它坐南

朝北，东至五龙堂，西至外宾车队库，南至南园小河边，北至十全河，占地二十多亩，有一百多间房屋，二十多个大小天井，三个大院。怀厚堂以备弄为轴线，分东西两部。东部是王颂蔚家属居住，分二列五进式住宅；备弄以西是王颂彬家属居住，前有照壁、墙门、轿厅、大门，以及前后二座三开间二隔厢五楼五底楼房，单列五进式排到。”

怀厚堂为清代建筑，坐南朝北，进门是一条长巷，主要建筑在巷东，分为两路，东路为3进3开间楼房； 西路之南也是3进3开间楼房及少许平房，之北为一进厅堂，据1964年房屋普查，总建筑面积为1695平方米，1995年拓宽十全街，拆除了北面的一进厅堂， 有幸堂前庭院中一株树龄为320年的古罗汉松保留了下来，现今傲立在十全街五龙堂西首、十全街人行道南侧，树身不高，老干虬枝，郁郁葱葱，绿荫遮地，成为十全街上的一道难得的景观。

王鏊，字济之，号守溪，晚号拙叟，时人则尊称他为“震泽先生”。明代苏州府吴县洞庭东山陆巷人。他在明成化十年（1474）乡试得第一名解元， 翌年乙未科会试，又获第一名会元， 殿试时因正考官是三元，怕王鏊中了状元同他并列，于是，借故“抑之置第三”，得了个探花，授翰林编修。历任侍讲学士、少詹事。正德元年（1506）擢吏部右侍郎、累进户部尚书、文渊阁大学士，次年，加少傅兼太子太傅、武英殿大学士。

王鏊居官清廉正直，因不满宦官刘瑾专横跋扈，乱施淫威，愤然告老回乡，年仅59岁。十全街怀厚堂便是王鏊后裔聚居的地方，也是他第十三世孙王颂蔚的故居。

王颂蔚（1848—1893）， 字芾卿，号蒿隐。光绪六年（1880） 进士，由庶吉士散馆改户部主事，补军机章京。中日甲午之战，当他听说清军失利，割地赔偿，悲愤悒郁成疾，卒于北京，年仅48岁。王颂蔚去世后，其妻王谢长达携子女9人回到苏州，就住在怀厚堂里。

王谢长达是当时苏州有名的女权运动倡导者，清光绪二十七年（1901）响应上海“废缠足”运动，在苏州组织妇女放足会，自任总理，会址就设在怀厚堂。光绪三十一年（1905），她与陈星昭、蒋振儒、周修辉、严爱贞、潘桂馨等人筹基金一千余元，在东小桥弄创办了女子两等小学堂，定名“振华女校”。翌年增设简易师范科，以培养小学师资。1912年，将简易师范科转至省立第二女子师范，校址迁到了怀厚堂，并增设幼稚班。王谢长达87岁时患脑溢血，临终时留下遗嘱，凡因开丧所送礼金，悉数赠与学校。她逝世后，由张一麐等人发起追悼会，章太炎、李根源也去参加了丧礼，蔡元培作了演说。会后，将所收丧礼悉数赠与了振华女中，命名为“长达清寒奖学金”。

在怀厚堂的振华女中，后因学生日多，学校规模渐大，由王颂蔚、王谢长达的女儿王季玉迁至严衙前、带城桥下塘的前清织造署（即今苏州市第十中学校址）。

怀厚堂里人才济济，王氏一门学者频出。王颂蔚的夫人王谢长达献身于教育和公益事业，成为苏州有名的教育家。长子王季烈是清光绪进士，任学部专门司郎兼京师译学馆监督，清末为资政院议员。早年曾译著我国早期的物理、化学书籍，他长期研究昆曲，精通曲律，并有颇多创见，也较早进行昆曲改革的尝试，辑著有《螾庐曲谈》《集成曲谱》《正俗曲谱》《与众曲谱》等。次子王季同是我国近代著名数学家，曾任中央研究院工程研究所研究员、大学教授。曾出任过《警钟日报》首任主编。三女王季玉毕业于苏州景海女校，后赴日本补习英语和数理，翌年留学美国，先后获麻省蒙特霍育克女子大学文学士和伊利诺大学植物学硕士学位。回国后继承母志，接任振华女校校长，又曾两度出国，一次是由教育家俞庆棠先生推荐出席檀香山召开的国际会议，她借机为学校争取到了一笔捐款；又一次是她去美国参加母校校庆，领回了一笔荣誉奖金，学校一直办得非常顺利，她也同她母亲一样成为苏州著名的教育家。

昆曲声声吟申宅

控保档案：编号为217申宅，位于西百花巷31号，乃民国建筑。

要讲清西百花巷的申宅，得先说说申时行。明代的申时行，因评弹《玉蜻蜓》的影响，成为苏州人非常熟知的一位状元宰相。他是吴县人，字汝墨，号瑶泉，生于明世宗嘉靖十四年（1535），申姓富商之子，其生母据传是一名尼姑，后为苏州知府徐尚珍所收养。明嘉靖四十一年（1562）状元，授修撰，回归申姓。受张居正提拔，历官礼部右侍郎、吏部右侍郎、左侍郎兼东阁大学士、礼部尚书、吏部尚书、建极殿大学士，明万历十一年入阁为首辅，执掌相印9年之久。晚年回到苏州故乡闲居，卒后诏赠太师、谥文定。

申时行在苏州的宅院，规模都很大。据《吴门表隐》记载：他家的宅院共有8处，分别为金、石、丝、竹、匏、土、革、木。在申衙前（今景德路中段）和西百花巷各有4座大宅。东、西均建有跨街牌坊，东坊的题额为"台衡盛世"，西坊的题额为"师柱清朝"。在南边不远的慕家花园巷内，还建有一座花园住宅，主建筑名"赐闲堂"，旁有旷观楼，前有梅花园，景物十分清幽。这些故宅虽然大都不存在，但仍有两处保存完好。一为环秀山庄，原有宝鉴堂、蘧园、来青阁诸构筑，后归毕沅所有，又为孙士毅宅。清道光末改为颐园（即环秀山庄）。

另一处大宅在景德路和西百花巷之间，即苏州中医院位置所在，现今沿景德路大门悬挂着"苏州中医药博物馆"之牌。历经400余年沧桑变迁，景德路的申氏故宅，先后归阳山富商朱鸣虞、清朝刑部侍郎蒋楫、太仓状元毕沅、文渊阁大学士孙士毅、富商梁友松等。申宅几经易手，多次修建，已非原来模样。光绪二十年（1894），又为珠宝商杨

洪源购置用作住宅，并进行了改建，将其主厅命名为“春晖堂”，人称春晖堂杨宅。春晖堂在新中国成立初成为了居民区，后成为苏州百货总公司的批发部和仓库。后东西两落被拆除，其中一座花厅“拜石轩”，于1983年移迁至双塔西院内。西落大厅“春晖堂”尚存，后3进楼保留了清早期风格。2002年左右，苏州香山集团对其进行了修缮。修复后的“春晖堂”大厅面宽3间，左右抱楼，通宽25米，进深13米，气势极为轩敞，民间称之“百桌厅”。厅堂巨柱石础，扁作梁饰有山雾云和抱梁云图案，前设双翻轩，后设单翻轩，檩枋间有斗拱牌科5排，图饰风格浑厚古朴。春晖堂现为苏州市文物保护单位。

如此规模的大厅堂，只在深宅大院才会出现。也就是说，当年的申宅，前门在景德路，后门在西百花巷。在400多年前，在西百花巷31号这片府第内，曾是昆曲声声，艺事兴旺。因为申时行十分热爱昆曲，就在西百花巷后院，家养了一个著名的戏班，这是明万历年间苏州最负盛名的昆班。明万历年至清康熙年，苏州除职业昆班流行之外，有财力的士绅也往往会蓄养家庭昆班，一般以自娱为主，兼待宾客。有些出色的家班，也能公开献艺，与职业昆班一比高低。申时行是万历十九年（1591）八月卸职的，南归家居后，就广蓄声伎，遍征梨园，创建了这个昆班。申家府第很大，后院戏厅尤为宽敞，为不打扰申家内眷，申家昆班中的曲师名伶，大都从后门，即现在的西百花巷31号进出。

400多年风雨飘摇，当年的建筑如何模样，既无记载也没有留下图纸。如今位于西百花巷31号的申宅，其主体建筑就是一幢2层5开间、青砖外墙的西式洋楼，为申时行的后裔所建造。据居住在里面的居民申先生介绍，这座宅院的建造者是他的父亲、曾任国民政府苏州邮政局局长的申子振，建于20世纪30年代，设计人是当年著名的建筑师屠文杰。20世纪50年代，政府将申宅的一部分收归国有，作为敬老院。此后，这一部分房屋就成了房管局的直属公房，租给了其他两户居民。2004年12月，西百花巷申宅被列为苏州市第二批控保建筑名录。

名医艾步蟾故居

控保档案：编号为133的艾步蟾故居，位于肖家巷15号，乃清代建筑。

在苏州古城东部，有一条肖家巷。该巷西端隔临顿路与繁华的观前街相望，东端与中国历史文化名街平江路垂直衔接。小巷虽然不长，名人故居却多。三国时期，曾有东吴大将周瑜故宅。南朝齐梁时，肖氏皇族居此，有肖氏双节堂。姚方伯偲进斋、元和县城隍庙，均设立于此。近现代以来，又有多位名人居此。比如，吴门名妓赛金花、“补白大王”郑逸梅、画家蒋宜安。吴中名医艾步蟾故居在巷内15号，现在已列入苏州市控制保护建筑名录，编号133号。

艾步蟾（1854—1933），近代吴门名医，以善治伤寒享誉吴中。父亲给他起名“步蟾”，用意十分明确：蟾，蟾宫，指月宫。步蟾，事业有成、飞黄腾达。艾步蟾从小聪明好学，喜欢看家中医书。光绪六年（1880），艾步蟾即开始行医，悬壶济世。不少伤寒重症者经他救治后，都奇迹般起死回生。对于一些贫困患者，特别是农村病人，艾步蟾

非常同情，常常减免费用，甚至分文不收。病人去药店取药，所欠费用常常由艾步蟾支付。近悦远来，每天前来看病者络绎不绝，市民感其恩，称他为“艾好人”。1921年，艾步蟾担任吴县医学会副

会长。1927年，被选为苏州中医协会执行委员。他一生行医50余年，直到79岁去世。他的学生中，后来有不少都成为大师级的名医。如北京的汪逢春，就是当时全国四大中医名医之一，时有“北汪南艾”之说。因为忙于工作，他没有时间留下任何医学著述和论文，令人扼腕叹息。

艾家是当时的中医世家，一门三代行医。长子艾静澜、长孙艾南屏均为伤寒名医。艾南屏的医术更加炉火纯青。据艾步蟾的曾孙、现年76岁的艾仁介绍：他的父亲艾南屏17岁就开始行医。至今，艾仁家中还珍藏着一块艾南屏当年行医用的“挂牌”。挂牌长约100厘米，宽约50厘米。原色木板上，用行书书写“步蟾孙艾南屏伤寒男妇大小方脉”。艾南屏有一手“搭脉辨性别”的绝技。怀孕仅3个月的孕妇，艾南屏用手一搭脉，就知道生男生女。其识别准确率，堪与今天的B超媲美。医治伤寒，也有妙手回春的本领。有一次，一名刚满18岁的刘氏病人得了伤寒，医院已经回绝，家属正准备后事。艾南屏得知后上门，号脉后认为还能救活。仅仅开了几方中药，病人就起死回生。有一年，苏州城里流行霍乱。他用自己配制的“脐暖丹”，救活了不少人命。可惜的是，1960年，年仅56岁的艾南屏因劳累过度不幸去世。艾氏一门三代的精湛医术，从此失传。

艾步蟾故居为清末建筑，坐南朝北，分为东西两路，建筑面积约500平方米。东路（正路）3进，依次为门厅（头门）、大厅（贻德堂）和楼厅。西路（偏路）2进，依次为书房（书斋）和花厅。东路屋宇现在为直管公房，住有多户居民。由于历史原因乱搭乱建，从而导致原貌改变。门厅3间，一间已经开设为沙县小吃店。宅内原有的一眼水井已被填埋。内圆外六角的青石井栏，仅在杂物堆中露出一角。

大厅为当年的门诊之处。厅的上方曾经悬挂两块横匾。一块额“贻德堂”。贻，传承；德，医

德。匾额表明了艾步蟾的治医宗旨。另一块题“还我健康”。20世纪30年代，国民革命军第19路军内，有一个团长名叫王茂权。他不幸得了伤寒病后，久治不愈。经艾步蟾医治后，奇迹般捡回性命。王茂权感恩不尽，请人镌刻“还我健康”横匾赠送。这两块横匾，都毁于“文革”。新中国成立后，大厅一度被纺织器材厂占用为仓库。落地长窗上，明瓦已失。现在，没有住人的大厅已经坍塌。事不宜迟，应该及时修复。3楼3三底的楼厅，原来为艾家卧室。现在住有多户居民。被分隔改建后，原来格局已损。楼上的花窗，尚存一些原貌。小天井内，尚存一眼水井。井栏为内圆外六角。可惜现在井水已经发臭。

西路房产现在为艾步蟾的曾孙女艾德、曾孙艾仁和艾义所有。如今居住在内的仅有76岁的艾仁老先生。配置落地长窗的书房，为艾步蟾当年的读书和休憩之处。书橱内，摆放着不少有关医学的书籍。据介绍，工作之余，艾步蟾喜欢坐在藤椅上翻阅书籍，一方面解除疲劳，另一方面也从中获取知识。

南面的花厅，隔庭院与书房相映成趣。花厅中间设6扇落地长窗。两侧半墙上，东侧2扇半窗，西侧4扇半窗，构成老宅建筑中少见的不对称制式。花厅门前有花岗岩条石台阶，室内金砖铺地。这里是艾步蟾诊所的药房。药房内原有一口古色古香的榉木格斗橱，为专门放置中药材的传统药柜。格斗橱分为上下5层，每层9格共45个抽屉。每个抽屉配置一只铜把手，便于拉开抽屉取药。常见的中药，在这里都能配到。特殊的中药需病人凭药方到中药店取。

书房和花厅中间，有一座幽雅的小庭院，面积约30平方米。一堵院墙，把庭院隔成大小不等的两部分。院墙上开设一扇砖细月洞门。门的上方，北面嵌一方砖细书卷额，阳刻“澹定”两个篆字。澹泊明志，乃主人的治家格言。南面嵌一块长方形砖细额，题“咏觞”两个阳刻篆字。觞，酒杯。

庭院内郁郁葱葱，恍如隔世。由碎石和缸片相拼的铺地，图案精美。一幅图案是瓶

内插三支戟，意为“平升三级”。另一幅图案为饰品如意，意为“吉祥如意”。这些传统铺地图案，都表现了民间讨吉利口彩的俗文化心理。院内植有棕竹、天竺、枇杷、桂树等花木。西面山墙旁，有一座围以湖石的花坛。花坛内，植有2株珍贵的银桂，树龄已有180年。种植桂树，取“蟾宫折桂”之义，再次表明了主人“志存高远”的理想。其中的一株桂树，主干表皮裂成错落有致的小块，如龙鳞般突起，为少见的“龙鳞桂”。据宅主艾仁介绍，这株直径30厘米的龙鳞桂，价值高达4万元。可惜的是，有关部门把它遗漏，没有列入古树名木名录而挂牌保护。此外，还有一株粗壮的天竺，树龄也逾百年。

艾步蟾故居庭院的经典为铺地、砖额和龙鳞桂三宝。其科学价值和文物价值，理应引起有关部门的高度重视。

仲华画艺显顾宅

控保档案： 编号为165的滚绣坊顾宅，位于滚绣坊26-1号，乃清代建筑。

苏州古老小巷滚绣坊，原名“衮绣坊”，位于十全街带城桥北堍西侧，东出凤凰街，西出平桥直街。明卢熊《苏州府志》、乾隆《苏州府志》、民国《吴县志》等均作“衮绣坊巷”。因巷口有“衮绣”牌坊而得名。“衮绣”，即“衮绣衣裳”，是古代皇帝及位列“三公”者穿的礼服。秦朝中央设丞相、太尉、御史大夫，史称“三公”；明朝的“三公”指太师、太傅、太保。

长洲茂园古通津，风土清嘉出才人。画家顾仲华（1890—1975），原名福妹，顾仲华画艺全面，山水人物、花卉果品、翎毛走兽、博古器皿，无所不精。1930年，顾仲华参加全国第一届美术展览，作品获得好评。1956年应苏州刺绣研究所之邀，创作刺绣、缂丝画稿及花鸟写生稿300余幅，为刺绣事业作出了贡献。顾仲华曾经在苏州、上海两地创办顾氏国画学社，招收学生，自编教材，传授画艺。顾仲华一生研究绘画，先后在东吴大学、苏州美术专科学校任国画教授。

滚绣坊26-1号本来就是清代早期建筑，最早的宅主已无从查考。

民国十年（1921），画家顾仲华（1890—1975）购得此屋，遂被后人称为“顾仲华故居”。顾仲华故居坐北朝南3路6进。前有照墙临河而立，用以隔开内外，既让人不能一目了然室内陈设，又可辟邪、聚财；同时使宅子显得庄重、肃穆，富有层次感。它包含了顾仲华传统的居住习惯和理念，承托着他对理想生活的热爱和追求，并且将个人奋斗而来的家园作为家族的荣耀传承。

沿河照墙原有砖刻“鸿禧”二字，典出《宋史·乐志九》：“宝命自天，鸿禧锡祚。”寓意宅主洪福齐天。今已不存。中路第3进为大厅，面阔3间10.45米，进深10.85米。扁作梁，方椽，梁、檩有彩绘，桁间牌科、山雾云。荷叶墩雕刻粗犷浑厚，叶边上卷，叶脉突起，精美绝伦。

承受屋柱压力的基石柱础和厅堂门前的石头台阶，都是青石铺就。厅前有雍正九年（1731）门楼，题“玉山嗣美”额。砖雕较精，下部有金刚座，还能让人想象这所宅子早年的繁华。第2进轿厅有梁枋彩绘和覆盆式木柱础。第5进厅堂两侧有对称的歇山顶方形更楼各一座。

滚绣坊顾宅，演绎了一代名人的风采，可以使我们更加了解顾仲华画艺，为苏州有顾仲华这样的画家而骄傲。

中西合璧话方宅

控保档案：编号为224的方嘉谟故居，位于悬桥巷45号，乃民国建筑。

苏州古城东部有一条通幽的悬桥巷。该巷位于享誉全国的平江历史街区内。巷内人文荟萃，多深宅大院，不少已列入苏州市文物保护单位和苏州市控制保护建筑名录。比如，巷内27、29号，为晚清状元洪钧故居及庄祠（苏州市文保单位）。23、25号为钱伯煊故居（苏州市文保单位）。41号为丁氏济阳义庄（苏州市控保建筑）。50—60号为潘宅（苏州市控保建筑）。46号为潘氏松鳞义庄（苏州市控保建筑）。45、47号为方嘉谟故居（苏州市控保建筑）。

位于悬桥巷45、47号的方嘉谟故居，在建筑格局上与众不同、别具一格。西路的45号，原为老宅的西花园，园内辟有一座建于民国的西式洋房。东路的47号，为建于晚清的传统苏式建筑。2004年，在苏州文物普查（古城寻宝大行动）中，方嘉谟故居被慧眼识宝的市民发现。经过文物部门鉴定，被列入苏州市控制保护建筑名录（编号224号）。

方嘉谟是清末民初苏州著名的西医专家。他和同住悬桥巷的中医专家钱伯煊齐名，人称“西（西医）方中（中医）钱”。两人关系密切，是在上海同一所医科大学读书的校友。方嘉谟先学中医，后又不顾他人反对，学习并掌握了先进的西医医术。毕业后，导师劝他留在行医和生活条件都好的上海。他却婉言谢绝，毅然回到故乡苏州。为了行医方便，他放弃了位于钮家巷的祖宅，在悬桥巷与钱伯煊为邻，购下一座老宅，在宅内开设一座小型西医医院，设立门诊部和住院部。方嘉谟医术高明，治愈了不少重症病人，同时，他还具有良好的医德，对待病人如

亲人，每天查房必亲至。遇到贫困者前来就诊，允许欠费甚至免除一切费用。一时间声名鹊起，在市民中树起良好的口碑。

方嘉谟故居坐北朝南，整座建筑由南面的悬桥巷一直延伸到北面的菉家巷，分为45号和47号两处。现在的45号，原为老宅的西花园。1935年，宅主在园内辟出一块地方，前前后后花费了十年时间，才建起一座颇具规模的西式洋房。这座别具一格的欧式洋房，具有当时欧洲时髦的巴洛克风格，为少见的西班牙式洋房。它的特点是：外形立面呈船式，如同一艘正在乘风破浪的航船。墙面为拉毛水泥立面，具有错落有致的立体感。屋顶檐瓦为进口的平瓦（俗称洋瓦）。这种平瓦分为雌雄爿。铺设时雌雄爿上的条形锲口紧密结合，非常牢固。屋顶的坡度也与众不同，特别陡，形成一个高高的尖角。它不但有利于排水，而且立体感强，具有一种特别的线条对称美。一般的房屋维修工，不敢上这种屋顶“捉漏”。

这座西班牙式洋房，层次为别具一格的“假三层”。从外表看似乎有3层，其实只有2层。室内的独立卫生间，配备有当时最时髦的抽水马桶。地面铺设进口的防滑地砖，砖面上绘有精美的几何图案。楼上为卧室，铺设长条形实木锲口地板。阳台在建筑最南端，立面呈优美的梯形结构。

抗日战争爆发后，这座洋房被日本侵略军强占。抗战胜利后，又被国民党军队和地方政府占用。新中国成立后，洋房产权归地方人民政府，由房管局接收并管理。洋房被分割为8大间，出租给8户居民使用。“文革”破四旧，花园内的假山、水池、花木、亭子等被毁。园内乱搭违章建筑使园貌受到一定损害。1983年，苏州市政府落实有关房产政策，搬迁宅内居民，洋房产权回归方家后人。方家后人在宅内空地上种植香樟、枇杷、翠竹等花木，使老宅再现盎然生机。

方宅的47号，前3进分别为门厅（头门）、花厅和楼厅（堂楼）。

第4进也是楼厅，但体量较大，从东到西一直延伸至西路的西花园。每进厅室之间，均以通幽的庭院间隔。厅室金砖铺地，配置精美的落地长窗，具有典型的苏式宅院特色。3开间的门厅，屋檐为硬山式。其体量较小，不张扬，体现了苏州人的内敛性格。同时，也不至于喧宾夺主，满足视觉审美的整体要求。穿过小天井，便是花厅。花厅为3开间扁作梁，雕刻精美。屋宇设船篷轩，梁架为抬梁式，但梁垫较小。山尖雕饰山雾云等装饰，等级相当高。柱础形制为木构材质，具有防腐、防潮功效，疑似明代建筑遗构。花厅的北墙上，原来有乾隆年款的砖雕门楼，“文革”时期破四旧被毁，仅存遗迹。花厅前的庭院内，原来种植两株名贵的金桂，寓意“双贵”，讨吉利口彩，现在已不存。第3进楼厅也为3开间结构，前设贡式轩廊，梁架饰云纹。楼厅形制为高等级的纱帽厅，可惜落地长窗已非原物。

第3进楼厅和第4进楼厅之间，原有一堵月洞门院墙。现在月洞门不存，仅存题额“缋善余庆”4个篆字。题额为方家的治家格言，相传为现代著名作家叶圣陶的国文老师所题。现在的第4进楼厅，为宅主方嘉谟当年开设医院的住院部。这座楼厅形制为中西混合式建筑。其雨挞板材质并非木构，而选用水泥建材代替，表面装饰花纹图案。这种式样，是典型的民国洋房做法。然而，门窗等构建均为传统苏州香山帮建筑式样。比如，落地长窗的裙板上，镌刻精美的花卉图案。厅内梁架上的花纹图案争奇斗艳，有“团喜”“团福”“如意草”等纹样。“连理牡丹”寓意“富贵不断”。轩廊两侧的长方形门宕，贴砌砖细门框，上有砖雕字额。木构楼梯的扶手护栏上，雕刻栩栩如生的竹节花纹，寓意“节节高升”。楼上住院部病房残存的门牌，见证了当年方家为百姓行医的一段历史。

岁月沧桑，斗转星移。如今，老宅47号为苏州市住建局所属的直管公房，由十余户居民居住。年久失修，部分屋宇已墙面斑驳，檐瓦松动。乱搭乱建现象也局部存在。如何更好地保护这座形制独特、中西合璧的老宅，还应进一步引起有关方面重视。

舞魂之家吴晓邦故居

控保档案：编号为246的吴晓邦故居，位于腌猪河头25号，乃民国建筑。

在熙熙攘攘的山塘街口有一座山塘桥，而在桥的南堍原有一条小巷，名字叫做腌猪河头。旧时这里有座水埠码头，小巷之中咸肉行聚集，所以此处就成为腌制猪肉的集散地了。在苏州腌肉俗称“咸猪肉”，所以小巷由此得名。而在苏州话里面“腌猪”和“胭脂”音颇近，所以有些地方也写为胭脂巷。腌猪河头虽是市井之地，但是从这却走出了中国杰出的舞蹈艺术家吴晓邦。

1906年12月18日，吴晓邦出生于太仓县沙溪镇一户贫农家中，出生仅10个月，就被沙溪镇当地的吴姓大地主（沙溪镇上万和祥的老板）

抱养，成为吴家的二房嗣子，被长辈取名为吴锦荣。在吴晓邦的童年时，他的养父、养祖父均离开了人世，其与养母相依为命。1914年，她随养母迁入苏州浒墅关邢村，后入吴县浒墅关小学读书，1917年(12岁)时，才迁居苏州腌猪河头吴宅，后不久就进入教会学校东吴大学附中学习。直到1924年春考入沪江大学附中。之后深受“五四”运动影响，并且在1926年考入武昌南湖的武汉中

央军事政治学校，后又参加了国军西征。1929年至1937年，吴晓邦由家人资助先后3次东渡日本学习，因仰慕波兰爱国主义音乐家肖邦的艺术才华和爱国思想，改名为吴晓邦。并且在一个偶然的机会里，在东京大限会堂看到舞蹈《群鬼》，极受震动，因此对舞蹈产生了兴趣，之后在日本接受舞蹈教育。回国后，其将现代舞蹈艺术引入中国，率先提倡新舞蹈艺术运动，主张为人生而舞蹈，提倡用舞蹈反映现实人生的苦难与希望，并身体力行地开展舞蹈教育工作。1932年和1935年，开办了中国第一所舞蹈学校和中国第一个舞蹈研究所。1941年，吴晓邦与盛婕（盛宣怀的侄孙女）结为夫妻，共同传播新舞蹈。1945年吴晓邦、盛婕在周恩来的安排下到达革命圣地延安，执教于鲁迅艺术学院。新中国成立后，成立中国舞蹈艺术研究会，开始大力收集民间乐曲，并且着力于“古曲新舞”的创作和研究。可惜在“文革”中被迫中断，其本人也遭受了批判和批斗。“文革”结束，吴晓邦被任命为文化部文学艺术研究院顾问，《舞蹈》杂志主编，并成为中国舞蹈家协会主席，之后连任3届直至第6届当选名誉主席。1995年7月8日于北京病逝。其一生出版诸多舞蹈教育书籍，培养出了一大批优秀的舞蹈家，为重振和复兴中国舞蹈事业作出了突出的贡献。

腌猪河头25号的吴晓邦故居，现存建筑为清末民初风格的砖木结构建筑，一路2进，前门朝向护城河，后门通北浩弄。第1、第2进建筑均为楼厅，前院为四合院，后院为三合院。第1进正门墙面主体为扁砌清水青砖墙，但是于门洞及窗洞过梁处用红砖发券，发券间用扁砌红砖相连接。内部建筑皆以传统木架结构房屋为主，且建材较差，门窗均无花格装饰。该处建筑年代较晚，结构较为简单，类似于苏州城内一些里弄建筑。该处建筑为吴晓邦与其养母在1917年迁居苏州时所居住的房屋，之后就在这生活了几年，在这他度过了他的孩童时代。

2007年，整个建筑淹没于一片废墟之中，老宅的残破也令人唏嘘，楼梯和墙壁也陈旧破败，并且建筑似有崩塌之象。幸而山塘街历史街区改造时这也得到了修缮，恢复了其本来的样子，并且由于其南面修建了一座宏伟的石拱桥，通向对面的阊门北码头，使得站在桥上看，可以一览周边美景。腌猪河头这个地名已被废弃，该处老宅已成为这唯一站立的建筑，也唯有这个建筑还记录着这个地名，记录着这儿的历史，也记录着当年从这儿走出的人。

西药泰斗朱子久

控保档案：编号为241的朱子久故居，位于望星桥南堍6号，乃民国建筑。

盛家带浓缩了苏州小桥、流水、人家的精华，尽展于这方寸之中。那一弯半圆形的弧度倒映在水里，既方便了欸乃过往的船只，又平添了几许水乡的诗情画意。生于斯，长于斯的人们时常有这种感觉，桥的一端是繁华市井，但若想回归宁谧，那么只消攀过这一弯，便可来到诗意的栖居地了。横跨于盛家河的忠信桥便是缀连的纽带了。外乡旅人，不论是误打误撞抑或是心心念念找寻的去处，无不满意而归，他们知道：他们是幸运的，因为总是一次比一次更难找到小桥流水的江南旧相识了。桥的另一端，是药学专家朱子久故居。朱子久又名朱恒，浙江吴兴（今湖州）人。民国四年（1915）毕业于浙江省立医药专科学校。而至东京西药专科学校进修一年，回国后在上海五洲药房任药师。他的父亲朱寿门早年任职于浙江铁路公司，光绪三十三年（1907）转而经商，后把所有资金、职工迁至上海，传给朱子久开办药店。民国十二年（1923），朱子久在上海肇嘉浜路开设福康西药店，开始自制西药。第一年，即研制出镇痛新药“凡痛灵”，后又开发多种新品

种。为进一步发展国产西药，面对上海各方激烈竞争以及发展余地不大的局面，他决定将上海福康西药店的设备和职工全部迁到苏州盛家

带。民国二十三年至二十六年间（1934—1937），又研制出新药福康合维膏等。

民国二十六年（1937）“八一三”事变，大批抗日将士负伤，而上海等地镇痛药品奇缺，朱子久闻讯后，发动全店职工连夜赶制几万粒“凡痛灵”及其他药片，支援抗战前线。

民国三十三年（1944），朱子久与顾嘉康等筹建福来药厂（股份有限公司），资金总额2万元，朱任董事长。1950年，福康药厂董事会改组，他辞去董事长兼厂长职务，留厂从事药师工作。1953年，与赵丕栋、周宝贞等成功研制出甲苯法糖精，后来成为福康化工厂主要产品。1956年3月，朱子久从糖精下脚料中提取甲苯获得成功，而甲苯是制造糖精的主要原料。1957年，又试制成功萘乙酸（植物促进剂）、醋酸苯汞（三麦杀菌剂）。因此，福康药工厂又划分出部分产品，成立苏州农药厂。1958年12月31日，朱子久从厂里开完会回家后便感到身体不适，那天很冷，晚上睡觉时母亲给他用汤婆子捂在被子里取暖，可能是太暖和了点，引发了高血压，结果就在那天晚上中风了，家里人急忙把他送到医院抢救，化工厂的领导闻讯后立即赶到医院，还专门成立了以化工厂书记为组长的抢救小组。朱子久是厂里技术骨干，正等着元旦后靠他研发新产品。然而，1959年1月3日，朱子久终因抢救无效去世了，终年68岁。

朱子久故居位于望星桥南堍6号，这是朱子久的父亲朱寿门在上海铁路局工作的抗战时期买下来的，据说一建成就买了。朱寿门的观念是“不买地，只买房”，买房子可以保障子孙后代免受风吹雨打。朱子久故居于2004年在苏州文物局和《姑苏晚报》举行的古城寻宝活动中被志愿者发现并挖掘的，于同年被列为苏州市控制保护建筑名录，现存青砖两层民国建筑一幢，弧状窗框，木制窗棂。木制阳台外挑，室内外保存状况良好，整幢建筑造型简洁流畅，与周边环境相得益彰。

—庭院人家—

东麒麟巷华宅

控保档案：编号为036华宅，位于东麒麟巷17号，乃清代建筑。

东麒麟巷很特别，它是平江历史街区最北面的一条巷子，巷北是一色的白墙黑瓦的一二层楼的民居，巷南是一条连接平江河和护城河的小河，河边有花岗石砌成的石栏，石栏边有统一设置的晾衣架，巷子的两边还有一些树木，而河的对面则是一些爬藤植物爬满了一大片灰黑的墙面，很有气势。巷子的街面密密的，都是由苏州特有的小青砖砌成的，很有苏州的风雅特色。

每当梅雨季节，小河里的水就会涨得满满的，河面甚至到了与石街沿相平的程度，而湿漉漉的街面有一些绿叶，有一些榆荚，散发出一种源于灵魂深处的关于家的情感气息。走在这样的街上，静静的，耳边不时传来雨水从屋檐滴落的滴答声和时远时近的脚步声，还有偶尔飘过的清脆铃声。在这样大雨的午后，走在平江历史街区最宁静的东麒麟巷，有一种出尘之感。

走到巷子的中段，看到一个两扇双开大门的大宅子，门牌号是17号，外面被厚厚的矮墙围着，门上有一个雕花的门头，门楣上有一个蓝底白字的牌子，上面写着苏州控保建筑的字样，编号是36号，牌子是2003年8月立的，这显然是一处老宅子。

这所宅子是清代建筑，由蒋次家族建于清乾隆三十四年（1769），坐北朝南，一

路四进11开间。有轿厅、大厅、女厅、花篮厅、书房、下房、砖雕门楼、假山、鱼池、花卉等。清末民初，宅由外跨塘下塘街财主华庚生出资购得，所以后来称此宅为华宅。据在此住了60多年的老人回忆道：“庭院经历了280多年的风雨沧桑，以前也是官宦的大宅子。”

华宅原为华家人所有，但历史的沿革却让它的产权发生了变化，新中国成立后，公私合营时，留给华家两栋，一栋就是后来卖给文化局的5楼5底，另外一栋在另一进，4楼4底。宅内部分房屋的花窗及2座砖雕门楼、假山、石笋、花卉等都被移走。到“文革”后，落实政策，私房发回，华家就只有那幢5楼5底的楼房。这之后，华家人陆续离开华宅，第4进成了无人居住的空宅。

华宅曾经居住了21户居民。现第3进为大厅，面阔3间10.6米，进深8米，梁架扁作，前后翻轩，楠木落地长窗雕刻精细。第4进为楼厅，楼板搁梁上雕和合图，其工艺和用材的精细在苏州众多古建民居中是屈指可数的。砖雕门楼额“率履不越”，乾隆十年（1745）款。由于年久失修，椽子脱榫，腐烂虫蛀严重，屋面渗漏，第4进楼厅坍塌。

2000年，房屋的局部又坍塌过，因未及时维修，整个楼厅前半架已基本倒塌。上面的房子全部倒塌，留下中间到东面房子，地板已塌掉，扶梯已烂掉，完全失去了建筑的使用功能。而对此现状，华家人认为自己都是工薪阶层，都是企业的退休职工，没办法修，心有余而力不足。当时平民百姓的收入确实有限，房价也还很低，房子在老百姓眼中的资产价值还没有现在这样的大。

这时，苏州市文物局在文物普查时发现了这个问题。2001年底，苏州市政府就将华宅列入49处亟待抢修的古建筑名单。后来经过多次接触，产权人同意转让产权给政府，由政府支付一定的补偿金。 沟通后，华家人对老宅能获得新生感到非常高兴。在支付了他们37万元的补偿金后，国家收回了华宅的产权。这也是2003年1月1日《苏州市古建筑保护条例》实施以来，苏州市首次由私人将古建筑产权转让给国家。办好交割手续后，苏州市文物局立即着手测绘、论证，制定了修缮方案。然后严格按照文物古建筑的整体保护要求，对它进行复原修复，完全按原貌修复。

这样的古宅保护模式是值得肯定的，也是可以在今后的古建保护和利用中进行倡导、推广的模式。

“青砖小瓦马头墙，回廊挂落花格窗。”据专家分析，始建于清代的华宅有其独特的艺术价值。首先其整体风貌保存得比较好，有门厅、大厅、轿厅，整体建筑形式体现了苏州传统风貌。其次，整幢建筑雕刻作品的艺术价值很高，其中第4进楼厅楼板搁梁上雕的和合图，虽无其他民居雕刻的富丽堂皇，但其外观之朴素秀雅、工艺及用材之精细在苏州众多古建民居中是屈指可数的；尤其是大厅和楼厅门窗的连楹上都有雕刻，这种做法在古建民居中更是罕见。

确实，这些雕刻作品雕工老到、线条流畅、图案精美，虽历经数百年，却依然栩栩如生。雕刻图案中的花草、树木、山水，人物的衣褶、胡须、表情，手里的拐杖、蒲扇、画卷等都活灵活现，体现了雕工的高超技艺和艺术创作的丰富想象力。一些镂空雕刻的植物缠枝及内方外圆的铜钱雕花图案更是构图巧妙，雕刻精细。还有镂空雕的层层叠叠的祥云图案，显得非常有气势。屋顶正脊正中的3个头顶祥云、脚踩祥云的道家人物的塑像，虽然因年代久远而显得有些破败，但细看，无论是造型比例、面部表情还是服饰动作，都彰显了雕塑者娴熟的技艺和设计的巧思。

最奇的是每一片滴水瓦的瓦面上也都雕了精美的图案，既像花朵，又像太阳和火焰，都是浮雕，雕得很精细，图案设计得极具匠心。

人说许宅不姓许

控保档案：编号为051的高师巷许宅，位于高师巷2号、4号，乃清代建筑。

高师巷东通王天井巷，巷口有座方广桥，西接中街路，全长只有267米，宽4米。古巷两侧粉墙黛瓦，幽深古朴，是一条标准的苏州古街巷。

老居民说高师巷2号许宅原来并不姓许，也不是军阀住宅，而是在民国时期，浙江和上海两地的军阀发生了冲突，一时难以解决，有一个姓许的先生从中进行了调解，双方都表示满意，分别给许先生送了许多钱。许先生用其中一部分资金买了这里大片的房子，然后用3年时间，拆旧房、建新屋，这幢大宅子便成了许宅。

许先生名厚基（1896—1959），字博明，祖籍浙江吴兴（今湖州）。其父许椿荣乃上海南京路大丰洋货行巨商，以经销进口洋布发家。出身家道殷实的许厚基爱书，又有财力，广购宋、元、明本古籍，将藏书楼名为“怀辛斋”，意在纪念其母的养育之恩。

日本侵华期间，苏州沦陷，许厚基携书西逃，流落云南昆明。期间，许厚基由国民党元老李根源介绍，认识了当时的云南省主席龙云，并将一部分图书捐赠给了当地图书馆收藏。龙云委任许厚基为大理县长，但是因为许夫人乃豪门闺秀，经不起舟车劳顿，不愿赴滇，因而未曾到大理受职，返回苏州。许厚基回到苏州一看，他的许宅院已被汪伪

法院院长占据大部，但是亦无可奈何。

抗战结束后，许厚基家业凋敝，以变卖藏书维持生计。其中购买大户有四川金融巨子戴亮吉、上海来青阁书店主人杨寿祺。

民国三十八年（1949）1月22日下午，高师巷许博明家发生火灾，苏州北区救火会会员顾士杰在救火时跌入曹家巷东口的三条桥河中，被石条压住，不幸牺牲。苏州救火联合会为他举行了公葬，墓葬在虎丘山南麓翠荇山庄，墓前树有“义无反顾”石碑。

1949年后，已经无书可卖的许厚基不事生产、不懂经营，坐吃山空，生活十分困难，于20世纪50年代病故于高师巷2号。

有人往往把居住在高师巷许宅的俞伯平，当成了现代诗人、作家、红学家俞平伯。其实，俞伯平是一位江西籍长者。他生于1899年，1979去世。他在民国十六年（1927）七月从江苏医科大学毕业后，在高师巷2号开设了一个诊所。新中国成立后，他继续从事医务工作。由于预防工作做出了成绩，在1952年就受到了苏州市卫生局、爱委会的表彰。后来他到新医协会工作，常常在电台、报纸上进行卫生宣传，并且不论寒暑，深入工厂、学校、街道、农村作报告，办讲座，足迹遍及全市各个角落。他常常到苏州各所小学进行卫生宣传，如今，60岁以上的苏州市民对他带有浓重江西口音的快板还余音在耳：“苍蝇拍，长又方……”俞伯平从事卫生宣传工作20年，曾任苏州市科普协会委员、苏州市爱委会委员，苏州市第三、四、五、六届人大代表，还出席过江苏省及全国科普积极分子大会。

从王府到西圃

控保档案： 编号为067的潘遵祁故居，位于白塔西路13、15号，西花桥巷3号，乃清代建筑。

唐代大诗人白居易曾经担任过苏州刺史。他离任后在扬州念念不忘苏州，写过一首咏怀苏州街巷的抒情诗：“扬州驿里梦苏州，梦到花桥水阁头。”如今，典雅的花桥和古朴的水阁尽管已不存，但是花桥两侧的小巷仍在。这就是在古城东部，隔临顿路相望的东花桥巷和西花桥巷。积淀丰厚的西花桥巷，至今仍有不少人文遗踪。如怀新义庄、潘遵祁故居等。潘遵祁故居坐北朝南，南临西花桥巷（正门，门牌现为3号），北至今白塔西路（后门，门牌现为13、15号）。如今，这座老宅已列入苏州市控制保护建筑名录（编号为067号）。

潘遵祁故居的前身，最早是一座建于晚清的私人宅第花园。可惜，园主姓名和园子始建年代未见有关资料记载。清咸丰十年（1860），太平军打败清军占领苏州城。一些太平军将领利用原来的宅园，纷纷建起规模不等的王府。比如，李秀成利用拙政园建造的忠王府；太平军民政高官（相当于“准王”级）熊万荃也利用西花桥巷的老宅，大兴土木改

建为一座王府，供其寻欢作乐。这座俗称“熊王府”的花园，尽管面积不大，却是一座美轮美奂的宅园。等级森严的王府，大门口有手持长矛的士兵站岗把守，

闲人概莫能入。在太平军诸位将领中，熊万荃的宗教排外意识最强，尤其对被称为“邪教”的佛教恨之入骨。他指挥太平军攻克吴县东山后，一举烧毁翠峰寺、华严寺、雨花禅院等17座古刹。

清同治七年（1868），吴中名士潘遵祁购下熊万荃王府，改建为一座具有城市山林韵味、适合隐居的文人园，以其号名“西圃”。潘氏为吴中望族，清代名列“彭宋潘韩”四大家族之列。族中代有高官巨贾、文人达贤，向有“富潘”和“贵潘”之说。潘遵祁（1808—1892），字留夫，号顺之，又号西圃。清道光二十五年（1845）进士，官至翰林院编修，后来因不愿沉浮宦海，就称病回归故里。凭借其卓越的文才，他应聘主讲于著名的紫阳书院，前后长达20年，培养了大批人才。潘遵祁好行善事，乐于慈善事业。咸丰年间，他捐田1800亩给丰备仓。光绪二年（1876），发丰备仓稻谷13000石，铜钱14000缗（缗，古代穿铜钱用的绳子，每串一千文）。如此，及时救活了许多南渡的饥民。他还和弟弟希甫共同出资，建立了潘氏松鳞义庄。百姓私下称潘遵祁为“潘青天”。

潘遵祁故居（西圃）占地面积不大，约0.47公顷。格局为东宅西园，从南至北共6进。第1进门厅（头门）、第2进轿厅（茶厅）、第3进为大厅（宫殿式大殿），额“五松堂”。堂名因厅内悬挂“五松图”而得。作为“岁寒三友”的松树，耐寒常青，有“松令人逸”之说。堂额表明了主人不受外界俗事干扰，保持本真的高风亮节之性格。该厅面阔3间13.8米，进深12.5米。梁架扁作，雕刻精细，前后有翻轩。东西山墙以水磨砖勒脚。粗木圆柱底部，承以古朴的石础。石础上镌刻细腻的菊花花纹。落地长窗裙板上，镌刻“凤穿牡丹”“喜鹊登梅”等传统吉利花鸟图案，栩栩如生。第4进为女厅。该厅由不同风格的南北两部分组成，故又称为“鸳鸯厅”。其梁架扁作和圆作相映成趣。庭柱也一圆一方争奇斗艳。女厅为仿明结构，相传为明代遗构。厅后北墙上，贴砌一座砖雕门楼。门楼以花岗岩条石镶边，有屋檐，两侧悬垂莲柱。第5进也是大厅。金砖铺地，东西山墙以水磨石贴面，砖面上镌刻花纹。雕刻精美的扁作梁上，镌刻仙鹤、灵芝、牡丹等花鸟图案。

潘遵祁故居的西部，曾经是一座典雅的西花园。园内叠石掇山、疏池理水、栽花植木、建台筑亭，古典园林四大要素一应俱全。假山盘旋蹬道，水池构架小桥。错落有致的花木中，有珍贵的黄杨和木瓜树。它们是著名的观赏树种。闲暇时，园主潘遵祁常常邀请知心文友前来，曲水流觞、吟诗作词、赏花观月。其乐融融，客人尽兴而归。

清末，西圃归安徽道台潘继儒所有。民国初，西圃一度归江苏省银行行长所有。民国九年（1920），西圃归一位吴姓商人所有。吴氏去香港经商后，托好友朱企顺代管。因为管理不善，园景逐渐荒芜。后来，西圃内又开设过德灵女子中学和务实小学。鲜为人知的是，当代世界著名建筑大师贝聿铭，少年时代曾一度居住于此。贝老来苏州规划设计苏州博物馆（新馆）时，还念念不忘此事。新中国成立后，西圃归吴县人民武装部使用。1959年以后，部分屋宇被拆除改建，使园貌受损。“文革”破四旧，西圃也在劫难逃。西花园内的水池被填，假山被毁，曲廊、亭子等建筑被拆。砖雕门楼也遭到破坏。腾出的空地上，建起了住房。1983年，西圃部分屋宇归苏州烟草公司使用，另一部分归房管局管理。

现在的潘遵祁故居已沦为民居，住有多户居民。大门开在白塔西路13号。门上钉有一块“潘遵祁故居”木牌。牌上扇形框内，黄底绿字，扼要介绍了潘遵祁的生平事迹。临门的平房，开设一家食品小店。平房的云纹脊正中，塑有团型“喜”字图案，为今人所塑。进入老宅，要走15号的边门。老宅原屋和改建

的新屋犬牙交错，破坏了故居的原貌。故居内保存至今的遗构遗物主要有：其一，第3进的大厅。该大厅钉有标志牌，室内金砖铺地，屋脊为龙吻脊。其二，砖雕门楼。被民居围墙圈住的砖雕门楼，无法近观，只能看到门楼上部残缺的檐瓦和垂莲柱。其三，两株古树。一株黄杨和一株木瓜，相传为宅主潘遵祁手植。其生长状况尚可。伸展的绿叶，撑出一片盎然生机。此外，院内还有一口水井，疑为原物。可惜，古朴的石井圈已不存，另砌一个方形水泥井栏代替。

目前，潘遵祁故居正准备维修。重修后的老宅，不妨迁移住户，用于文化场所。

大儒巷内德邻堂

控保档案：编号为077的德邻堂吴宅，位于大儒巷8号，乃清代建筑。

在苏州古城区临顿路南段，有一条东西向的大儒巷。该巷古名“大木巷”，又名“大树巷”，巷名因巷内有参天古树而得。后来，因明代大儒王敬臣居此而改名。在这条人文积淀丰厚的老巷内，至今尚存多处古建遗构。比如，昭庆寺、端善堂潘宅、丁宅和德邻堂吴宅。

德邻堂吴宅位于大儒巷8号。该宅始建于晚清，现已列入苏州市控制保护建筑名录，编号077号。历经岁月沧桑，百年老宅已破旧不堪。2011年8月，为了更好地保护苏州市内的古建遗珠，传承源远流长的香山帮建筑文脉，苏州市政府启动了古城区优秀历史建筑保护工程。12座古宅列入首批试点改造项目。其中，德邻堂吴宅榜上有名。

德邻堂吴宅建筑面积2010平方米。现有居民44户。老宅坐北朝南，分为东西两路。东路共有6进，前后排列门厅、轿厅（茶厅）、大厅、

堂楼等建筑。轿厅后面有一方庭院，院内遗留一口老井。井栏材质为青石，制式为内圆外六角，表面雕刻花纹，古朴雅致。西路也有一口古井，可惜已被填没。第三进为大厅，面阔3间13.2米，进深11.6米。落地长窗和金砖铺地尚存。大厅扁作梁，逢柱见斗，前船篷轩。堂楼底层的柱础不是石质而是木质。这种经过特殊处理的木础，不怕潮湿，至今完好无损。大厅内原来悬挂一块匾额，名“德邻堂”，取“以

德为邻”之义。可惜的是，匾额在“文革”中被红卫兵取走焚烧。

大厅前的院墙，即轿厅的后墙上，贴砌一座精美的砖雕门楼。砖雕门楼是老宅砖雕艺术的经典，也是衡量老宅价值的一个重要指标。门楼两旁为贴砌清水砖的影壁，下承石须弥座。门楼的门楣上，上下排列上枋、中枋和下枋，两侧垂莲柱相映成趣，俗称“三枋两柱门楼”。上枋、下枋和中枋两边兜肚，均雕刻精美的花卉。中枋正中为一方砖额，题为“竹苞松茂”。题额寓意深刻。“松、竹、梅”为“岁寒三友”。清人有“竹令人韵、松令人逸”之誉。题额是主人的治家格言，象征着宅主清廉为人的高洁品质。同时，也表达了宅主追求自然，营造美好生态环境的情趣。遗憾的是，院内花木扶疏的胜景现在已不存。

德邻堂吴宅的第4、第5进均为两层楼的木构堂楼。古朴而陈旧的挂落、楼梯、地板等，都铭刻着岁月沧桑。第6进为下房，设有厨房、仓库等。在老宅的西北隅，还设有一座四方形的上下两层更楼。设立更楼既是为了防火防盗，也是为了及时而准确的报时，遵循有规律的家庭生活。宅主的治家理念，由此可见一斑。

德邻堂吴宅的宅主吴曾祚，身世不凡，是清代状元吴廷琛的曾孙。吴廷琛（1773—1844），字震南，号棣华，清代苏州府元和县人。他出身于书香门第，从小聪明好学。嘉庆七年（1802）参加科举考试，在会试中一举夺得第一名会元。接着，又在廷试中摘取状元桂冠。吴廷琛是一名勤于理政、政绩显赫、为民办实事的廉官，颇受百姓好评。道光六年（1826），朝廷“内召以四品京堂用”。但他不恋高位，第二年就引疾告老回苏州。其宅在苏州市区古市巷。

吴廷琛的曾孙吴曾祚，从小受书香门第文风熏陶，学习勤奋。在海外大学毕业后，他没有步先祖走从政之路，而是走“科学救国之路”，从事电报通讯事业。他在工作中刻苦钻研业务，很快就成为精通业务的专家。民国时期，他历任锦州、苏州、宜昌、浦口和常州的电报局局长。

苏州的邮政电信事业受上海辐射，起步较早。清代光绪七年十一月初八（1881年12月28日），苏州先后开办电报、邮政、电话业务。当年，苏州市电报分局设在阊门内王枢密巷（今五爱巷）内，为中国第一批开办的电报局之一。电报局为地方官署机构，内设委办、调办、专管等掌管人员。后来，电报局迁至天库前，为官督商办。10年后，苏州成为上海南京线路及北方连接浙、闽、粤电路转接调度局。宣统二年（1910）收归部办。民国建立后，改称交通部苏州电报局。民国二年（1913），隶属交通部江苏电政管理局，主管人员改称局长。民国二十三年（1934）十一月，在吴曾祚的建议下，交通部选择苏州电报局为试点单位，首先实行电报、电话二局合并，改称交通部吴县电报局，地址在闾邱坊巷原电话局内，报房仍在原址。吴曾祚为苏州的电信实业作出了一定的贡献。由于业绩显著，深受上司信任的吴曾祚奉命调往外地，前后在多个城市担任电报局局长。

作为苏州市首批12个保护修缮的老宅，德邻堂吴宅改造后，可作为文化机构使用。宅内，不妨辟建小型巷史陈列馆，陈列有关大儒巷的人文史料。

大儒巷丁宅

控保档案：编号为080的丁宅，位于大儒巷6号，乃清代建筑。

如今在大儒巷东端翰尔园的旁边，有一幢新修复的清式建筑，前后共4进，前门第1进在南边的肖家巷，后门第4进在北边的大儒巷。每进都是两层的木楼，通身刷了朱红的油漆；每进的楼厅都有粗大的原木柱子，明式风格的扁作梁，雕刻精美的木窗，造型华丽的木楼梯，第1、第2进还各有一座富丽堂皇的砖雕门楼，第4进则有一个很大的荷花池，池边堆满了形态各异的假山石。整幢建筑活脱脱是一处苏州传统大户人家的宅子，很有历史的沧桑感和文化的厚重感。走进这幢清式建筑，就像是走进了苏州古城的深处，走进了苏州古城历史的深处，走进了苏州古城厚重的吴文化底蕴的深处。

这处清式建筑，就是原来位于大儒巷6号的控保建筑丁宅，也是苏州市首批试点保护修缮的12幢古建之一。

丁宅建于清代，建筑面积2420平方米。当年完整的丁宅南到大儒巷、北抵南显子巷，前后深达7进，从南到北依次是门厅、轿厅、大厅和4进楼厅。几经变迁，丁宅现仅存4进楼厅及东路附房，藏身于长发商厦主楼和商厦的车辆总汇等现代楼宇之间。

丁宅，最早的主人是谁已无从

考证，而在民国时期其主人的名字叫丁春之。丁春之在清末曾经担任山西定襄县知县，辛亥革命后回到苏州投身实业，是苏州早期民族资本家的代表之一。1920年，丁春之与宋友裴、程志范等人发起集资30万元，筹创了苏州电气公司，在枣市街建设发电厂，并在观前街上设了事务所。丁春之被推选为协理一职，但实际上总揽建厂大权。他每天早出晚归，勤俭治厂，并虚心向工程师学习电气知识。在丁春之的带领下，苏州电气公司很快建成了一座较具规模的发电厂。由于这个发电厂输出的电力强劲，由它“点燃”的灯光特别明亮，使得日资电灯公司的电黯然失色。再加上爱国热忱的推动，苏州工商各界全部改用苏州电气公司的电，苏州电气公司也逐渐成为苏州最大的发电厂。丁春之与苏州鸿生火柴厂的刘鸿生都是和日本人竞争，最后大获全胜、大长中国人志气的民族资本家，都是值得我们敬仰和颂扬的。

而更值得一提的是，丁宅中还曾走出了一位传奇女子，那就是丁春之的女儿丁达于。1923年，丁达于嫁给著名收藏家潘祖荫的嗣孙潘承镜，并改姓潘。新中国成立后，潘达于代表潘家向国家捐献了大盂鼎、大克鼎等一大批珍贵文物。这个故事众所周知，不再赘述。丁春之的其他后辈也都是很有出息的。

和苏州的许多老宅一样，丁宅的建筑结构严整，建筑内的装饰颇为讲究。现存的第一进楼厅使用了制作考究的扁作梁，保留了明代的风格；扁作梁上方的装饰性构件——山雾云（屋顶山界梁上镂空处两旁的木板）上还雕刻着荷叶的图案。后面的3进楼厅，原先住着十多户居民。由于南面是长发商厦车辆总汇的一幢3层楼，西面是长发商厦主楼的6层高楼，因此这几进老房子长年处于阴暗潮湿、通风条件较差的环境中，白蚁孳生。2011年6月23日中午，因为大雨的侵袭，第一进楼厅2楼的一根房梁断裂，屋面随之坍塌，这样的危机让有识之士对丁宅的未

来颇为担忧。

如何为丁宅这样具有一定历史价值的老宅子找到一条好出路，当时经多方专家论证，确定了保护性整体移建的方案，住在里面的居民由长发商厦出资搬迁，而这座原在大儒巷6号的老宅向东移至紧邻平江路的大儒巷54号（原农贸市场所在地），占地1320平方米。

据了解，丁宅是由苏州文旅集团和平江区共同出资组建的苏州古城平江建设有限公司，与平江区在老宅子保护利用试点上的第一个合作项目。

2011年9月26日，丁宅移建工程举行了奠基仪式。据悉，在移建工程中对老宅原有建筑进行了测绘、摄像，并对砖瓦、木结构等构件逐一编号，在新的移建点，根据丁宅原有的规模和建筑风格等，按照文物的标准实施整体保护性移建，把原有历史信息尽可能地传递保护下去。此外，消防、环保、节能等技术也都融入其中，从而完善其使用功能和舒适性。据苏州古城投资建设有限公司的姜林强介绍：目前移建工作已整体完成，正在做内部装修，8月份交工，以“上海王小慧艺术中心”向公众亮相，这既是为平江路的文化旅游发展配套，也是为大力发展苏州的文化创意产业出力。

宋宅曾经的辉煌

控保档案：编号为084宋宅，位于曹胡徐巷76号，乃清代建筑。

苏州的蒹葭巷，原名“陆家巷”，是因巷内住有陆姓大户而得名。后据说为了雅化，根据吴语谐音改成“蒹葭巷”。“蒹葭”两字，还是借鉴了《诗经》中“蒹葭苍苍”。但这应与宋家大族入住陆家巷有着脱不了的关系。宋家是清朝时苏州四个大家族之一。位于曹胡徐巷的宋宅（正门原在蒹葭巷），就是宋家一处规模庞大的宅院。按理说，此宅应称“蒹葭巷宋宅”，可是蒹葭巷的宋宅前部建筑已被拆除，建成了停车场。如今进宋宅，只能从曹胡徐巷后门进去，故称其为“曹胡徐巷宋宅”。

据《长洲宋氏族谱》载，宋氏先世为洛阳人，是在元至大年间（1308—1311）随宋室南渡迁入吴地。宋氏原居长洲甫里（即甪直）。明景泰、嘉靖年间，宋坤的次子宋泰迁至葑门新造桥一带，子孙遂称“葑溪宋氏”。宋泰之子宋纯仁（第二世），明嘉靖二十八年（1549）官至南京刑部郎中。宋纯仁有五子，长子宋道明（第三世）生宋琦和宋如琮（第四世）。宋琦有宋学朱、宋学程等二子。宋如琮有宋学显等五子（第五世）。宋学朱的三个儿子宋德宽、宋德宜、宋德宏（第六世），均有文名，号称“三宋”。顺治十二年（1656），二儿子宋德宜考中进士，成了宋氏家族中兴的关键人物。宋德宜后成为康熙年的文华殿大学士，入阁，加太子太傅。民间称其为“宋阁老”。笔者仔细分析，宋氏入住至蒹葭巷，就应该在这一段时期。因为据宋氏后人介绍，一是宋宅原有康熙年间的门楼，虽然早已拆除；二是宋德宜殿试中举以后，皇帝钦赐的蓝底金字匾额“诰铭”及“太子太傅文华殿大学士”，

以及“肃静”“回避”等行牌，1947年之前，一直陈列于蒲葭巷大院的轿厅内。

宋德宜的长子骏业（第七世）善画山水，曾主持完成康熙出题的《南巡图》。其三子宋大业（第七世），康熙朝以功迁内阁学士兼礼部侍郎。宋德宽子广业，以拔贡而任知县官至道台。宋学程之子宋世灐（第六世）一心向佛，其子振业（第七世）为武将，官至贵阳游击授昭勇将军。其子聚业（第七世）官吏部郎中。其子承业（第七世）修纂族谱。宋大业长子宋寿图（第八世），捐一小官，屡为百姓兴利除弊，升至道台。次子英玉（第八世），历官至道台，治水卓有劳绩，11次受乾隆赏赐。宋振业之孙宋厚（第十世），以监生官至四川布政使。宋骏业之曾孙宋镕（第十一世）官至兵部左侍郎。

葑溪宋氏传人清廉正直，人才辈出，其中有乾隆三十七年（1772）进士、累官兵部左侍郎的宋镕；嘉庆五年（1800）举人、著名经学家宋翔凤；民国大律师、江苏省参议院议员宋铭勋；新中国工程院院士、医学家，并多次被周恩来总理召见的宋鸿钊；因少年时写的日记被著名教育家张建初先生命名为《模范日记》而闻名全国的宋文景；20世纪四五十年代，高中毕业会考全省第一的“苏州女状元”宋文钦；参与过国家重点建设项目的研究和制订规划设计方案的宋文杰；攻克了一个个科研项目，填补了一批批技术空白的宋文圭等。

附近的老邻居津津乐道的是宋家的清末秀才宋希尹。宋希尹幼年读书勤奋，青年时自费留洋日本，就读早稻田大学。学成归来，在蒲葭巷大院里办起了学堂。但自从宋希尹信奉佛教后，就只求行善积德，不再教书了。据说，蒲葭巷的居士林，便是由他发起筹资建造的。无论酷暑寒冬，每日晨暮佛堂里都会传出他虔诚的诵经声。宋希尹生活简朴，长年茹素，他怀有一颗慈悲之心，常常扶贫济困。每值秋冬之交，便在蒲葭巷西口设发放点，为苏州城东仓街一带的贫民及外来人员施粥施衣。

宋家祖辈留有田地，每到交租时节，菉葭巷前的小河里，就排满了前来交租的船只。当时菉葭巷河畔没有栏杆，常有人不慎落水身亡，宋希尹就在河边竖立了3个1米多高的花岗石七如来莲花经幢。街坊邻里敬仰其德行、福祉，亲热地称他为“福老爷”。然而，这位福老爷最后并未享到清福，“文革”破四旧时，他供奉多年的佛像被毁，加之每况愈下的家庭经济状况，最终他选择了投井自尽。

如今，从曹胡徐巷76、80号进入仅剩的两栋宋家老宅，还有宋氏后人居住在这里。宅院里宽阔的石阶沿，厅堂内粗大的庭柱，仿佛在述说着辉煌的旧事；铺砌的方砖地已破损，白漆斑驳的高大屏门也十分陈旧，但是，依旧能够让人想象出昔日宋宅的气势与繁华。

嘉寿堂陆宅

控保档案：编号为106的嘉寿堂陆宅，位于天官坊8、10、11号及肃封里，乃清代建筑。

苏州规模最大的老宅是建于明代中期的王鏊古宅，名“怡老园”，位于古城西部学士街，后来怡老园被分割为几部分，乾隆年间在怡老园遗址北部由徽商改建的嘉寿堂陆宅，虽然比怡老园缩小了很多，但仍是苏城最大的老宅。

明代正德四年（1509），退休阁老王鏊之子王世延，在城西仿洞庭山景物，为父亲建造了一座大宅，称构以娱父筑园怡亲，取名怡老园，据明代《姑苏志》记载：“夏驾湖，在吴县西城下，吴王避暑驾游于此，故名。”按《平江图》上夏驾湖方位，在今梵门桥弄、天官坊西一带。夏驾湖风光，宋人杨备诗曰：“湖面波光鉴影开，绿荷红芰远楼台；可怜风物还依旧，曾见吴王六马来。”至明代，夏驾湖一带已淤塞为农田，但仍依城临流，松竹繁茂，有山村气象。怡老园就筑在景色秀丽的古夏驾湖旁。怡老园规模很大，占地甚广，它东依学士街，南至王衙弄，西望古城墙，北达景德路，现梵门桥弄大众里明代吴宅与天官坊

嘉寿堂陆宅都属怡老园的一部分，估算怡老园土地有百余亩之多，是苏州古城最大的老宅。

怡老园主人王鏊系明代名臣、文学

家，字济之，号守溪，自幼文才出众，在成化十年（1474），考中一甲第三名探花，30余年在京为官，曾任吏部右侍郎、吏部尚书、文渊阁大学士、太子太傅、武英殿大学士等官职，已达宰相头衔，权重一时。他的文才与官衔，江南才子唐伯虎称其谓“海内文章第一；山中宰相无双”。正德四年（1509）王鏊告老还乡归隐，回到故乡苏州，他自然成为姑苏文人名士之首，怡老园就成了当时苏州文人名士聚会场所，王鏊在《徵明饮怡老园次韵》自咏其园：“吴王消夏有残闉，特起幽亭居要津。剩水绕时伤往事，短妆缺处见行人。绿杨动影鱼吹日，红药留香蝶护春。为问午桥闲相国，自非刘白更谁亲？”从王鏊诗中可见“怡老园”中“江南白苎、鱼鸟相亲、绿杨动影、红药留香”的美丽景色。更有文人王弘把怡老园中酬唱活动写得淋漓尽致：“吴门秋日赏心处，芳草堂中乐事多。醉把黄花挥玉管，风流那德不输侘？”

清初，怡老园逐步衰败，康熙元年（1662），怡老园南部售给苏州府，改建成江苏布政使衙署（江苏布政使衙署遗址在平江中学内）。乾隆年间，徽商陆义庵来苏经营典当，从王氏裔孙手中购得怡老园北部天官坊一带的屋宇，并进行改建，改建后宅子取名“嘉寿堂”。

嘉寿堂历经200余年，至20世纪50年代，全宅保存基本完好。嘉寿堂陆宅虽只有怡老园的一部分，但规模仍很大，它东西长约125米，南北进深有110米，占地达13700平方米，是苏城最大的老宅。“嘉寿堂”是全宅大厅的厅名，在苏州市文物管理委员会公布的市区控保建筑名录中，称其谓“嘉寿堂陆宅”（编号106号）。

嘉寿堂陆宅，东靠学士街，南依天官坊，西望古城墙，北临梵门桥河（当时梵门桥河还在，现河已填，成一条小巷梵门桥弄），也是一座前街后河的老宅。宅前原有旗杆、照壁，宅后有廊桥，跨河过廊桥从后门进入梵门桥弄。全宅6落6进，30余幢各类建筑，200余间屋宇，3条南北向备弄（通道），内部纵横通道布置合理，每落建筑功能明确，不但有生活起居的厅堂、餐厅和住房，有供文化娱乐的花厅、书房、戏台、花园和藏书楼，还有经营需要的账房、库房、菜园和晒谷场，并且有祭祠用的祠堂，周济族人的义庄，可谓功能齐全。

正落是全宅的核心，前后有6进，每进5开间（第5、第6为7开间），27米开阔，除了门厅与第6进下房，每进厅堂都有特色，厅堂前后都有数座精致小庭院。正落大门外有照壁，门厅5间与照壁相对，但门厅不在正落中轴线上，略偏东，过门厅右拐可达东备弄，左拐可进入轿厅，第2进轿厅建筑体量很大，面阔14米，比许多老宅的大厅面阔还大，轿厅梁架扁作，有船篷轩，内四界，后双步，现厅内住3户人家。在轿厅东西两侧，分别建有2只贡式小花厅，东侧贡式小花厅是书房，西侧贡式小花厅是账房，贡式厅是苏州老宅里一种构架呈贡字式的花色厅堂，较稀见，贡式厅前庭院芭蕉扶疏，箬竹披覆，叠石依墙，藤葛蔓蔓，环境幽静，是读书算账的好地方。由轿厅过砖雕门楼库门，进入大厅嘉寿堂庭院，庭院很宽敞，中间石板天井，两侧种植桂花玉兰。嘉寿堂檐高轩仰，屋宇进深，梁架设一枝香廊轩、船篷轩、扁作梁架，后双步，梁柱粗壮，雕饰精美，厅正中步桁下悬挂的“嘉寿堂” 匾额由状元潘世恩所题写，是主人举办大型婚丧喜庆或接待贵客的场所。因嘉寿堂体量大，亦可在厅上举行堂会酬唱，男宾在厅内听戏，“嘉寿堂”两侧有两座抱楼，两层抱楼与一层大厅同高，大厅与抱楼侧墙上有窗户，女宾可在抱楼上透过窗户听戏，抱楼底层是书房，房前亦有两座小巧庭院，或许这是小姐们读书的地方。正落第4进是藏书楼，藏书楼5开间，面阔27米，前后4座楼厢房，总进深亦有27米，仅这幢藏书楼占地就达729平方米，是全宅最大的楼宇，藏书楼前后有一只较大庭院与3座小庭院，2座楼梯，目前居住着10余户人家。第5进堂楼，7开间，体量亦很大，楼板下设轩，称楼下轩，雕刻很精美，是主人生活起居楼宇。第6进7开间，是下房，供佣人居住。可惜大厅嘉寿堂在20世纪70年代因存危险隐患被拆除，改建为2幢2层普通居民楼。嘉寿堂前砖雕门楼是一座双面门楼，上枋浮雕梅兰竹菊四君子图案，下枋与兜肚损坏严重，中间字牌已无法辨认，尚存明代石雕须弥座。正落处于全宅中心位置，两边有两条备弄，通过备弄，与其他各落各进的联系都很方便。据宅内住户讲，陆氏后裔陆鼎生迎娶袁世凯女儿袁经桢的婚礼就在嘉寿堂内举办。

东落在正落东边，通过东备弄与正落相连，东落是庭院住宅，布局较活泼。在东落备弄里，醒目可见砖雕门额“燕翼贻谋”，进该门额下对子门，便是第2进花厅清荫堂。清荫堂是东落主要厅堂，曾有状元陆润庠题写的“清荫堂”匾额，厅前有庭院，庭院南边院墙上砖雕门楼有鲤鱼跳龙门砖雕，字牌题“忠慎象贤”，落款为嘉庆丙子年（1816），清荫堂是主人会客的地方，亦可举办小型堂会，唱堂会时，男宾在厅前看戏，厅西侧有一小抱楼，仅窄窄一间，楼上供女眷观戏。现清荫堂已修复，由一位痴迷传统文化的孟先生在堂内陈列着百余块精美的苏州砖雕。东落北部是“陆宅”东花园，可惜花园已毁，只留下空院。东落往东还有东边落，民国初年改建，有一小庭园，庭园周边有厅、有楼、有曲廊环抱，园内点缀假山，小巧雅致。小园西南部紧靠清荫堂建有一小楼阁，楼下是书房，楼上是小姐绣花的闺房，该楼阁屋面翼角飞翘，十分轻盈，是东部庭院一佳景。东边落现为陆氏后裔居所。

西落在正落西边，共有6进。西落的第1进是全宅最精致的花厅，系满轩帖式花篮厅，所谓“满轩帖式”，是用各种翻轩帖式布满厅堂的屋面下，成为最华丽的室内装饰，在古宅中较少见，该厅自成一个院落，是主人接待贵宾的厅堂，前几年经房管局派人修缮，至今保存完好。西落第2进、第3进、第4进、第5进共4进，都是结构较好的上房，房前房后都有庭院，其中第2进2个3间，第3进、第4进5间带厢房，第5进是3间楼厅，该楼厅是在大院内居中建造，楼厅东西前后都布置花园，环境尤为优雅，西落这几进房屋居住条件都好，是陆家分给各房子女的住房，所以可称“陆宅”内的“居住区”。第6进是佣人居住的下房，第6进后有廊桥，跨河过廊桥到宅后门房，可进入梵门桥弄。目前，西落第2进、第3进已改建为厂房，前后院落已被隔断。

嘉寿堂陆宅西落的西侧是西边落，西边落仅有4进，其中2进是餐厅，分贵宾、主人用餐厅与普通用餐房。另2进是库房。西边落4进

房，比西落少了2进，房屋缩进后，留下一块场地，该场地用于晾晒谷物，所以称晒谷场，有1.25亩。

嘉寿堂陆宅西边的二落是祠堂、义庄与西花厅，陆宅的祠堂、义庄既与东部的住宅相连，又自成体系，有头门、大堂、二堂，两边有庑廊，还设神位与寿材间，大堂体量高大，头门与大堂之间、大堂与二堂之间的庭院都很宽敞，陆宅祠堂布局对称完整，雄伟庄重。

最西的边落是西花厅，是与祠堂相通的庭院，西花厅是南北对称的两厅组成的鸳鸯厅，厅前是种满各式花卉树木的花园，厅后有亭廊假山奇石的庭院。西花厅既有精美厅堂，又有秀丽庭院，在以建筑屋宇为主的陆宅内，是一处休闲佳处。在祭祀时，西花厅便是休息的厅堂。在祠堂的北边，还有1.74亩的果木蔬菜园，供新鲜蔬菜自用。

嘉寿堂陆宅是大宅，不但屋宇多，庭院多，各式厅堂多，各种功能齐全，而且建造得特别坚固，清荫堂用上等木料楠木建造；藏书楼使用7厘米厚大同板做楼板，楼面至今仍很稳固；东备弄，现称“肃封里”一侧的墙垣，是正落6进房屋的东山墙，墙度超过了60厘米，是现代砖墙厚度的3倍，仍十分坚固。目前嘉寿堂陆宅除西半部改建为工厂车间外，东边3落住宅部分基本保存完好，如此恢弘坚固的大宅但愿有关部门注重维修，长期保护。

申庄前顾家花园

控保档案： 编号为111的顾家花园，位于申庄前4号，乃清代建筑。

顾姓是苏州的名门望族，历代名贤达人辈出。因此，在苏州被称为“顾家花园”的老宅不少。比如，悬桥巷东的顾家花园（巷名）、北浩弄61号、胥门泰让桥弄22号。甚至，人民路中段的怡园，因为园主姓顾，民间也俗称顾家花园。在景德路申庄前4号，也有一座顾家花园。其花园部分保存至今，是一座幽雅的小型古典园林精品。

申庄前是一条小巷。巷名因明代宰相申时行在此设立义庄而名。申庄前的顾家花园，俗称顾园，又称顾宅，现在已列入苏州市控制保护建筑名录（编号111号）。其实，这座宅园最早的主人姓马，宅园称为马家花园。据有关资料考证，该园大约建于清光绪二年（1876）。园主马嘉桢（1842—1899），字干生，江苏吴县人，光绪十五年（1889）进士。初任西华县县令，任职期间广立学校，兴修水利，深受广大百姓爱戴。光绪二十四年（1898），调任河南柘城县令。当年，柘城正值大

涝成灾，庄稼颗粒无收，百姓无米下锅。马嘉桢上任伊始，积极组织赈灾。同时，动员吴县的家乡父老伸出援手。他把募集的13000两银子挨门逐户发放到百姓手中。对此，地方志记载：“（百姓）得赈济而活者不可胜数。”

饥荒未了，瘟疫又接踵而至。马嘉桢急百姓所急，下令开仓施粥。同时，想尽办法为百姓治病。由于积劳成疾，马嘉桢不幸患上瘟疫。回天无力，他终于病死在柘城县令任上。

马嘉桢建造马家花园时，尚未考取进士。正值壮年的他，很有可能亲自参与了这座宅园的设计和建造。当时的整座宅园，占地面积并不多，大约为三亩，有门厅、轿厅、大厅、附房以及花园。其具体格局和园貌，现在已无法精确考证。马嘉桢考取进士后，即离开苏州到外地当官。直到去世，他再也没有回到苏州。为官清廉的马嘉桢，不可能积攒钱财来修复自己的故居。此后的近100年，老宅一直由马家后人居住，基本上没有修缮和扩建。

民国二十一年（1932），上海老介纶绸布店老板顾鸿培来苏州经商，准备找一处落脚点。马家后人因为经济拮据，正准备出售马家花园。双方经中介人联系后，一拍即合。顾鸿培以两万银元购得马家花园。民国二十六年（1937），顾鸿培一家来苏州定居，延请营造厂（建筑公司）设计，对马家的花园进行修缮，园内遍植红梅、绿梅以及其他花木，改名为“顾家花园”。对修缮后的宅园，当时报纸有一段文字记载：“中有曲池一湾，庖厨有井。池周砌叠湖石和黄石相混的假山驳岸。池上架有小石桥两座。曲径盘旋，绕廊穿桥，贯通花厅、书房、方亭、琴台、曲廊、半亭。亭顶覆以松茅，木料都用未去皮的松树，犹系马氏时筑。”以带皮松木不髹漆、不雕饰搭建的亭子，追求“天人合一”的生态理念。这种“松茅亭”在当时比较少见。同时代的苏州古城顾祝同墨园内也有一座。松茅亭（琴台）内设有琴桌。桌上特制的空心琴砖，具有良好的音响效果。清风明月下，主人在此弹奏古琴，弦索声声，别有一番韵味。

为纪念自己经营的“老介纶”绸布店，园主顾鸿培给顾家花园的大厅起名“宝纶堂”。因此，顾家花园也叫“宝纶堂”。如今，在外墙口，还可以见到一块“宝纶堂顾界”的界碑。新中国成立后，顾家花园一直由顾家后人居住。1956年，国家对私房实行社会主义改造。住宅北部的花园，被第一服装厂占用。住宅部分归房产部门，由多户居民杂居。据顾鸿培后人顾雪岐回忆，“文革”期间，老宅也不幸遭劫。

大厅上悬挂的一块“节励松筠”横匾，为近代著名学者严复所题。圆柱悬挂的一副楹联，由晚清重臣左宗棠所题。这两件珍宝都因为“文革”被毁。松茅亭内的琴桌和古琴也遭到破坏。园内部分石笋被挖，移往他处。

目前，顾氏后人仅保留了住宅西南部的花园（即现在的小花园），占地不足500平方米。但是，这部分却是全园的精华所在。整座小园以一泓水池为中心。曲廊沿池蜿蜒。花木、石峰、亭子错落其间。水池呈不规则的哑铃状。哑铃的狭长“把柄”上横卧两座花岗岩石板小平桥，相映成趣。每座小桥各以两块条石相拼。池周围以嶙峋湖石和黄石驳岸。岸壁爬满藤蔓，极富生态野趣。水深仅1米的池塘尽管不通外河，但池水常年不臭，估计池底有泉眼。池中锦鲤嬉游于莲。池岸一块湖石，体量虽然不大，但“瘦、皱、漏、透”，富有天然雅趣。一幅圆形碎石铺地，原来镶嵌精美的“五蝠捧寿”图案，可惜一家住户因为挖排水沟，挖掉了两只蝙蝠，造成遗憾。

园子虽小，却郁郁葱葱，充满盎然生机。花木扶疏，植有蜡梅、木莲、紫薇、棕榈、黄杨、枇杷、五针松、冬青、桂树、鸟不宿、南天竹，丛植翠竹等花木。其中，黄杨、紫薇和瓶兰花这三株树龄愈百年的古树，已列入苏州市挂牌保护的古树名录。更珍贵的是：门口的那棵瓶兰花树（柿树科柿属），树型婀娜多姿，花开如瓶状，幽香似兰香，树名由此而得。据说，该树是苏州独一无二的。园内还错落有致，大大小小摆放着不少盆景。它们都是顾雪岐亲自栽培的。

园内原来还有两株古树：一株朴树和一株白皮松。它们各有一段凄美的经历。高大粗壮的朴树，树干直径有1米。

1956年，一群鹭鸟在浓荫中筑起鸟巢。育雏季节，它们每天从附近的河塘中衔来小鱼喂养自己的宝宝。唧唧喳喳的叫声，影响了附近居民的睡眠。路人经过树下，头上突然被鸟粪“击中”。于是，大家联名向居委会反映。居委会动员顾家迁移朴树。顾家出于无奈只能同意。经人介绍，平江路沿河的一家柴行，答应用300担稻草换取朴树（顾家灶头用稻草烧火）。柴行派人锯掉朴树，树干卖给肉店老板做砧板。顾家拿到十几担稻草后，柴行因经营不善而关门倒闭。欠下的稻草，就此不了了之。1958年，遭到虫蛀的白皮松被台风刮断，砸坏了半亭。两株古树从此不存，令人扼腕叹息。

据顾雪岐介绍，小花园中的亭子、书房和佛堂，原来都是极典雅场所。如今为了满足居住需求（原住宅已成为公房），同时也因为年久失修，他被迫对原有建筑的功能进行改造：书房和佛堂成为卧室，松茅亭（六角半亭）改建为封闭的储藏室，临池设有吴王靠的方亭，因为亭壁倾倒，四面封闭后改建为临水餐厅。砖细门宕上，嵌一方砖额，题“梅聘”。楼阁式的阳光房，除了晾晒衣服和摆放盆景，还可以居高临下赏景。

花园内，摆放着老宅改造时收集的砖雕、木雕、石臼等构件。其中有一块特制的金砖，弥足珍贵。该砖侧面，镌刻5处长条形印章落款，为楷书。其一题“金砖”，其二题“光绪二年成造细料二尺见方金砖”，其三题“督造官苏州知府李铭皖”，其四题“监造官苏州府照磨余临兆”；其五题“甲首徐子卿造”。制造一块金砖，有关人员全部“榜上有名”，其质量要求之严、责任追究之细，由此可见一斑。有人曾经上门开价一万元收购此砖，被顾家一口回绝。

现在，年过六旬的顾雪岐老人和妻子守着顾家花园这份祖产，每天在花园内忙碌不停：清扫落叶，打捞水中杂物，照料心爱的花木和盆景。他俩有一个共同信念：这座祖辈传下来的私家园林，绝不能在自己手中败掉。

钮家巷王宅

控保档案：编号为126的王宅，位于钮家巷5、6号及新一里，乃清代建筑。

王宅是清代建筑，原属于凤池园的中部。关于凤池园，史料有这样的记载：凤池园在銮驾巷（即钮家巷）。相传为泰伯第16世孙吴武真宅第，因有凤集其家中池沼，因名“凤池”。宋朝顾氏居之，明为袁氏，又为钮氏（是个状元，名志恒）居住。入清，顾氏族人月隐君（顾月樵）拓治为“自耕园”。康熙时河南巡抚顾汧去官归家，园已易他姓，乃重金购得，修建园第，名“凤池园”，益擅盛名。

此园极大，池亦广。园之门名“日涉”，园中石径逶迤，桐阴布濩，四时野卉，纷披苔麓。前为“武陵一曲”，列嶂环蹊，板桥压流，回廊盘互。岭有梅，寒葩凝雪，疏影横云，恍若罗浮清梦。亭有桂，金粟交柯，天香笼月。又有石台、爽垲、寒塘、浸玉，官柳起舞于风前，文杏斜倚于栏畔。其后杰然而高者为“赐书楼”；窈然而静深者为“洗心斋”；旷然临流而西望者为“康洽亭”。菊畦缭绕乎篱边，药圃低亚乎坡侧。左侧虹梁横渡，鹤浦偃卧，桃花夹岸。有榭名“撷香”，阁名“岫云”，右侧崇丘崔嵬，洞壑阴森，牡丹锦发，朱藤霞舒，竹木蔽日，槜李凌波。迤西，老树参云，轩名“抱朴”，石桥宛转，榆槐夹路，薇花对溪，柏罔环护，石壁列屏，“见南山”位此。

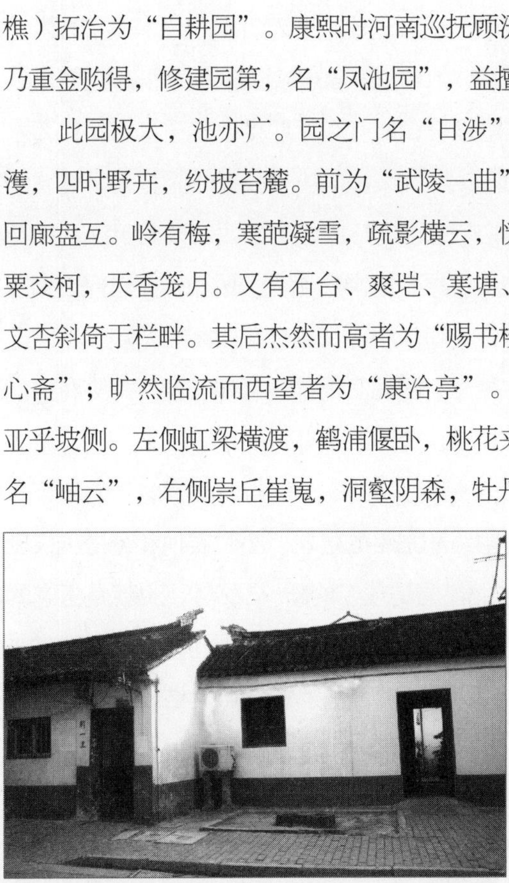

从上描述，我们可

以想象凤池园当时的规模和气势，也能想象其景致的丰富多彩和美不胜收。“地名銮驾巷，家有凤池园”，这诗句透露出的是状元潘世恩居住在凤池园自得，甚至是自豪的心情。

顾汧的凤池园当时规模极大，据说占了钮家巷的大半条巷，园景也丰富而优美，这样的风水宝地自然被有钱、有权、有势的人所垂涎，因此，到乾隆时凤池园就易主归唐氏所有。后来，唐氏子孙守不住家业，嘉庆年间将园陆续售出，后来凤池园分属三家所有，东部归陈大业，中部归王资敬，西部归状元潘世恩。

王资敬是享誉姑苏的著名药铺王鸿翥的老板，王鸿翥药铺以收集历代古方，精选地道药材，精炮中药饮片，精制丸、散、膏、丹而驰名于国内，其名气和杭州胡雪岩所创办的胡庆馀堂一样大。王资敬购下凤池园的中部后，可能并没有做出比较大的整修和改变，仅略作修缮，依旧命名“凤池园”，因此在当时并不怎么出名。但是，从现场来看，其规模还是相当大的，王宅现有朝南3路5进住宅，建筑面积为2965平方米，主要建筑位于东路和西路。其中，东路第3进是楼厅，面阔5间17米，进深5檩6.5米，扁作梁，有船篷轩，前有东西厢楼。长窗半窗虽仍为木质，但疑为民国后改造所换。楼下厅内带有一个扁作船篷轩。4进同为楼厅，3间面宽，已改建成现在的建筑特色，中部明间砖砌封闭，另开门窗，东西次间改成塑钢窗户，原长窗半窗无存，两厢残存东部石砌基座。天井内石板完好，存水井一口。中部仅在住户封闭后开启的墙洞上看到了第3进，为面阔3间的楼厅，明间次间都是落地长窗，海棠花饰。西路仅看到一进建筑，也为楼厅，楼下厅带有一枝香轩。

据阮涌三介绍，王宅应该是现在的新一里5号、6号和7号的建筑，也就是所谓的王宅的西路、中路和东路的建筑。小时候他和哥哥阮仪三都曾在王宅租住过，当时他们住的是现在的新一里6号，也就是王宅的中部，是王宅中相对独立的那部分建筑（可能是被毁后重建的），与5号、7号建筑不是同一格局。阮涌三称，王宅的特点是格局比较规整，经络清晰，5号建筑从前往后布局是门房、轿厅（轿厅里有长板凳，供轿夫歇息，阮氏兄弟小时候常去轿厅打弹子玩）、花厅、楼厅，楼厅后面还带花园和池塘（靠近肖家巷），这是比较典型的苏州富商的住宅格局。另一个特点是，王宅南面隔河（原有钮家巷河）对面有一片荒地（以前曾有花农在此种花），荒地上和5号门房相对的地方，曾经有一个朝北的八字形水照壁，种有两棵大树，水照壁的宽度和5号门房的宽度一样（约3开间）。阮涌三称小时候常和哥哥爬到照壁上去玩，去捉蟋蟀，那时水照壁那儿蟋蟀很多，也有很多蛇，常见蛇褪下的皮挂在照壁上。

阮涌三还说：一个商人能造这样的水照壁，说明王家当时不仅很有钱，而且还很有势力——王家可能是属于官商性质。

阮涌三还记得小时候每隔一段时间，就会跟着母亲走过又黑、又暗、又长的背弄（一边是厅，一边是耳房），到房东的三姨太住的楼厅那儿去交房租，房东是个高高瘦瘦的、红鼻子的王家后人，有七房姨太太，他们交房租是交给第三房姨太太的。第三房姨太太住在5号，第七房姨太太住在7号（阮涌三称小时候只见过这两房姨太太）。7号的建筑格局又与5号的不同，7号的门是石库门，第1进是楼厅（没有轿厅），接着是一个门房，接着又是一个石库门，再接着是石板天井，后面是楼厅。阮涌三称那时的房租是按米的时价来折算的，因为民国时法币不断贬值，甚至一天一个价，变化太大；而新中国成立初的人民币还没有威信，当时的100元人民币就是1元的购买力，都不如米价稳定，所以租金按大米的时价折算。

王资敬虽是个商人，但据说他的家教甚严，还传有《家训》，所以他的后辈也是人才辈出，王荫嘉（1892—1949）爱好金石考证、目录版本之学，后研究钱币学、贸易史，并在上海成立中国泉币学社；王欣夫（1901—1966）为复旦大学中国古典文献学教授，专长中国古代目录、版本、校勘学。这也算是完成了由四民之末的“商”到四民之首的“士”的转型，这也就是苏州传统大户人家实现“由富到贵”价值取向的极好证明。

凤池园遗迹于1964年遭彻底毁坏，现内住74户居民，成了名副其实的“72家房客”。潘宅、王宅、陈宅也都成为省保或控保建筑。王宅中的花园原先有假山、池塘、九曲桥等，新中国成立后曾经为一纺机厂所用，花园中的设施均已被拆除并用来造了厂房，老宅现存建筑的格局也发生了很大变化，原来的6扇大门、花厅等都已改建，楼厅的窗、楼梯也全部翻建过，唯有那斑驳的扶手和一旁的木门还保留着。老宅中原有四口古井，现在只剩下两口了。

现在的王宅经过百多年的变迁，它的三路主体建筑位置虽说并无多大变动，但是整体建筑空间被不断改造中构筑的墙体分割，使得其原有的苏州大户人家特有的进落式格局面目全非，如不仔细查看便难以弄清。

在现场踏勘时，看到沿街的墙上已经贴了关于老宅改造的告示和关于这三个古建改造的涉迁居民的相关资料。王宅里面一些住户紧闭的大门上贴着封条，上面写着“已搬迁交验房”的字样。有些房间已经倒塌，不知是拆掉的，还是“海葵”台风所造成的。出来时，在门口遇见一位老者，他说自己是老革命，然后指了指王宅外面东边临街的一间小屋，说这间房子是他自己盖的，不是公房。他又说，这个老宅改造，据说是要造花园的，但没人来和他谈。

据苏州古城投资建设有限公司的相关负责人介绍：王宅的改造将是和潘宅、陈宅一起进行规划，改造的方针是基本上保持这三宅的文物和控保建筑的格局，而将对明显是后来破坏掉的部分加以改造。至于凤池园的恢复已不可能（其东边的观前庭园别墅小区原也属凤池园范畴，要恢复凤池园，则该别墅小区也必须算在内，那显然是不可能的），只能在条件许可的情况下作局部恢复。

陈从周青睐的吴宅

控保档案：编号为141的吴宅，位于富郎中巷20、22、24号，太平桥弄9号，乃清代建筑。

在苏州古城养育巷中段，有一条富郎中巷。巷名因为宋代刑部郎中富严居此而得。巷内20、22、24号，与控保建筑沈飏民故居隔巷相望，有一座建于晚清的深宅大院——吴宅。该宅中路以一色穿斗拱式梁架以及清水砖外墙贴面而著称。现在已列入苏州市控制保护建筑名录，编号141号。20世纪50年代，我国现代著名建筑学家、上海同济大学教授陈从周在苏州苏南工业专科学校兼职时，对吴宅情有独钟，亲自为老宅拍照并绘制平面图存档，将其作为老宅经典介绍给世人。2011年，在苏州市政府的决策下，苏州启动古城区优秀历史建筑保护利用工程。在列入首批试点修复的12座老宅中，富郎中巷吴宅榜上有名。

司马迁在传世巨著《史记》中，列吴太伯为《世家》之首。因此，吴氏号称"天下第一世家"。吴氏也是苏州的望族，历代名贤辈出。苏州的不少控保建筑老宅，都冠以"吴宅"和"吴宅花园"之名。比如，桃花坞大街120号吴宅、谢衙前28、30、32号吴宅、中张家巷6号吴宅、东小桥弄3号吴宅花园。但令人遗憾的是，富郎中巷吴宅的主人在有关史料中并无记载。在《苏州名门望族》一书中，也无法查到，也许这正说明了吴氏在苏州拥有深宅大院之多。

富郎中巷吴宅建于晚清，

坐北朝南，3路5进，建筑面积4142平方米。整座格局，东西两侧边路朝南突出，中路缩进，平面呈“凹”字形。东路（门牌20号）3开间3进。门厅屋脊两侧砌筑低矮的风火墙。外墙朝南立面用小青砖扁砌，不涂墙粉，类似民国洋房风格。花岗岩条石门框上，两扇黑漆木门已经破旧，颇显沧桑感。在不引人注目的墙角，砌筑一方镌刻图案的青石。两幅图案的平面垂直相连，一幅镌刻麒麟，另一幅镌刻奔马。画面采用高浮雕手法，栩栩如生。嵌在墙角的这种“瑞兽石”，是造房讲究风水的一种做法。过门厅，为一座逼仄的小天井。住户在此摆放的一些盆景，为垂暮的老宅注入少许生机。2层楼的堂楼，金砖铺地，落地长窗残存。破烂不堪的木构楼梯，走上去“咯吱”作响。这里，被分隔成多户人家。吴宅的西路（门牌24号），格局原来和东路对称，也为3进，门厅朝南突出。可惜，西路原有建筑和精美的花园，现在都不存在，遗址上建起现代住宅，令人扼腕叹息。

目前，吴宅基本保存原貌的是它的中路（门牌22号）。这也是整座老宅的精华所在。20世纪50年代，同济大学陈从周教授曾经在此调研，将其作为老宅的经典告知于世。中路原来共5进，从南至北，依次为门厅（头门）、轿厅（茶厅）、大厅（大殿）和2进楼厅（堂楼），均为气派的5开间制式。门厅屋檐塑哺鸡脊。顶上伸出的一扇气窗，为后来的住户所开，显得不伦不类。门厅外墙位置向后缩进，与东西两侧门厅外墙形成别致的“八”字形格局。规模恢弘的门墙，是一堵与众不同、古朴沧桑的“雕花墙”。裸砌的小青砖外墙上，间隔有序地贴砌有一方方斜角相拼的水磨方砖。这种做法在苏州传统建筑老宅中，显得很“另类”。泛黄的颜色诉说着曾经的岁月。檐下一条长长的清水砖贴边，构成一条醒目的“雕刻花边”。其图案内容，有常见的花

卉纹饰，也有传统的戏文故事。戏文故事图案采用高浮雕手法，层次分明，富有深邃的立体感。从配置花岗岩条石门框的大门进去，中间是一条通道。

第一进是门厅。5开间的平房被分隔成多间，供居民居住。第二进为轿厅。高大宽敞的轿厅，广达5开间。地面铺设金砖（清水大方砖）。从其质地分析，应该是陆慕御窑所产。圆柱下垫以石础。穿斗拱式梁架，古朴粗壮。梁枋间可见山雾云木雕，雕法简洁明快，传明代遗风。光线昏暗，让人感觉走进了安徽或江西的古村老宅。鲜为人知（《沧浪区志》上漏记）的是，轿厅北墙上砌筑一座原汁原味的砖雕门楼，整座门楼已显得破烂不堪。花岗岩条石门框内，配置对开木门。门楼上浅雕花卉图案。中枋题“富贵寿考”四个阳刻楷书。轿厅现在也分隔成多间，为胥江房地产管理所养育巷养护队使用。

第三进是大厅。大厅面阔20.9米，进深6檩9.9米。穿斗拱式梁架，方椽。内设菱角轩，外置船篷轩。前院东西两侧设庑廊。大厅部分屋面已坍塌，急待修复。大厅现在辟为胥江房管所的旧建材仓库。各种旧木料乱七八糟堆放，显得凌乱不堪。

吴宅现有建筑面积2750平方米。1994年干将路拓宽时，拆除了吴宅后门在太平桥弄的第5进屋宇。现在，第4进楼厅已经与老宅隔断。修复后的第4进，为粉墙黛瓦的苏州传统建筑格局。大门开设在干将西路，成为干将路管理办公室的用房（门牌225号），自成一个独立院落。院墙上间隔有序，开设3座配置条石框的对开木门。中间的正门，悬挂“苏州基础设施综合开发公司”的牌子。花岗岩台阶两侧，立一对传统的石狮。正门为仿门楼式样，饰云纹脊。黑漆木门上，镶嵌铜铺首环。院墙内的屋宇，坐西朝东排列，黛瓦结顶，塑哺鸡脊。幽雅的庭院内，点缀湖石，花木错落有致。这座院落，也属于控保建筑吴宅的一个组成部分。

作为2011年苏州市首批规划修复的吴宅，目前已完成项目改造立项、文物部门审核等工作。根据规划，吴宅将重修中路、东路前3进建筑，并且恢复西路前3进建筑。修复后，吴宅不再用作民居，而作为沧浪区文化展示馆用房，并对广大公众开放。

砖雕门楼美秦宅

控保档案：编号为147的大石头巷秦宅，位于大石头巷22、24号，乃清代建筑。

大石头巷位于仓米巷北端，相传以陨石得名，今存大石一方，上有明末所镌“古坠星石”字样。大石头巷东起人民路，西至东美巷，巷长332米，宽3.5米—6.5米。1980年改弹石路面为沥青路面。

“坊”是古代把一个城邑划分为若干区的通称。唐代大诗人白居易曾经以“半酣凭槛起四顾，七堰八门六十坊”两句诗来描绘整个苏州城。大石头巷在宋代称“平权坊”，为六十古坊之一。明代平权巷、大石头巷并称。清代忌谈 “平权”， 单称大石头巷。

现代吴趋《姑苏野史》说苏州有“三宫九观二十四坊”。三宫指皇宫、学宫、天后宫；九观是九座道院，它们是元妙观、白鹤观、清真观、卫道观、修正观、澄虚观、回真观、福济观、三茅观；二十四坊是因为旧时因牌坊而命名的巷。它们是三元坊、南宫坊、衮绣坊、采真坊、濂溪坊、井义坊、通关坊、孝义坊、干将坊、富仁坊、嘉余坊、庆元坊、仁德坊、桂和坊、通和坊、黄鹂坊、清嘉坊、吴趋坊、盍簪坊、迎春坊、闾邱坊、大成坊、碧凤坊、天官坊。

大石头巷内文物古迹众多。20世纪70年代，曾出土一批文物。25号南半园（史氏半园）、35—37号吴宅（树德堂），均为文物保护单位。

巷内22、24号的秦宅，主人究竟是谁已无从考证，居民们说，过去这个宅子可不止现在这么大，建筑面积有1223平方米，它的东边曾有一个五百梅花草堂，因此这里又叫五百梅花草堂宅址，如今，这个园林早已消失不见，改成了新式建筑，老宅唯有核心部分还保存完好。

大石头巷秦宅建筑前后朝南5进，面阔3间加左右耳室计19米，进深10.8米。梁架为扁方料；前置鹤颈轩，它的外形略似船篷轩，而轩椽外形两端呈弯曲状，好似仙鹤之颈；后设船篷轩；第4进为楼厅，3开间带2厢；末进亦为楼。第3进为大厅。第4进为楼厅，空间幽雅。第2、3、4进均建有砖雕门楼。

砖雕是我国一种古老的建筑装饰艺术，主要用于民居，是在水磨青砖上用工具雕刻出由各种人物花卉、鸟兽虫鱼、神仙故事等组成的表示吉祥如意的浮雕图案。通常装饰在建筑物的门楼、照墙等上面。它不仅包含着人类丰富的审美感觉和精神寄托，也反映出中国建筑艺术注重生活情趣、贴近生活的风貌。苏州砖雕是南方地区的典型代表之一。明代较简洁、朴素，清朝特别是康乾时期有了很大发展和提高，形成了自己精细典雅的装饰风格，“南方之秀”由此而誉。苏州砖雕门楼以雕刻细腻入微、风格秀丽而称绝；以层次丰富、意境深远、手法多变而闻名，深藏在苏州大街小巷、富商庭院，雕琢精美，赏心悦目。

值得一提的是苏州的砖雕门楼字碑，大都是名人题字，精美的书法和典雅的砖雕往往相得益彰，使苏州砖雕更添了几分浓厚书卷气。可以说，雅俗共赏是苏州砖雕的一大特色。

大石头巷秦宅第2进轿厅字牌较模糊，有人辨认为“万物咸成”。

第3进大厅字牌为“修礼以耕”。第4进楼厅的字牌为“麟趾呈祥”。

“万物咸成”出于汉董仲舒《春秋繁露·阴阳出入上下》：“小雪而物咸成，大寒而物毕藏。”可见宅主推崇董仲舒的“天人感应说”，信奉“君权神授”，默认“道之大原出于天，天不变，道亦不变”，遵循三纲（君臣、父子、夫妇）、五常（仁、义、礼、智、信）的政治主张。“修礼以耕”出于《礼记·礼运》：“故人情者，圣王之田也。修礼以耕之，陈义以种之，讲学以耨之，本仁以聚之，播乐以安之。”在宅主看来，理性与道德教育范畴就像在人性这块土地上耕耘一般，最后的升华与安固，则是依恃礼乐教化。“麟趾呈祥”出于《诗经·周南·关雎序》：“然则关雎麟趾之化，王者之风，故系之周公。”宅主比喻自己是仁德、有才智的贤人，并希望自己子孙昌盛。

崇安里和荣绩堂

控保档案：编号为207的崇安里曹宅，位于阊门内下塘，乃民国建筑。

苏州古城阊门附近，有一条东西向的沿河老巷，名“阊门内下塘街”。巷内人文荟萃，旧有崇真宫、泰伯庙等古迹。今存状元陆润庠故居、永丰仓船埠、泰伯庙等旧址。其实，位于该巷30号的崇安里曹宅，也是不可多得的建筑瑰宝。2004年，在苏州市文物局和《姑苏晚报》等单位联合举办的“古城寻宝大行动”中，崇安里被慧眼识宝的市民推荐后，列入苏州市控制保护建筑名录，编号为207号。

崇安里属于近代建筑，建于民国年间，具体年份不详。其名称，因附近的崇真宫而得。崇真宫始建于北宋政和年间，明代正统年间重建。现在残存清代殿宇2进，已废为民居。相传，崇安里由曹沧洲所建，

故全称为“崇安里曹宅”。曹沧洲（1849—1931），名元恒，字智涵，晚号兰雪老人，又号兰叟，清末民初吴门医派名医。他出生于医业世家，擅长内科，兼治外科。光绪三十三年（1907），他进京治愈了光绪皇帝的疾病，从此名声大震。其后，他又用三钱萝卜籽，奇迹般地治愈了慈禧太后的沉疴。于是，曹沧洲被授予七品顶戴，成为宫廷御医。晚年回苏州后，他广置田地和房产。其故居在

阊门西街59和61号，祠堂在瓣莲巷4号。此外，所建的崇安里住宅区专门用于出租。亦医亦商，曹沧洲还是一位鲜为人知的房地产开发商。

崇安里为海式里弄石库门住宅区，外墙用青灰色砖块裸砌，具有近代民国洋房建筑特征。屋顶铺小青瓦而非平瓦。整座住宅区坐北朝南，中间为一条南北向的通道。通道东西两侧各排列3幢对称的洋房。大门东西相对。通道南北两端，各设一座过街楼（骑楼）。如此布局，有效地利用了空间，增加了建筑面积。通道的东侧设朝南边门，门牌为“阊门内下塘街30号”。通道南端门宕上，凸出一方门额，门额上“崇安里”三字已失。与之对称的北端门宕上，门额“崇安里”三字尚存，并且有凸出的扇形图案。立面装饰凸起的几何图形，也是民国洋房的一个建筑特色。

每幢洋房均为假三层洋楼（三楼为低矮的尖顶阁楼，不住人）。大门为典型的石库门。花岗岩条石门框上，配置两扇对开木门，镶嵌铜门环。门楣上凸起菱形图案。外墙裸砌的砖块间，用水泥勾缝，有一种古朴的沧桑感。每套单元住房有底有楼。底层设置独立的小院、厨房、卫生间和客厅。铺地采用当时进口的马赛克。二楼为卧室，铺木地板，配置木格花窗。三楼属于假三层阁楼，用于堆放杂物。阁楼旁边附设水泥晒台，可以晾晒衣物，也可以摆放盆景花木。晒台配置花瓶式栏杆，古色古香。

如今，崇安里的住宅产权不一，有的为直管公房，有的系私房。其中4号私房，经过合理改造和精细装修，已成为崇安里的“样板房”，不少人慕名前来参观取经。宅主朱正荣和邹蓉珍，是一对年逾六旬的夫妻。2002年，因他们原来的住房拆迁，就买下了这套洋房并精心装修。

走进朱宅，品读民国洋房的建筑经典。石库门外，左右两盏古朴的红灯笼高悬，相映成趣。对开的朱门上，张贴一副喜庆对联。入内，迎面一座小庭院。一组峥嵘的斧劈石假山紧贴粉墙，犹如一幅立体山水画。庭院东面和北面，是一座“L”形的堂楼。堂楼底层，设有客厅、小书房、厨房和卫生间。客厅题“长春堂”。落地长窗裙板上，雕刻争奇斗艳的花卉图案。精美的挂落，透雕十二生肖图，构成一条空中景廊。对面粉墙上，根据位置量身定做，镶嵌一幅配置玻璃的苏绣精品挂屏。挂屏四周以楠木为框。底边雕刻姿态各异的“八仙图”。两侧配置一副对联：“祥云生紫烟；喜气绕朱轩”。题为“满庭春芳”的画面上，10个活泼可爱的女孩正在园内游玩。

客厅通往二楼的楼梯旁，别出心裁地布置了一组园景：一座湖石立峰旁，几尾金鱼正在池中嬉游。据主人介绍：这座立峰用汽车运来时，因为门前的一段小巷无法通行汽车，只能卸下湖石。采用原始的“铁棍滚动法”，才把这块庞然大物搬到室内。客厅楼上的多个房间，有卧室、书房、古玩斋等。阳台上，主人除了放置盆景，还种植了番茄、茄子等盆栽生态蔬菜。一举两得，既具有欣赏价值，又具备食用功能。

令人意想不到，在这座民国洋房的西面，通过一道月洞门，居然别有天地，还有一座蔚为壮观的传统苏式堂楼。据主人邹蓉珍介绍，该堂楼不属于崇安里范围，原来是隔墙的陈氏老宅的一部分。2007年，陈家搬迁前，准备卖掉这座堂楼。听说此事，求购者不少。其中，也有陈家的亲戚。宅主考虑再三，决定把堂楼卖给一墙之隔的邻居朱正荣夫妻。因为他知道：老朱喜欢老宅，也能够精心保护这座堂楼。吸引民资保护老宅，这是一个成功的例子。可惜，这座精美的堂楼却不属于控保建筑范围。一些媒体报道此事时，将这座堂楼与崇安里混为一谈，显然是错误的。

朱正荣、邹蓉珍夫妻贷款买下这座堂楼后，又花费了巨大的精力去修复。为了节约费用，他们四处淘宝：工地上不要的废砖旧瓦，捡回来；别人装修换下的落地长窗，作价买下。精打细算，他们收集了不少砖细、条石、花窗等古建构件。有些装修，如开窗、吊顶、粉刷墙壁，朱正荣不请装修工人而是自己动手干。女儿和女婿利用节假日也前来帮忙。为了原汁原味恢复老宅旧貌，铝合金钢窗拆掉重装，水泥地坪敲掉重铺。如此精心地保护老宅，令人肃然起敬。

一座月洞门，把崇安里洋房和苏式堂楼巧妙相连。月洞门的底部安装轨道，便于两扇半圆形木门在轨道上滑动，使木门开合自如。月洞门的砖细边框、砖细台阶、两侧砖细护栏，以及堂楼内的金砖铺地，都前往陆慕御窑量身定做。堂楼包括相连的两座小庭院，占地330平方米，建筑面积350平方米。堂楼的南面，原来是陈宅的大厅。现在分隔给朱家的后半部分，隔成一处灶间，里面砌一副两眼灶。原大厅北墙上的砖雕门楼已经修复。门楼塑哺鸡脊，两侧有垂莲柱。中枋额“竹苞松茂”四个楷书。两侧兜肚浮雕花卉图案。石库门上，配置对开木门。

两处小庭院，一处在堂楼南面，呈方形。另一处在堂楼西侧，呈不规则的狭长形。南庭院原为水泥地坪，现在采用传统建材。正中铺砌花岗岩块石，两侧镶嵌碎石。院内点缀棕竹等花木，幽雅清新。西庭院尽管面积不大，却堪称经典。庭院卵石铺地，粉壁上嵌大理石书条石，画面内容为唐张继《枫桥夜泊》诗意境。庭院南端设置葡萄藤架。庭院中部贴墙布置一座湖石假山。假山上点缀景物小摆件。假山下临池，可见游鱼。西墙旁种植棕竹、金银花等花木，石笋错落其间。庭院的北端飞檐翘角，因地制宜建一座袖珍半亭。亭内悬挂一副对联：“清风明月本无价；近水远山皆有情。”一口古井，井栏为圆形，花岗岩材质。井内安装潜水泵。井水通过管道升至阳台，用于浇灌花木。

传统的3间2隔厢堂楼，宫灯高悬，富丽堂皇，美轮美奂。堂楼朝南配置落地长窗，两侧隔厢配置花栏半窗。室内金砖铺地。石础承托粗大的圆柱。两侧山墙嵌砖细方框门宕，东侧题“玉笋”，西侧题“金兰”。西山墙上，镶嵌两扇八角形花窗。砖细框、木格架、玻璃面，三种建材相得益彰。堂楼的梁架，为精美的雕花扁作梁。一字形排列的屏门上方，正中悬挂一块横匾，题“荣绩堂”三字。横匾下面悬挂山水画，两侧为对联。室内布置一堂厚重的清式家具，有太师椅、方桌、茶几、花几。古朴的翘头案上摆放花瓶、鼎彝等雅物。东面山墙上，悬挂嵌瓷挂屏，下置落地自鸣钟。屏门后设木构楼梯，可至楼上。楼上铺地板，为宅主家人卧室。目前的各个房间均空关。

这座带庭院的荣绩堂修复后，声名鹊起，许多人慕名前来一饱眼福。经人推荐，一些影视剧组也纷至沓来，在这里拍摄取景。于是，荣绩堂无意中又成为一处热门的影视剧拍摄基地。如今，已有《风雨雕花楼》《善良背后》《天堂绣》等多部影视剧在此拍摄取景。剧组临走时，导演和演员都和宅主合影留念。于是，厅堂内悬挂的这些照片，又成为一处小小的影视陈列室。有一次，一位浙江老板慕名前来朱家，执意要买下荣绩堂，被主人婉言谢绝。朱正荣、邹蓉珍夫妻明确表示：为了更好地保护老宅，荣绩堂宁肯空关，也不会出租给别人居住。如果利用这座堂楼辟为文化展馆，才可以考虑出租。

荣绩堂作为一处传统的苏式厅堂，具有一定的文物价值。不妨将其作为崇安里的有机组成部分，共同纳入苏州市控制保护建筑范围，利用民资更合理、更有效地保护古建，对此，值得有关方面考虑。

—寺观教堂—

长洲县、元和县城隍庙

控保档案：编号为060的长洲县城隍庙，位于雍熙寺弄8号；编号为127的元和县城隍庙，位于肖家巷48号，两座城隍庙都是清代建筑。

据1985年版《苏州市志》载："商末，周君古公亶父欲传位三子季历，长子泰伯、次子仲雍避位南奔，从渭水岐山下的周原，来到南濒太湖的梅里（今无锡梅村），与当地土著居民结合，建立部落性质的政权，自称'勾吴'。泰伯卒，无子，由其弟仲雍继位。周武王十一年（前11世纪中叶），周灭商。周武王访得第五代吴君周章，封为吴子，始有吴国。周简王元年（前585），十九传至寿梦，称王，吴国始有确切纪年。"

周灵王十一年、吴王寿梦王二十五年（前561），寿梦卒，长子诸樊继位，国都南迁至今苏州地。吴王阖闾元年（前514），命大臣伍子胥相土尝水、象天法地筑阖闾大城，即今苏州城址。

周元王三年、吴王夫差二十三年（前473），越灭吴，吴国地属越。周显王三十六年、楚威王七年（前333），楚杀越王无彊，吴越之地尽属楚。秦王政二十五年（前222），秦国平定楚国江南地区，以归

吴越之地置会稽郡，并置吴县。郡治、县治均设于吴国故都（今苏州城）。次年，秦灭六国，分全国为三十六郡，会稽郡不变。东汉永建四年（129），会稽

郡一分为二，以浙江（钱塘江）为界另立吴郡，仍以吴县为首县。会稽郡治迁山阴（今绍兴）。

隋开皇九年（589），隋平定江南，废吴郡，立苏州，取城西姑苏山为名，苏州得名自此始。唐武则天万岁通天元年（696），割吴县地置长洲县，与吴县同城划境分治，西为吴县，东为长洲县。

清雍正二年（1724），析长洲县置元和县（取齐门外元和塘为名），辖境北起阳澄湖，东南抵甪直、陈墓、周庄。长洲县、元和县、吴县三县同城而治。

中华民国元年（1912）1月，依《江苏暂行地方制》将吴县、长洲县、元和县合并为吴县；同年11月，吴县依“暂行市乡制”，凡地方行政区划5万人以上设市，不足5万人设乡，分全县为7市21乡，城厢称苏州市。

城隍庙，起源于古代的水（隍）庸（城）的祭祀，为《周宫》八神之一。“城”原指挖土筑的高墙，“隍”原指没有水的护城壕。古人造城是为了保护城内的安全，所以修了高大的城墙、城楼、城门以及濠城、护城河。他们认为与人们的生活、生产安全密切相关的事物，都有神在，于是“城”和“隍”被神化为城市的保护神。道教把它纳入自己的神系，称之为剪除凶恶、保国护邦之神，是神鬼世界中的一城之主。一些为当地百姓做过好事，受百姓爱戴的地方官，死后就被老百姓抬出来成了当地的城隍爷，并管领阴间的亡魂。《清嘉录》正月卷《烧十庙香》条目云：“郡县城隍庙及本里土地诸神祠，男妇修行者，年初皆往烧香，必须历十庙而止，谓之‘烧十庙香’。”苏州最早的城隍老爷是战国楚国时封于苏州的春申君黄歇。

《吴门表隐》卷三云：“长洲县城隍庙在郡庙东偏，明万历二十三年建，神姓李名实，兼七省漕运都城隍。十月十五日神诞。” 又：“元和县城隍庙在钮家巷，庙即汉忠孝张公专祠，宋元丰初建，国朝雍正四年，改为邑庙。神姓张名明，仍管凤池乡土谷神。五月十七日神诞。”张明是东汉名将，致命凤池，宋元丰初邑人立祠祀之，故有“仍管凤池乡”之语。另：“吴县城隍庙在郡庙西偏，明万历二十三年建，神姓刘名必达。九月初六日，神诞。”

长洲县、元和县城隍庙由头门、仪门、大殿及寝宫组成。大殿有前后两殿，中间贯以穿堂，平面呈“工”字形，俗称工字殿。大殿前堂上，城隍神像居中而坐。赏善罚恶两司分立左右。殿上明镜高悬，衙役三班站立两旁。两侧还塑有二十四府司，分别代表二十四个行政职能部门的长官。后堂供奉月下老人、城隍娘娘和数尊土地神。

元和县城隍庙又名阴元和堂。历经沧桑的阴元和堂，尚存硬山式后楼及配殿。后楼面阔3间13米，进深10.45米，青石覆盆式柱础。原有唐寅、祝枝山、董其昌书法石刻，现藏苏州文庙（碑刻博物馆）。

天上人间天宫寺

控保档案：编号为072天宫寺，位于蒹葭巷10、11号，天宫寺弄1、3号，乃明、清建筑。

神话中的天宫规模宏大，形象壮丽，格局严谨，金碧辉煌、有朱红的廊柱、门窗和宽阔洁白的汉白玉台基，是天神们朝会和居住的地方。

佛寺是佛教僧侣供奉佛像、舍利（佛骨），进行宗教活动和居住的处所。佛寺在中国历史上曾有浮屠祠、招提、兰若、伽蓝、精舍、道场、禅林、神庙、塔庙、寺庙等名称。或源于梵文音译、意译，或为假借、隐喻，或为某种类型的专称、别名，到明清时期通称寺庙。佛教建筑、雕塑、绘画、音乐等艺术形式，也大部分表现在寺院及其活动中。东汉永平十年（67），佛教正式由官方传入中国 。到了后汉末叶桓灵

二帝的时代（147—189），西域的佛教学者相继来到中国，如安世高、安玄从安息来，支娄迦谶、支曜从月氏来，竺佛朔从天竺来，康孟详从康居来。由此译事渐盛，法事渐兴。汉人开始出家，民间建寺造像。公元4—6世纪是佛教在中国传播的黄金时代。吴地佛教传播者是西域僧人康僧会，他是有历史记载的第一位自南而北传播佛教的僧侣。三国吴赤乌十年（247），他说动孙权为其在今南京建立佛寺，号

“建初寺”，是为江南有佛寺之始。

东晋时，北方豪族南迁，皇室贵族竞相修建寺庙。天宫寺初名武平院，门前直街为初春巷，南口有天宫坊，寺前桥底有古井“淡泉”。《红兰逸乘》记载“汲以烹茶，清寒甘澈，可比天平山白云泉”，有佛缘，遂在此建天宫寺。

据《吴趋坊古录》载：“天宫寺在城东北，创自晋末，后废。唐景德中，光禄大夫许台舍宅建。明正统间发地得铁像二，因创设法堂。又有善财古像。”又，诗曰：“纷纷花雨散天宫，说法堂开铁佛崇。闻道善财留相好，抠衣来自福城东。”

随着佛教的发展，僧侣阶层逐渐形成，影响巨大，但建德六年（577）后周武帝终于以佛教劳民伤财等理由宣布毁佛，天宫寺亦散作民居。唐朝，佛教复兴，天宫寺于景福二年（893）由僧“了然”重建，光禄大夫许台舍宅扩建，重又名“武平院”，概武则天自命“弥勒佛下世”，寺名亦以此叨光也。从此，僧侣地位日渐上升，权势熏天，经济膨胀，终于导致唐武宗下令灭佛，天宫寺再次变为民居。

北宋大中祥符年间，佛教重兴，天宫寺再次得以重修。寺前立天宫坊，桥底有古井，山门有脱沙圣帝、裸裎周将军、骑牛金刚，寺内有紫砂夹石、竹叶宝塔、卸甲韦陀。明代正统年间，僧弘演垦土得到一尊铁铸药师佛像，于是创设小法堂即药师殿。

明景泰二年（1451）重建大殿，状元宰相申时行为天宫寺撰写了碑铭。明万历十四年（1886），僧通泉又修殿。张应文撰《天宫寺重修记》《天宫寺善财菩萨古像记》，钱有威撰《天宫寺新建善财堂记》均有记载。陆容《留天宫寺》诗云：“云隐小窗禅榻静，日斜深殿佛灯红。留题欲和鸿泥句，谁复才情似长公？”真可谓悠悠千载，轮回无常，世事万端，天宫可言。

清康熙年间，僧豫侧重修天宫寺。咸丰十年（1860），殿遭到战乱的破坏，同治十年（1871）再次重修。现存天宫寺第一进为大殿，歇山顶，四周立抹角方石柱，面阔3间9.75米，进深8.5米，高7米余；第二进是佛堂，堂后有一碑，上有“天宫禅寺”字样；第三进金刚殿已毁。天宫寺内有紫砂夹石、竹叶宝塔、卸甲韦陀等，皆为珍贵文物。陆容《留天宫寺》写该寺盛景：“云隐小窗禅榻静，日斜深殿佛灯红。留题欲和鸿泥句，谁复习情似长公？”天宫寺遗址有大殿3间，“天宫禅寺”碑刻和“重修天宫寺记”碑刻均保护完好，后来归菉葭巷小学保管。

如今在菉葭巷天宫寺，还依稀可见民国六年（1917），由临平市民公社集资修理后遗留下来的痕迹，当时曾由吴县知事公署警察厅备案保存古迹的“天宫古刹”碑而今依然存在，苍劲的笔锋像永不磨灭的历史一样耐人寻味。

吴中大刹昭庆寺

控保档案：编号为082昭庆寺，位于大儒巷38号，乃清代建筑。

位于苏州城东的大儒巷内，曾有一座古昭庆寺，1983年列为苏州市控制保护古建筑。现为平江区文化中心。据平江区文化中心介绍，昭庆寺始建于元天历元年（1328），为元宣政院僧人阿咱剌所创建。但据民国《吴县志》上记载，昭庆寺却是“宋端平元年（1234），万户姚八郎舍宅建寺”。相差了有90多年。笔者猜测：早先姚八郎舍宅建寺时，规模并不大，且姚去世后寺院近废。故在1328年，由元宣政院佥事、僧人阿咱剌在原址上进行再建。宣政院是元朝掌管全国佛教事宜的中央机关，此次再建，有收归“国有”之意。僧人阿咱剌是蒙古贵族子弟，早在元成宗皇帝时，阿咱剌的皇姐鲁大长公主，就遣其跟随国师的大徒弟沙蓝和尚削发为僧，元武宗皇帝时，公主又请皇帝授阿咱剌为“饶州路僧”（吃皇粮和尚）。皇庆元年（1312），仁宗皇帝又赐给阿咱剌吴郡（苏州）之良田并免征赋税。为了报答皇帝与师父的恩德，阿咱剌在苏州买了地建造昭庆寺，并得到了公主的赞赏和厚施。昭庆寺于天历元年建成，前大门供奉有四大天王，中大殿供奉三世如来佛、观世音、

文殊、宝利之像，大殿前有象征长寿的两个石塔，大殿后是法堂及方丈室。二廊东有如伽蓝神祠、库房、厨房，西是云堂、天台智者大师与诸佛祖之祠。皇帝还

专发玺书，以保护该寺。并派使者送宝香至寺里，以庆贺寺的建成。后又赐大藏经五千余卷，皇后并赐大量金银以置买寺田。寺里香火旺盛，僧人每天念经祷告祥瑞增寿。当时该寺规模宏大，实为吴中一大刹。

元至正九年，阿咱剌又在大殿后建造旃檀阁，供奉旃檀佛像，旁有文殊、普贤二菩萨，墙壁上图绘万佛及五台山，贝函内大藏经循壁排列，下置普陀洛伽山观世音菩萨像。此旃檀阁有44根柱子共3间，最高为56尺，最宽为16尺，重檐、步柱、木窗、翻轩用材都很粗壮，而且金碧辉煌，内外都非常庄严。昭庆寺还种植有十多棵银杏大树，大儒巷早先称“大树巷”（吴语中“树”“儒”同音），就因那些古银杏树而名。直到明代，有大儒王敬臣居住在此，因而改成了人所共知的大儒巷。

昭庆寺在明清时期，经历了数次废弃和修缮，先是于明代洪武初年并归于北禅寺，嘉靖年时苏州状元申时行在此建起过观音殿，后又废败为王姓庭园，崇祯末年僧人养素（名）重新赎买为寺，并有里人郑氏进行过修葺。清康熙二十四年（1685）重建大殿，咸丰十年毁（李秀成入苏州城），仅存山门。同治十年（1871），僧人启宗（名）又重建。光绪三十三年（1905）因住持和尚不守戒律，昭庆寺被官府封锁充公，用作小学校舍，后改为元和县高等小学校。1951年易名为苏州市大儒中心小学校。大儒中心小学创办于1906年，原名为元和高等小学堂，后易名为吴县县立第三高等小学校、城东实验小学校、吴县模范小学校、卫道濂溪镇中心国民学校、吴县中山镇第一国民小学校、苏州市立大儒国民学校。1951年，定名为苏州市大儒中心小学校。其后，陶行知先生亲自指导办学的，由名誉董事长宋庆龄，董事长冯玉祥、周至柔，校长施剑翘创办的从云小学（1946—1952）于1952年秋季并入了大儒中心小学，由董事长李根源、校长顾玉振创办的私立明德小学（1906—1956）于

1956年秋并入大儒中心小学。1985年，大儒小学校迁往了南石子街。2004年9月，原苏州菉葭巷小学与大儒中心小学合并，改校名为“苏州大儒菉葭中心小学”。

昭庆寺院原建筑分为3路3进。中路保存较好，有山门、天王殿、大殿。东西二路已失旧貌。局部尚留的古建筑，因缺乏有效管理、疏于养护而险象丛生。直到2005年，按照古建筑修旧如旧的原则，才对昭庆寺实施了全面的翻修。整修后的建筑群融重楼华宇、殿阁回廊与园林胜景于一体，最大限度地保存了其历史文化信息，又因地制宜布置了园艺绿化、庭院小品，使历史悠远的古建筑群得到有效的保护，也使其整体环境变得更加清雅宜人。根据古为今用的方针，平江区政府将其专门辟为平江区文化中心，里面有艺术摄影室、刺绣工作室、工艺品展出、文化茶座、戏曲沙龙等，倒也热闹。只是，踏进大儒巷38号的昭庆寺旧址，已感觉不出寺庙气息。挂有“苏州市平江文化中心”匾额的左下方，新刻“古昭庆寺”石碑一块。

相王庙前香火旺

控保档案：编号为178赤阑相王庙，位于相王路，乃清代建筑。

20世纪六七十年代的苏州流传过这样一个说法，说苏州“烟囱没有宝塔多，工厂没有寺庙多”。过去，苏州确实是座园林名胜多、寺庙庵观多的清静、悠闲的消费城市，2500多年来，苏州人信佛行善，敬祖崇孝，历朝历代建了许许多多的寺庙庵观。

寺与庙之间有着本质的不同。佛教是公元2世纪传入中国的，寺是外来宗教的宣讲所，供奉的是佛，佛是超然世外的；而庙则是历代炎黄子孙为纪念国殇、忠孝而供奉的优秀人士，庙里的神是人的偶像化。人们去庙里祭祀，是对功臣先烈的缅怀。

在苏州的习俗中，农历初一、月半是烧香日，却又各烧各的香，各敬各的神。其中又有许多让外地人觉得好奇却又难以理解的怪现象，就是明明不是寺，也没了庙，只是一棵树，或是一垛墙，或是一堆土，也会有许多香客前往焚香膜拜，有的香客连拜的是哪尊佛、供的是哪位神也不知道，还是十分虔诚地初一、月半必到。前些年，苏州葑门相王路上就有这般景观。

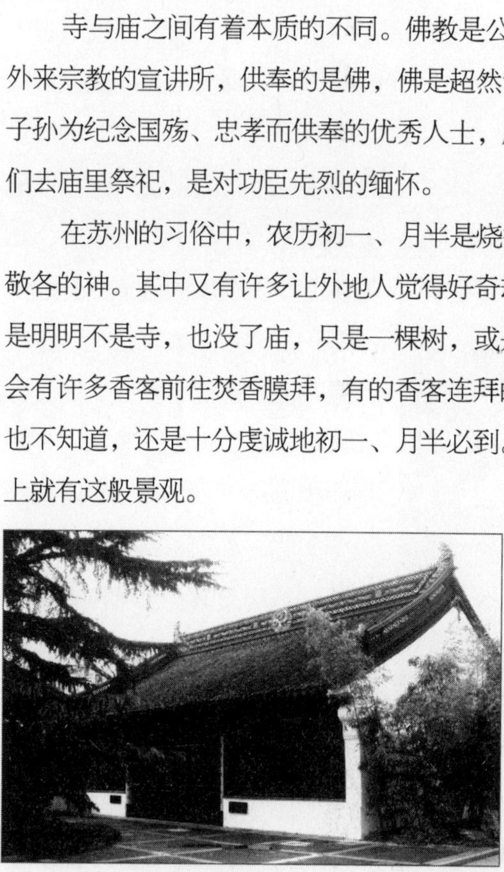

这条相王路曾名相王巷、相王弄、相王庙弄。这条街全长580米，宽7~8米，中段东侧有座始建于唐代的赤阑相王庙，宋《平江图》标于城东南隅杨杏子桥东。

清康熙四十四年（1705），苏州织造李煦重建于今址，奏请加封护国忠显王。嘉庆二十四年（1819）重修，时有满人巴世武捐习射院地亩余。道光元年（1821），苏州织造嘉禄再修庙宇，咸丰十年（1860）毁于战火。同治四年（1865）重建，光绪三十四年（1908）修葺。1966年后，庙宇建筑被第八中学用作办工厂，现为振华中学使用。现存大殿三间，硬山式，双昂十字牌科，面阔14.4米，进深12.4米，高达7米，已列为苏州市控制保护建筑，编号为178号。

这座相王庙，庙不大，香火为什么如此之旺？为什么人们不顾已是空庙一座，且大殿已用作他用，重门紧锁，无法入内，却岁岁年年，农历初一、月半，四乡八镇的香客纷纷涌来，就在路边、墙边焚香祭祀呢？甚至劳累了警方，组织了不少警力帮助疏导交通、维持秩序。那么，这座相王庙究竟供奉的是哪尊菩萨呢？

这座相王庙供奉的这位“相王老爷”究竟是何许人也？去问问相王庙外烧香祭拜的人们，他们叩拜的是什么菩萨？恐怕大多也回答不出，就连传世的记载也说法不一，民间也传有多种说法。一说在周敬王六年（前514）时，有位吴国的战将，封为“南面讨击将军”的黑莫郝，亦称“赤阑将军”，他在为春秋吴国筑城时，因延误工时，被吴王下令处死，后人尊为相王。一说“赤阑即赤门，相王即伍相”，相王就是主持筑城的伍子胥。因伍子胥相土尝水，象天法地，建成了苏州城，造福了百姓，深受苏州百姓拥戴，他生前为相，死后便尊奉为相王。然据《吴郡图经续记》称，赤门不属伍子胥建城时所辟八门之数。而明洪武《苏州府志》载称：“赤门，正南门也。《续志》云：‘南方属火，故在午位。’今郡治南城下有大沟、祝桥，出净河桥而东流。近年此道湮塞，乃自祝桥

而西，出燕家桥矣。即古赤门水道也。”据《吴门表隐》载，“赤门自燕家桥直南”，据此，古赤门位置应在今人民桥北堍东侧至葑门觅渡桥护城河中段，原苏州轮船公司仓库处。且南朝刘宋元嘉三年（426），在胥门朱家园伍子胥弄建有伍相公庙，又名伍大夫庙，因此，似乎相王弄里的相王庙同伍子胥无关。再有一说，吴王阖闾时有一位英勇善战的将军姓桑名湛壁，受吴王之命参与建造阖闾大城，当他们一路夯筑到城东南部城墙时，忽然遇到了一股汹涌的暗流和凶险的漩涡，工程无法继续了，于是，工地上乱哄哄的，桑将军同大家一起研商，众人献计献策，先后采取了种种“镇妖降怪”的方法，还是没能制服这暗流和漩涡。桑湛壁将军眼看工程受阻，心急如焚，望着河面冥思苦想，最后，他似乎想出了好办法，他要了一条木船，在船上装满了木材树枝以及各种镇怪之物，亲自跃身上船划向旋涡中心，岸上的人们盯着桑将军的身影，心儿跟着木船起伏浮沉，他们为将军的勇敢精神而感动，也为将军的安危而担忧。木船离岸越来越远，离漩涡就越来越近，突然，岸上的人们望见一个巨大的浪花在将军的船旁溅起，又猛地盖过了将军和木船，只见木船连同桑将军一块被吸入了水底。少顷，波平浪息，河面平静了，人们却惊奇地发现那骇人的大漩涡消失了，而桑将军再也没有回来。漩涡制服了，河面平静了，城墙也终于筑成了。桑将军留下了他的英雄壮举和伟大的献身精神，人却再也没有归来，人们连他的尸体也没打捞到，据说是上天庭为神去了。于是，人们敬桑将军为神，岁岁年年到河边叩拜、供奉、祭祀。后来，人们自发筹资，无钱出力，在苏州城东南建造了一座庙宇，放置了一尊桑将军塑像供奉祭祀。自此，每逢农历初一、月半，以及桑将军的生日、忌日，四乡八镇的人们都会前来烧香祭祀，祈求桑将军为他们免祸消灾，保佑家人平安，生活富足。后来，这种民间活动感动了地方行政长官，长官上奏朝廷，皇帝知道了桑将军为民献身的功绩，也知道了吴地百姓对他的敬重，便正式敕封桑将军为相王神，祭祀桑将军的场所在赤门，就封此为“赤阑相王庙”。于是，香火越来越旺，庙前的路与桥也随庙而命名。且岁岁年年香客纷至沓来，香火也越烧越旺，就连“那个年代”，也有人趁夜在庙墙旁偷偷放上一对红蜡烛，3支棒香，不敢点燃，再放上些许供品，拱手于胸前暗暗祈祷，怕被人发觉，招来麻烦，又迅快离去。之后，庙被学校使用，现今成了苏州市振华中学的教育服务中心，香客无法进入。为了尊重历史，顺应民意，就在庙的大殿西侧，沿街造了间约20平方米的殿，供了5尊菩萨，门楼两旁挂了幅上联为“护国忠显王”、下联为“织造都城隍”的楹联，供人祭祀叩拜。由于庙小香客多，许多香客只好在路旁庙前祭拜，聊表心愿，于是，在苏州古城内形成了相王庙前香客满街、香火不断、香烟缭绕的奇特场景。

庄严雅致观音阁

控保档案： 编号为186的山塘街观音阁，位于山塘街578号，乃民国建筑。

据《老苏州》画册“百年旧影”载：苏州山塘街，是唐代大诗人白居易在苏州任刺史期间，于公元825年在吴中主持疏浚塘河，堆土修筑的一条长堤，后人称之为“白公堤”。山塘街呈“水陆并行，河街相邻”格局。山塘街东西偏北走向，石板路面。据《长洲县志》和《苏州市志》记载，山塘街东起渡僧桥，西到虎丘，全长3829米，俗称“七里山塘到虎丘”。明长洲县令韩原善重修后，曾名“韩公塘”。

观音阁是供奉观世音菩萨的建筑。观音菩萨，又作观世音菩萨、观自在菩萨、光世音菩萨等。据说观世音菩萨因避唐太宗“世民”讳，故简称“观音”。在佛教中，观音是西方极乐世界教主阿弥陀佛座下的上首菩萨，同大势至菩萨一起，是阿弥陀佛身边的胁侍菩萨，并称“西方三圣”。中国佛教又将观音与文殊、普贤、地藏王，尊为四大菩萨。

观音菩萨相貌端庄、慈祥，经常手持净瓶、杨柳，具有无量的智慧和神通，大慈大悲，普救人间疾苦。当人们遇到灾难时，只要念其名号，他便前往救度，所以称观世音。观音菩萨历来受到广大善男信女的虔诚敬崇，因此，该阁从宋代开始代代相传，不绝香火，特别在

观音菩萨农历二月十九日诞辰，六月十九日得道，九月十九日涅槃之际香火更旺。

《法华经•普门品》说观音有三十三身，《楞严经》说他有三十二应（即应化身）。佛教说他大慈大悲，救苦救难，有求必应。中国寺院中一般塑像和图像都作女相。女相观音造像大约始于南北朝。

山塘街观音阁原来东侧临水，即桐桥西堍，为七里山塘17座石桥之一。桐桥本系拱形单孔桥，1963年被拆除。弹词《玉蜻蜓》中多次提到此桥，如“桐桥得子”等。

山塘街观音阁建于南宋咸淳四年（1268），明弘治十四年（1501）重建，民国三十年（1941）老当家昌年长老自筹资金扩建。

观音阁正门砖额“观音阁”。“观音阁”三字为民国以前所刻，字迹模糊，但还是隐约可辨。西侧门额“般若庵”。西侧外墙嵌有《重建胜安桥（桐桥）义助碑》。进入观音阁大门，内墙嵌有清道光十九年（1839）所立《禁止地匪勒索阻挡滋扰碑》。碑呈长方形，面积不大，仅为1平方米左右。立《禁止地匪勒索阻挡滋扰碑》的原因是当时曾经有游手好闲之徒，对前来进香的香客和附近摊主敲诈勒索。官府为维护地方治安，立碑警示。

东面厢房镶嵌有一块“重建胜安桥记”石碑(桐桥原名胜安桥)，为明弘治十二年立，比同朝重建观音阁还早两年。为什么建桥碑会镶嵌在观音阁，有待查证。观音阁楼阁四合，中央为天井，曾有明代供桌一张、铜观音一尊及各类大小菩萨，可惜毁于“文革”时期。

2011年，金阊区政府修缮了山塘街观音阁。庄严而雅致的观音阁，面临气势恢弘的拱形石桥——桐桥。阁桥交融，光影交辉，相得益彰；周围林木茂密，绿水萦回，环境优美。观音阁外观粉墙黛瓦、楼角飞翘。

修缮后的山塘街观音阁拥有前后两幢相连的楼阁，相互有走廊可通行；中有天井，如同走马楼。正门为石库门，镶嵌花岗岩石质门框。门闩为乌漆实心厚木，配有一副铜环。横楣上题“观音阁”三字砖额。砖额上面有五排褐红色格子窗，每排两扇。从屋檐下至室体的上面为照墙板，从而使楼阁更显明媚精巧。前楼歇山式，楼阁正中佛龛内供奉观音菩萨。观音菩萨位居莲花座上，慈眉善目、妙相庄严。供台上烛光高照，香火缭绕，这里既是僧人做功课的场所，又是信徒们顶礼膜拜所在之地。后楼硬山式，楼下为会客室，其他为附房，用作僧人居室、厨房等。

—祠堂会所—

官宰弄元宁公所

控保档案： 编号为017元宁公所，位于官宰弄9号，乃清代建筑。

明清以来，阊门一带会馆公所之多，为苏州古城之最。元宁公所在阊门内下塘官宰弄9号。后来，一度更名为元宁会馆。在离该会馆不远的中街路高师巷，也有一座同名的元宁会馆，两者不能混为一谈。高师巷的元宁会馆，在《苏州市志·社会团体》中记载：始建于清代康熙二十一年（1682），由金陵、江宁、元邑三地旅苏商人共建。民国六年（1917）改称江宁会馆。

官宰弄9号的元宁公所，现在已列入苏州市控制保护建筑名录（编号017号），作民居使用。该公所始建于清咸丰年间，具体年份不详。它由苏南的元邑、江宁两地旅苏商人集资所建，故取名元宁公所。格局为坐西朝东3进共9间。屋宇有头门、大殿、堂楼以及附房。另有房产在北寺前。其从事的商贸业务，主要为皮革制品。

苏州皮革制品业历史悠久。清代康熙年间，外地皮革商人就来到苏州建立会馆公所，从事皮革制品的贸易。光绪年间，苏州规模较大的制革作坊有5家，至清末达10家。制革的原料，主要为牛皮和羊皮。牛皮有水牛皮和黄牛皮，羊皮有山羊皮和湖羊皮。皮革制品主要有皮箱、皮包和皮帽等。苏州古城中心有一条皮市街，街名因皮货市场设于此而得。各地皮货商人云集于此，开店设铺从事皮货交易。他们一方面采购苏州生产的皮料和皮制品运回家乡，另一方面也将家乡出产的土特产运来苏州销售，利用差价从中获利。为了经商、住宿和联系乡情，有关会馆和公所也应运而生。当时比较著名的皮业公所，除了元宁公所，还有其他公所，如位于梵门桥弄的裘业公所。

元宁公所建立不久，太平天国运动兴起。由忠王李秀成领导的太平军，在苏南地区与清军发生激战。元宁公所和古城内不少寺庙，都不幸毁于兵火。同治十三年（1874），元宁公所改名元宁会馆，准备重建。但因馆舍问题发生一桩公案，对此，光绪五年（1879），由地方政府所立的一块石碑，比较详细地记载了事情的来龙去脉。

此碑全称《元长吴三县为元宁会馆赎回造屋给示晓谕碑》。元，指元和县。长，指长洲县。吴，指吴县。此三县当时都归苏州府管辖。碑文中记载：当时有元宁皮商陆有发，出钱购置官宰弄的元宁公所旧址。他在此造屋三间两披，归会馆备用。公所另有房产一处在北寺前，战乱后仅剩地基。陆有发出资在此建房11间。此外，在元宁公所后面的空地上，又建房4大间。这3处房产，陆有发共出资880元（银洋）。经过官府调查后从中协调：第一处所建的三间两披归还会馆，会馆出资300元给陆有发。另两处的建房费用580元，等会馆筹集资金后付给陆有发。考虑到乡情乡谊，陆有发最终接受调解，同意由会馆按原价付钱赎回房产。元宁会馆的一场房产纠纷终于顺利解决。

民国时期，为顺应当时的行业改革潮流，元宁会馆改建为“革制业同业公会”，继续从事皮革贸易。新中国成立后，元宁公所停止活动，不再从事皮业经营。屋宇归当时的金阊区房管局管理，作为直管公房用作民居。如今的元宁公所，旧貌残存，但破损较严重。公所坐西朝东，前后共三进平房。大门东南角墙基处，嵌有一块长方形界碑。碑上阴刻“元宁公所”四字。朝东斑驳的门墙上，安置两扇对开木门。其中第2进大厅5间，梁架为雕花扁作梁，古朴典雅。可惜，这些平房墙体老化，木窗松动，檐瓦破损。每逢刮风下雨，瓦片掉落、房顶漏水现象时有发生。更令人遗憾的是：屋宇已经租借给他人，沦为生产五金制品的小工厂。机器轰鸣，对控保建筑的保护造成不利影响。

元宁公所庭院内，有一棵保存至今的银杏树。银杏为银杏科落叶乔木，雌雄异株。银杏又名公孙树，俗称白果树。它的寿命可达千年以上，是世界上现存种子植物中最古老的孑遗树种之一，元宁公所内的这株银杏为雄性，树龄已愈210年，胸围263厘米。经过专家鉴定后，已列入苏州市“古树名木”保护名录。然而，由于长期缺乏妥善管理，受虫蛀等因素影响，这株古银杏的生长状况较差。大风一刮，树枝常常被折断，给房屋和行人的安全带来隐患。元宁公所破旧不堪的房屋，以及生长状况不良的古银杏，应该引起有关方面重视，及时保护为妥。

轩辕宫中的丝织公会

控保档案：编号为064轩辕宫，位于祥符寺巷36、38号，乃清代建筑。

苏州丝织手工业历史悠久，自古产丝织布就是苏州的特色产业，到了明代中叶在苏州产生了资本主义萌芽。而轩辕宫作为苏州丝织业的行业公会所在地对苏州的丝织业产生了重大的影响，并且还对苏州资本主义发展有一定影响。很多近代苏州织业的技术改革、教育和制度变化都与此处有关。

苏州城内轩辕宫位于祥符寺巷34号，又名先机道院、仙机道院、机圣庙，为苏州三宫九观二十四坊中三宫之一。始建北宋元丰元年（1078）。明万历元年（1573）里绅章焕重建。清乾隆三十七年（1772）里人孙辅成等重建。后乾隆五十七年（1792）再建。道光二年（1822）建门庑、台房。咸丰十年（1860）毁于太平天国运动。同治元年（1862）住持李兹基迭次募建，规制大备，砖木结构。同治三年（1864）纱缎庄业重建轩辕宫。同治十三年（1875），又借东西余地扩建公所。1952年冬，在祥符寺巷轩辕宫成立苏州市道教音乐研究组，将100首道教乐曲工尺谱译成简谱。1953年，西公所及宫屋移交苏州市商业联合会。1956年云锦公所改为“丝织业同业公会”，并进行了公私合营。1967年院内原有“敬道堂”“龙马阁”“罗汉堂”，在“文革”期间被捣毁。1983年12月，内院

原有“正朝堂”“寒方阁”楼厅被拆除，已无迹，现址为教工托儿所。1985年时为服装四厂，后为东吴丝织厂财产。

列入保护范围的建筑有2路4进，为同治年间重建的，坐北朝南，地基逐级升高。东路建筑规格较高。第1进门厅，临街门墙留有一砖雕门楼，上有砖细“轩辕宫”“为章于天”“同治元年夏月冯桂芬题字”等字样。第2进原为茶厅，扁作梁结构，山尖处有山雾云，四界大梁上有涂金祥云匾托。

第3进大殿结构高大宏伟，面阔3间11.5米，进深13.5米，高约8.4米。厅前有双翻轩和丁字牌科，脊檩饰山雾云和彩绘，扁作梁结构，桁间有牌科。第4进为楼厅，楼下前有双翻轩。前庭院内有一块陆润庠所书碑闲置于角落。西路建筑现为民居，且并不在原有先机道院界碑以内。据说轩辕宫内原有假山、旱船、古树等，后被工厂占用，园景被毁，不复见其踪迹。

相传上古时代轩辕黄帝的元妃嫘祖，教民养蚕，所以各地百姓建庙祭祀。而在《吴门表隐》上就有记载，苏州民间丝织手工业户早在宋元丰年间就在今祥符寺巷内建轩辕宫，又名“机圣庙”，祀黄帝及元妃嫘祖，并兼作机业议事之所，可以说这就是苏州丝织行会组织的雏形。而后在清末民初轩辕宫内又先后建立了云锦公所、丝业公所和铁机丝织业同业公会。云锦公所设立于同治三年（1864），由纱缎商人发起设立。在民国时期云锦公所改名为纱缎业同业公会。1932年6月，纱缎业同业公会改组为丝织业同业公会。1935年2月，又重建丝织工业同业公会。而丝业公所则是在光绪元年（1875）由丝商们在轩辕宫的东路建筑中设立。铁机丝织业同业公会成立的最晚，直到1921年才由苏州丝绸厂老板们创建。这些公会的建立不但推动了整个苏州的丝织

行业发展，并且还促使整个丝织行业走向近代化。

行业公会制度是随着封建社会内部商品经济的发展而产生的，同时又是商品生产发展不够充分，社会分工不够发达，商品市场不够广阔的产物。它由同一城镇中的同业者或相关职业者所组成，主要功能一是联结同业，以与不利于己的人事相抗衡。避免竞争，以维持本行业的垄断地位。而轩辕宫中公会民国以前一直是以云锦公所为主。在《云锦公所各要总目补记》中记载成立云锦公所的原因："逊清同治初叶，纱缎业诸先辈鉴于业中散漫无稽，与各商交易殊欠次序，欲保持整个信誉计，惟有筹设一集体机构，庶可永保纱缎业信寔通商本旨，于是发起设立云锦公所。"但是太平天国后的云锦公所却与以前的公会性质有些不同，其性质已逐渐由苏州丝织业的全行业组织向纱缎庄"账房"的同业组织演变，与道光年间的云锦公所名同而实异。同治以后纱缎庄的主要经营方式是"放料取货，以货出售"。"账房"把原料、机物料发给机户回家织造，织成后由机户交货与账房，随时结算工资，并将货匹"待价而沽"，从中牟利。此时的云锦公所旧式行会色彩日益淡化，逐渐向资本家的同业组织转变。而铁机丝织业同业公会也是从云锦公所中分立出来的，是为了适应机器化生产的新时代产物，更是一个具有资产阶级性质的组织，拥有更先进的组织章程及先进制度，使其能与云锦公所（代表木式旧机的机户）分庭抗礼，并且慢慢超越其他同业公会。而之后云锦公所改组为纱缎业同业公会，在其新的章程中规定"同业中如有特别发明，新出改良货品者，得送由本公会呈请政府核奖保护，以资鼓励"的同时，对于"救济及维持同业"和"调解同业间关于商事争议"等事宜都做了详细的规定，这个也是丝织公会为了适应时代发展的需要做出的一些调整和改变。

公所除了参与行业活动以外，也参与各种公益救济事业。《云锦公所各要总目补记》中记载："业中诸先辈继再顾及贫寒子弟无力向学，并继念孤寡无依，困苦万状，难以言宣，是以有设立蒙养义塾，培植业中清寒子弟求学向上之愿，而再筹措赙恤业中孤儿寡妇之月贴恤金，公所中全年支付亦属一大宗款项也。"上述所写到蒙养义塾也是清末与善局义塾并重的最著名义塾之一。同治四年（1865）由孙毓崧创建，原来在望星桥北堍，后迁入云锦公所，经费来源于学田48亩租金，定名为蒙养义塾，用以教育同行子弟。光绪二十七、二十八年间（1901—1902）改名蒙养学堂，增设历史、地理、数学、体操等科目。后光绪三十二年（1906）更名为公立初等商业学堂，民国后改名为吴县私立云锦小学校。民国十七年（1928）定名为吴县私立纱缎小学校。而据说以前顾颉刚的父亲顾虬，为了补贴生活，也曾在此授业。语言学大家郭绍虞先生也曾于1903年在这求学。

轩辕宫所在的祥符寺巷，原有南朝梁天监二年（503）所建的福田寺，后在北宋大中祥符年间易名祥符寺，巷由此而得名。但是年久消散，古寺早已不存，唯留地名。而遥想当年苏州丝织业“机额总数约达有一万五千座”，“从事机织者二万人，拈绹织丝、再缫生丝二万人，缫竖横织丝三万人，其余经行、丝行、染坊、练绢坊、制机具工各种分业者，亦二万余人，而‘账房’里头亦一万人”。而今曾经作为丝织业公会的轩辕宫也早已破败不堪，亦如祥符古寺一般，当年盛况亦难再查询，唯幸我们还能在各种史书和碑记中窥见一斑。

松鳞义庄的前世今生

控保档案： 编号为075潘氏松鳞义庄，位于悬桥巷46号，乃清代建筑。

潘氏松鳞义庄位于悬桥巷58号，前接悬桥巷，后通菉葭巷。创建潘氏松鳞义庄的是苏州“贵潘”系的潘遵祁。自清乾隆以降，“贵潘”人才辈出，有状元1人，进士8人，举人2人，为官者更多，近现代学者亦蜚声海内外。

整组建筑群现存两路，坐北朝南，东路第一进门厅，面阔5间，进深4界。第2进面阔3间，有山雾云，前有一枝香鹤胫轩，后接船篷轩。第3进3开间楼厅，存船篷轩、一枝香轩。第4进为花篮厅，后有一小庭院，尚存古树顽石。西路现有门厅，后有5开间扁作梁大厅，俗称纱帽大厅，有山雾云雕饰。

松鳞义庄的前世却并不属于潘家，而是属于黄丕烈的藏书楼——士礼居。黄丕烈（1763—1825），吴县人，字绍武，号荛圃、复翁，并且有着“书魔”之称。清乾隆五十三年（1788）举人，后主事分部，人称黄主事。嘉庆七年（1802）迁居悬桥巷。与潘家交往较密，潘祖荫所写的《士礼居藏书题跋记序》中有记载：“吾乡黄荛圃解元好藏书，尤好宋、元本，与先祖文恭公相善……犹记道光

甲辰、己酉荫归里时，无日不见于凤池园座上。园中楹联匾额皆其所篆。”黄丕烈以藏书校勘闻名于世，其藏书被清代学者王颂蔚称为三百年来藏书之“巨擘”。凡书前有黄氏题跋识语者，都为后世所重。所藏古今珍善秘籍极为丰富，一生收集宋版书200种以上，故自号“佞宋居士”。其爱书的程度也让人闻所未闻，黄丕烈每得奇书，往往要绘画征诗，极一时风雅之盛。甚至每年还要把所得的佳刻秘册供奉于书斋中，举行他独有的“祭书”典礼，颇有当年米颠拜石之态。如嘉庆十一年（1806），黄丕烈与陈鳣争购宋刻《周易集解》，如愿以偿后，“以香楠制椟而藏。是冬除夕祭书，此书其首列”。可惜其身后，大部分藏书为苏州汪士钟所收，汪家败落后，又有一小部分辗转被潘祖荫收入滂喜斋，然而有更多的书籍散失各地，且被其他藏书家所收藏。

黄氏虽殁，其书也散，但该地文脉却未断，几年以后潘遵祁就在其原址上建立了松鳞义庄。苏州义庄制度首创于范仲淹，北宋皇祐二年（1050），范仲淹在家乡江苏苏州吴县“置义庄，以赡族人”，开创了设立义庄的先例。冯桂芬曾说：“事有创自晚近，不必为三代之法而转足以维三代之法之穷者，士大夫家之建义庄是也。”所以历代王朝都鼓励建立义庄，苏州自明代以后义庄数量和规模不断扩大，并且在清代达到了顶峰。据统计，在清末时苏州义庄已经达到了200多家。宋皇祐元年（1049），范仲淹为杭州知府，时已61岁，体弱多病，他自知不久于人世，便散尽家产，于吴县、长洲两县置义田十余少年顷，并立下规矩，将其所得租米，自远祖而下诸房宗族计口供给衣食及婚嫁丧葬之用，谓之义庄。此法从古未有，苏城现存义庄就有潘儒巷的王氏惇裕义庄、张氏义庄、传芳巷太原王氏义庄、西花桥巷王氏怀新义庄、史家巷吴氏垂裕义庄、悬桥巷的潘氏松鳞义庄、丁氏济阳义庄、南石子街徐氏春晖义庄等20余处。

而松鳞义庄兴建较晚，于清道光九年（1829）筹建，因潘遵祁父潘世璜（乾隆己卯科探花）和祖父潘奕隽（乾隆户部主事）先后去世，潘遵祁承祖命和父命与弟希甫谋捐义田千亩，并请叔父潘世恩建松鳞义庄，救助族里。“族之人婚丧皆有助，生子予之气，子能读予之师，不能读予之业，读而成名奖助有厚。”道光十一年（1831）始建义庄，十七年竣工，兄弟两人同掌庄事。为了能使义庄延续多年，庄掌规划都是由潘遵祁亲手所定。道光十二年定《松鳞庄规条》十条。于道光十七年又定《松鳞庄祭祀规条》八条、《松鳞庄赡族规条》二十八条，又于道光二十六年定《续增祭祀规条》四条、《续增赡族规条》四条，又于同治七年（1868）定《松鳞庄增定规条》二十六条，还纂修《大阜潘氏支谱》二十四卷首一卷，而主祭也皆由潘遵祁昭告。

松鳞义庄不仅仅局限于经济上的救济，还承担了文化教育的事务，并且与时俱进教授先进知识和思想。1907年，当时的义庄主人就在义庄内创办了潘松鳞两等小学，对本族子弟概免学费，无力缴膳费、书费的可申请减免。而像陈鹤（1917—1941，原名潘承岳）这样的抗日爱国人士也正是在潘松鳞两等小学接受了早期教育。

从松鳞义庄走出的名人除了潘家子弟之外，还有近代著名的教育家叶圣陶先生，当年其父亲为潘氏大户经管田租，而就在清光绪二十年（1894），叶圣陶正好出生于松鳞义庄之中，并且在这里度过了童年和求学时代，并与一街之隔的顾颉刚先生同在悬桥巷西首的张氏私塾读书，后又同入草桥中学。虽不知当年义庄对他日后的成就有何影响，但他也是从这走出的松鳞之一。

可惜时光荏苒，原来的义庄上盖起了丝绸服装厂的工厂大楼，原有的老建筑不断被损坏、拆除。之后工厂搬走，这儿又空关多年，风摧鼠噬，一片破败之貌。直到2010年被上海中锐集团看中，并且对其进行大规模的维修与改造，使其建筑能得以保存，但是从此却变成了一座高档旅馆会所，普通人难见其风貌。

悬桥巷丁氏义庄

控保档案： 编号为076丁氏济阳义庄，位于悬桥巷41号，乃清代建筑。

丁氏济阳义庄，位于悬桥巷今41号，清道光十八年（1838）的同知丁锦心遵其父丁肯堂遗志创建。据说当年曾花了有15000多两银子，购买1000多亩土地建成。后来知县丁士良，又置书田300亩，设立了义塾。这使得丁氏义庄旧时的规模相当的大。

苏州是义庄的策源地，最早有记载的义庄是北宋范仲淹在苏州设立的范氏义庄。清道光二十一年《济阳丁氏义庄碑记》载："苏郡自宋范文正公建立义庄，六七百年，世家巨室踵其法而行者指不胜屈。"据民国《吴县志》记载，清末苏州府所属吴县、长洲、元和三县共有义庄62家，义田7万多亩，直到1949年，苏州还有义庄23家。义庄的设立，对于任何一个家族来说，都不是一件容易的事情，即便是累世官宦之家，义庄的设立也要积数代之功。苏州的义庄大多是遵父之命、继祖之志创建，通过方志和族谱确实也可以看到创建义庄的艰辛。义庄建筑，是同姓宗族共置的公产房屋，作为本族议事、举行活动、办理日常事务的办事机构。

丁氏济阳义庄现存坐北朝南6进房舍，建筑面积259平方米。头门3间5檩。前有"丁氏义庄"砖额，后有清咸丰七年（1857）门楼，砖雕精致古朴，门楣题字是清代书法家所书，额题"遗泽流长"取自古训"迄今子孙振振，人

文济济，皆公之遗泽流长也”。祠堂面阔4间12.3米，进深6檩9.6米，前有鹤颈轩。后堂3间。第1、2进以两庑连接，天井中植有丛竹。第2、3进以单间穿堂相通。

“济阳”是丁氏家族的堂号。这堂号，不仅仅只悬挂于民居正厅中央，在自家的墙角也树立有书写堂号的界碑，还用在祠堂、义庄、族谱、店铺、书斋、礼簿等处；也有用在生活器具上的，如在斗、口袋、钱袋、灯笼等上面大书堂号，以标明姓氏及族别。悬桥巷的丁氏义庄，之所以称“济阳”，是因为丁氏出自济阳郡，在战国时为魏邑，西汉置县，治所在今河南兰考东北。晋惠帝时，将陈留郡一部分设置济阳郡，治所在济阳。因此“济阳”便是丁氏在苏州的堂号。苏州现存的祠堂义庄，除了“济阳”，还有“太原”、“延陵”、“平阳”等以郡号名称出现的堂名。如传芳巷的“太原王氏义庄”，此支王氏出自太原郡，为战国秦庄王置郡，其开基始祖为东汉司徒王允，故名。

丁氏祖先在建造丁氏义庄的同时，还在义庄东隔壁建了丁氏宗祠，主要祭祀明朝官吏丁元复。据苏州图书馆珍藏的《丁氏宗谱》记载，丁氏宗祠前后共有房屋8进：下岸有平屋3间；正屋第1进为门堂3间，内有牌坊1座；第2进大堂3间，为孝义公祠；第3进楼屋6间，称片玉斋，为藏书之地；第4进楼屋6间，称敦睦堂；第5进平屋3间；第6进平屋4间，为存粮之地；第7进楼屋6间，用作厨房。20世纪六七十年代，丁氏宗祠大厅等建筑被陆续拆除，翻建成厂房，宗祠对面的照墙，却因地处巷子的另一侧而幸免于难。30多年前，当地环卫部门在照墙边搭建了一处简易房，用来堆放清洁工具，照墙就被挡了起来。前一阵笔者路过悬桥巷，正好简易房被拆除重建，还曾见到保存基本完好的丁氏宗祠照墙。照墙呈“八”字形，宽约10米，进深2米、高度5米左右，看上去雄伟气派；斑驳的旧颜透露出它曾经的岁月沧桑。照壁顶端挺着屋脊、盖着瓦片，就如苏州传统民居的屋面，一些地方还嵌着精美的雕刻。

丁氏家族十分庞大。丁氏是明朝正统年间，由太仓双凤迁居至苏州城的。家谱所载的世系表表明，丁元复是这一家族的第五代子孙。冯梦龙孙媳、清初“哭庙案”遇难的两位丁姓秀才——丁观生、丁观澜，筹创苏州电气公司的丁春之，捐宝鼎的潘达于，都出自这一大家族。如今丁氏宗祠虽早已不存，但还能走进隔壁的丁氏义庄去看看，天井中植有丛竹，院子不大，却很雅致。青砖灰瓦，花格门窗，保存还算完整。

杨氏义庄夏梦修

控保档案： 编号为102杨宅，位于混堂巷8号，乃清代建筑。

位于混堂巷的杨氏宏农义庄，是于清光绪二十五年（1899），由祖籍苏州的上海富商杨廷杲承其先祖杨承宗的遗志，在平江区混堂巷8号的祖屋位置上创建的。

杨廷杲早先只是普通经商者，后来到李鸿章、盛宣怀衙门里兼理事务，成为了官商。杨廷杲是中国第一家银行——中国通商银行的8位董事之一。创立银行的是盛宣怀。1894年甲午战争爆发，北洋海军全军覆没，清政府被迫签订《马关条约》，割地赔款，朝野震动。盛宣怀认为欲自强需做到三点：练兵、理财、育才。核心是理财。盛宣怀呈奏了《请设银行片》，认为外国人利用银行为商业集中他们的国家财富，中国也应有自己的银行，以便以低于外国银行的利率为政府发行国内公债，还可以避免因不适宜的金银兑换率而造成的额外负担。光绪对此很是赞同，当即命盛宣怀挑选董事，征求商股，筹建银行。在盛宣怀的努力下，银行董事会很快成立。董事会有8个成员，分别为杨廷杲、张振勋、叶澄衷、严信厚、施则敬、朱葆三、严潆、陈猷，都是上海滩呼风唤雨的非凡人物，杨廷杲当时是电报局总办。创办银行虽然历尽艰辛，一波三折，但终于在1897年5月27日，中国通商银行诞生于外国银行林立的上海滩。开办不到一年时间，通商银行就有了旺盛发展，先后开设了7个分行。两年之后，已

能每6个月结账一次，除开销外，发给股商利银40万两，缴呈户部利银10万两。杨廷杲之富，可见一斑。《吴县杨氏支谱•宏农义庄世守祀产义田执帖》记载：“吴县职员杨廷杲捐元和县官则田一千四百亩，准银值一万一两，每年田租所入，除完粮、祭扫等庄中公用外，余归族中孤寡贫乏……平江路混堂巷朝南房屋一所改造并以建坊，庄屋附焉……”光绪三十年（1904），杨廷杲修成《吴郡杨氏家谱》，除记录了其自身经历及家人的身世外，还叙述了他所创办杨氏宏农义庄的历史。

新中国成立前后，杨氏义庄被姚家的协成染织厂所占用，后又成了苏州染织二厂的职工宿舍，毁坏严重。1995年，由杨承宗的后人、定居香港的杨氏后裔杨蒙等族裔筹资，将杨氏义庄修复一新。杨蒙，即著名电影演员夏梦，1932年出生，祖籍苏州，生于上海。夏梦的外形艳而不媚，贞静平和，娴雅大方，兼之身材高挑，有“上帝杰作”之美誉，是香港公认的西施。金庸曾说：“西施怎样美丽，谁也没见过，我想她应该像夏梦才名不虚传。”李翰祥也说过：“夏梦是中国电影有史以来最漂亮的女演员，气质不凡，令人沉醉。”夏梦1947年移居香港，曾于玛利诺书院就读。18岁时偕友参观长城电影制片有限公司拍摄场地，获邀加盟，翌年凭《禁婚记》一片震动影坛，此后演出过《孽海花》《绝代佳人》（曾获中华人民共和国颁发“优秀影片荣誉奖”）《欢喜冤家》《日出》《新婚第一夜》《抢新郎》《同命鸳鸯》《王老虎抢亲》、《三看御妹刘金定》《金枝玉叶》《故园春梦》等著名电影，是长城电影制片有限公司最受欢迎的女演员之一，也是香港唯一一位可与奥黛丽·赫本相媲美的女明星。夏梦于1968年退出影坛，移居加拿大，两年后回港经商。曾是我国的政协委员。据说，当年金庸曾苦恋夏梦，他唯一那次创作剧本并亲手执导的目的，就是为了一近芳泽。虽最终未能携手，也算为世人留下了一段才子佳人的风流佳话。

修复后的杨氏义庄建筑，为朝南3落5进。东落第3进祠堂面阔3间，有11.2米，进深10.2米，扁作梁，有彩画痕迹。棹木雕就有雀鹿、缠枝花等。中落第2进保留有乾隆五十四年（1789）的砖雕门楼，额题“翰苑流芳”，第3进有道光二十八年（1848）门楼一座。建筑外观为八字黑漆墙门，门前有威严的石狮雕像一对。因属于私人住宅，平时大门紧闭，路人很难进入。

高井头裘皮公所

控保档案： 编号为107裘业公所，位于高井头2号、梵门桥弄42号，乃清代建筑。

苏州制革业（硝皮业）和皮革制品业（皮货业）历史悠久。康熙年间，京帮（南京）硝皮业就在古城桃花坞龙兴桥建立允金公所。同治年间，古城内出现了两座规模较大的皮坊业公所。一座名裘业公所（硝皮公所），为专门制作皮革的硝皮业行会组织，地址在阊门内下塘街官宰弄，清同治九年（1870）建造。其建筑现已不存。另一座名裘皮公所（皮货公所），地址在景德路梵门桥弄，清同治九年建造。其建筑现在仍存。正因为这两座公所都建于清同治九年（1870），又都和皮革有关，因此，有关文史资料混淆了它们的名称，张冠李戴。苏州市文物局在编印的2010年版《苏州市区控保建筑名录》中，将编号107号的控保建筑“裘皮公所”误写为官宰弄的“裘业公所”，此一错也。

裘皮公所的下属会员，多为前店后坊的皮革制品作坊，也有一部分为专卖皮革制品的商铺。其制作原料，取自硝皮作坊用生皮制作的皮料。皮料主要为牛皮，分为黄牛皮和水牛皮。也有一部分是羊皮，分为山羊皮和湖羊皮。湖羊为本地所产，因为产在太湖地区而得名。

湖羊不但肉质鲜嫩可口，也适合制作皮革。皮革制品的制作，以手工操作为主，使用专门的剪刀、榔头、冲头、披刀等工具。皮革制品分为皮鞋、皮箱和其他皮件。皮箱有镜箱、首饰箱等。皮件有皮包、皮帽、皮衣等。这些皮革制品，当时均为达官贵人和富户使用，贫穷人家消费不起。

皮革制品最早由粤商从广东运来苏州，在他们开设的广货商铺经销。后来，苏州皮货商人也参与经销。同治九年（1870）建立裘皮公所后，苏帮和粤帮之间的竞争开始激烈化。但是在规模上，粤商仍占据优势。光绪年间，苏州开始有仿制皮箱的商铺。光绪二十六年（1900），皮箱作坊有顾万丰、陈荣昌、殷顺泰、利泰等多家。皮匠浜、皮匠巷，皆因皮件小作坊聚集于此而名。皮市街更以“皮货制作一条街”闻名遐迩。当时，皮市街有“翻鞋作”作坊四十余户。皮鞋店由翻鞋作供货，一家皮鞋店可与多家翻鞋作挂钩。以“苏省”“姑苏”为商标的皮箱，价廉物美，在南京、武汉、天津、北京等大城市牢牢占据市场，十分畅销。光绪后期，镒大皮鞋店和戎镒昌皮件店异军突起，成为同行中的翘楚。据民国十六年（1927）出版的《旅苏必读》记载：苏城鞋店有西天宝、万裕、瑞华、德昶、德兴五个大铺，都集中在察院场。

裘皮公所又名皮货公所，其址原来为清咸丰十年（1860）前的一座老宅，名“楚宝堂”。可惜，楚宝堂的宅主及生平事迹，未见有关史料记载。咸丰十年（1860），太平军攻占苏州城，楚宝堂毁于太平军与清军交战的兵火。同治九年（1870），裘皮行业各个商铺集资，在楚宝堂遗址上建立裘皮公所。当时的公所，规模不小。其格局为坐北朝南，分左、中、右3路。中路有头门（门厅）、仪门（轿厅）、大殿（大厅）共3进。两侧边路设有花园、仓库、客栈，以及多间附房，共20余间。民国时期，裘皮公所与裘业公所合并，建立裘业同业公会。抗战时期，苏州不幸沦陷，被日本侵略军占领。关闭的裘皮公所一度开设锡箔作坊。新中国成立初，明城小学设立于此。两侧屋宇分隔为教室，大殿成为学校举行重大活动的礼堂。后来，公所归苏州市第二十一中学使用和管理。学校曾经在大殿办起校办厂，名“仪表元件厂”。仪门等屋宇一度成为学生宿舍。

现在的裘皮公所，已成为控制保护建筑，编号107号。公所坐北朝南，原来的大门在梵门桥弄42号，现在砌墙封闭，改在西面的高井头2号开门。学校已搬迁，大门口悬挂“苏州诺丁汉国际教育装备有限公司”等招牌。入门，静悄悄不见人影。公所的中路第一进，是硬山式头门，现在已经和控保建筑隔断。头门原来是一座典雅的石库门。花岗岩条石门框内，配置两扇对开的木门。木门上镶嵌铜铺首，叩之铿锵作声。大门的对面，隔巷配置一座清水砖砌筑的八字形照墙，美轮美奂。现在，石库门和照墙均已不存。头门分隔为民居。院墙外转角处的花岗岩角柱石完好无损，保留了公所的原始信息。

头门北面，中路第2进是3间硬山式仪门。仪门也改建为民居，大门朝北，粉墙上安装了现代化的钢质防盗门。仪门和第3进大殿之间，是一座庭院。庭院中间原来是石板铺地，两侧铺鹅卵石。现在却铺设水泥面，成为内部停车场。尚存的一株广玉兰和两株银杏，为庭院点缀了几许生机。庭院东侧，有一扇砖细为框的月洞门。砌一方突起砖额，砖额呈长方形，形似书本，上面雕刻“阳春”两个行书。“阳春”取自“阳春白雪”，为战国时期楚国的一种曲名。脍炙人口的楚国曲名，有《下里》《巴人》《阳春》《白雪》等篇目。前两种曲名，“国中属而和者数千人”。后两种曲名，“国中属而和者，不过数十人”。曲高和寡，“阳春白雪”后来比喻为一切与众不同、出类拔萃的高雅东西。这里的“阳春”，指“高雅的品质”。从月洞门进去，原来是公所的东路，现在已面目全非。临近大殿的一间，为公司的办公室。地面为地砖铺砌，外墙悬挂空调室外机。后来改建的一座椭圆形水泥花坛内栽植一丛翠竹。

裘皮公所之所以列入控保建筑名录，是因为保存至今的第3进大殿。大殿为硬山式，塑云纹

脊，铺蝴蝶瓦，形制为面阔5间。大殿前面门窗缩进，形成一条庑廊。明代计成《园冶·廊》：“廊者，庑出一步也。”庑廊金砖铺地，顶为船篷轩。东西山墙开设长方形门宕，可通往两侧边路。砖细门宕顶上有回纹雀替，这种精美式样，在长方形门宕中很少见。门宕上方有篆书题额。大殿朝南的木构门窗，正中为6扇落地长窗，两侧各6扇骑墙半窗。长窗配置罕见的铜质贝叶形门环，典雅秀丽。檐下牌科错落有致。

入内，大殿原来的金砖铺地已改建为水泥铺地。4根粗壮的圆木柱采用传统工艺覆盖黑漆面。柱下以鼓形花岗岩石础承托。纵横交错的梁架，精美的山雾云雕刻，原汁原味，积满了厚厚的灰尘。这里，原来是公所召开大会、举办婚庆和寿庆的场所。可惜，现在风光不再，已成为堆放各类教育设备的仓库。杂乱无章，给人一种窒息感。西路原有花园和一些附房。花园虽然不大，但小中见大，以少胜多。园内堆叠湖石假山，栽植花木，建有亭子等园林小型建筑。附房中，有一些作为仓库，堆放皮革制品。如今，花园和附房已不存。

最后，提出两点建议：第一，在文物局编印的《苏州市区控保建筑名录》中，107号“裘业公所”应该及早更正为“裘皮公所”，以免相互误解。第二，公所大殿不宜作为仓库，所存物资应该搬迁。破旧的大殿被原汁原味修复后，应该作为文化场所（如文化展馆）使用。如此，有利于更好地保护这座控保建筑。

居思义庄和绣园

控保档案：编号为118庞氏居思义庄，位于马医科27、29号，乃清代建筑。

1995年，苏州市房管局筹划修复10处古宅，并报市政府获批准，实施修复的第一处古宅就是马医科27号的庞氏居思义庄，亦是余觉、沈寿（原名云芝）居住过的古宅，属苏州市控制保护建筑，编号118号，古宅修复后取名“绣园”。

绣园与苏绣大师沈云芝及其夫余觉有很大关系，1904年慈禧太后七十寿辰，沈云芝与余觉将精心绣制的《八仙上寿图》和《无量寿佛图》两件苏绣珍品，请商部代奏进呈祝寿，慈禧见绣大喜，称为绝世神品，谓“真乃针神也”。随即懿旨嘉奖四等商勋双龙宝星正副两件，慈禧还亲书“福”“寿”两个大字，分赠余觉、沈云芝夫妇，从此沈云芝易名沈寿。随后农工商部被奏准设立绣工科，又派他们夫妇前往日本考察工艺美术教学，使沈寿直接接触到了西方油画的绘画艺术，两个月后，返回祖国，余觉买下了马医科27号庭院老宅讴园，创办福寿夫妇绣品公司，附设同立绣校。余觉是个画家，将绣园主厅题名为“墨绣堂”，“墨”寓意书画，“绣”明指苏绣。余觉以自己的绘画知识，启

发妻子注意绣品的明暗处理，终于使沈寿将“色随光变”的绘画原理，应用于苏绣艺术之中，开创了一代苏绣佳品仿真绣，夺取了苏绣艺术皇冠上一颗灿烂的明珠。他们边创作边教授，当时有数十位苏绣姑娘

在此架绷习绣，在中国职业教育史与刺绣史上亦留下了辉煌的一页。选择修复“绣园”就是看重这幢古宅深厚的文化底蕴。（注：1914年，沈寿到南通教绣直至病故，余觉在上海开福寿绣品公司，因经营不善，公司亏损，余觉割爱，将马医科绣园售于张謇，以抵偿公司债务。过两年，张謇将绣园以4500元售给庞氏，庞氏将此园改为义庄，称“庞氏居思义庄”，后庞氏迁沪，此宅散为民居）。

庞宅占地不大，仅800平方米，在古宅中规模较小，动迁住户，原样修复都比较容易。庞宅的厅堂建筑墨绣堂雕刻精美，十分秀丽，建筑本身就是艺术精品。庞宅有不大的庭院，庭院内池水清澈，数十条鲤鱼自由地在池中游弋，宅东南方一墙之隔的马医科25号院内，两棵300年的古银杏枝繁叶茂，树荫遮盖了庞宅小半个庭院，绝好的借景，是一处宅园兼具的古宅。有此浓厚的人文历史与良好的周边环境，优先选择修复庞氏居思义庄是必然的了。因为“绣园”的称谓比庞氏居思义庄更有历史价值，所以该宅以“绣园”命名，并以“绣园”名称上报。

园林档案馆中有1959年园林调查资料，马医科庞氏义庄庭院在资料中有所记载：“其建筑基本完好，有轿厅、大厅等，大厅南有园，有花厅、曲池、小石桥、湖石假山、石笋等，保存也十分完整。”说明绣园很精美，历史上又享有盛誉。但在修复前，宅内住了20余户人家，3开间大厅墨绣堂住着4户，院内部分池塘淤塞，违章搭建了五六处灶间、简屋，廊轩倾圮，破旧不堪。如何修复该古宅庭院，既要恢复老宅的历史风貌，又要考虑现代人居住生活需要，是第一次尝试，没有经验。所以我们特邀请了园林局、规划局等部门专家学者，至现场指导，认真细致地研究了修复方案的各个细节。

绣园是前宅后园，住宅分东西两个部分，总体布局保持原状，能修缮的建筑全部保留，按原形制修复。如主体建筑大厅“墨绣堂”，屋顶上搭了两个天窗，正间前沿挑出水泥阳台（挑向池塘），既破坏原构架，又影响外观，拆除这些违章搭建后，墨绣堂的大梁、山架梁、前后轩梁、月梁都完好，精美雕刻也基本无损坏，将原构件复位垈正后，进行局部修复，保持了大厅的历史原貌。墨绣堂面阔3间，南沿有18扇长窗，中间西间临池而筑，长窗内置花式栏杆，推开长窗，窗前一泓碧水，阳光通过水波折射到堂内，金光闪闪，靓丽无比。古宅庭院部分因乱搭乱建众多，破坏严重，亭廊坍塌，池塘淤塞，故对庭院布局的修复方案稍作调整，使其更精巧合理。如在修缮与墨绣堂在同一横轴线上的云芝轩时，将轩稍作后移，使堂与轩既并列，亦前后错位，堂前轩后，堂高轩矮，高低错落，主次分明，丰富了小园主景。水池是全宅中心，池被小桥一分为二，桥东小曲池已淤塞，予以开挖，并重修池南水榭，因该水榭在马医科25号古银杏树荫下，取名杏荫榭。曲池小桥东南部庭院，修复后有半亭，曲廊、水榭、山石，组成一景，掩映在古银杏的繁枝绿叶下，生机盎然。小桥以西，墨绣堂前原有池塘略显狭窄，故适当向西南方向扩展，增加水景，拓宽后从墨绣堂南望，池塘水面坦坦荡荡。池中有3块大小不一的湖石，湖石上小草数丛，似蓬莱仙境三岛，岛小则显池域阔，水绕岛转，草随风飘，流动不息。池中取土筑于西南方，形成一隅高地，建筑地坪与水面有了视平差，造成俯仰效果，并在此高地上筑“扇亭”，成为小园西部欣赏主景点，也是静观园景的最佳处。出扇亭，沿池岸高低起伏、曲折多变的回廊东行，左边是水面上墨绣堂10数扇花窗的倒影，右边是隔墙上漏窗、墙边的花草竹丛，给人一种小园变大、庭院幽深之感。出扇亭沿斜廊北走，正好通达云芝轩。过云芝轩北墙圆洞门，又是一个小院，此院在堂楼“天香阁”前，院内靠西墙壁，用太湖石堆砌一座壁山，堆叠以横卧为主，层层挑叠，沿阶踏跺，似乱云飞渡，造型优美。

小园巧植常绿低矮花木，如五针松、金桂、银桂、芭蕉、石榴、箬竹等，园内无高大乔木但又借到隔墙的高大古银杏，花木配置符合绣园的小巧。周游小园，厅堂楼阁高耸，水榭轩亭招远，曲廊小桥近伴，俯仰得体，层次交叠，花木扶疏，有山石可品，有游鱼可数。绣园虽小，造园诸要素俱全，小而不局促，小中见精。修复毕，重游绣园，让人欣慰。

如今，绣园被一位民营企业家购得，获得良好保护。

南方夫子言子祠

控保档案：编号为119言子祠，位于干将路908号，乃清代建筑。

具有2500多年悠久历史的苏州，钟灵毓秀，人文荟萃，名人辈出。沧浪亭五百名贤祠内，列有苏州从春秋至清末的594位历代名贤，言子就是其中的杰出代表。言子（前506—前443），名偃，字子游，亦称言游，春秋时期吴国（今常熟）人。言子成年后，前往鲁国受业于孔子，是孔子弟子中唯一的南方人。孔门弟子三千，贤者七十有二，其中最优秀的十人称为“十哲”。在孔庙陪祀的“十哲”中，言子名列第九。孔子去世后，言子回家乡常熟授徒讲学，成绩卓著。言子是北方文化在吴地传播的关键人物，对儒家学说在吴地的传播起了重要作用。因此，“道启东南”的言子，被后人誉为“南方夫子”。常熟城内，至今仍然有不少言子的纪念场所，如言子故居、言子祠、言子墓等。

其实，知者不多，苏州古城内也有一座祭祀言子的专祠，名言子祠。该祠位于干将东路（原干将坊）908号（原346号）。如今，言子祠已被列入苏州市控制保护建筑名录，编号119号。在冯晓东主编的《园踪》中，言子祠被称为“玉宇伦堂惟逸居”，列入“四星级典藏”名录。

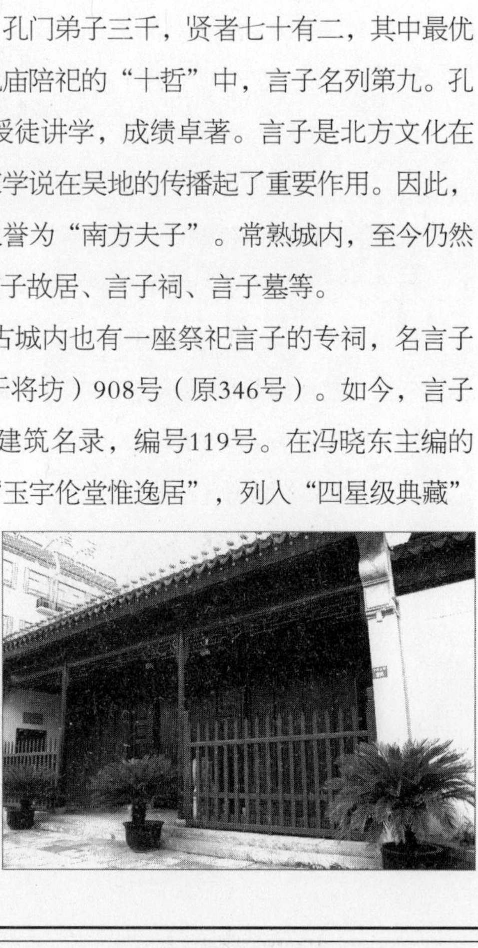

言子祠又名言子庙、言公祠、学礼堂、学道书院。旧有“南庙（孔庙）北言（言子祠）”之说。言子祠始建于明代万历四十二年（1584），由宰相申时行赐金营建。清康熙四十四年（1705），朝廷赐御书“文开吴会”额。乾隆二年（1737），又增建祠宇。咸丰十年（1860）毁于兵火。光绪元年（1875），巡抚吴元炳拨款重建。“共縻金五千九百有奇。”祠占地三亩七分九厘二。大门三楹，仪门三楹，大殿三楹。东西庑房各六楹。帘楹翼翼，美轮美奂。前临河沿，有级维舟。每逢儒教节日和清明节，陆路骑马坐轿，水道划船行舟，广大香客纷至沓来祭祀。孩童启蒙读书，也要前来祭拜。言子祠盛况由此可见一斑。

言子祠坐北朝南，祠门前有青石台阶，寓意步步高升。门两侧为八字形照壁（影壁），古朴庄严。对开木门上，嵌有铜铺首，扣之有声。门旁抱鼓石一对，雕刻精细。南端祠门和北端仪门，构成一座独特的门厅。进门，有一排东西向黛瓦附房。穿过附房一侧的月洞门，为一个长方形庭院。庭院由南面的附房、北面的享堂，以及东西两侧的庑房围合而成，低于四周建筑的庭院，中间铺设花岗岩道板。两侧绿地内，绿树掩映，植有银杏等古木。庑房东西对称，外沿设青石板走廊。木格半窗雕刻精美。

享堂又称大殿，硬山式屋脊。面阔3间14.4米，进深10米。门前有青石台阶。18扇落地长窗雕刻精美的花卉图案。室内铺设的清水方砖，俗称“金砖”，为著名的陆慕御窑所产。梁架扁作。圆形庭柱粗壮，下承覆盆式青石础。东西两侧墙壁上，嵌有6块珍贵的明清石碑。《重建言公祠记》碑，由明代万历年“前七子”王世贞敬撰，大颂言子之德。《学礼堂记》碑由苏州府、吴县和长洲县共同立石。《学道书院重修记》碑盛赞“南方夫子”言子为“东南道学之宗”。享堂是举行祭祀等活动的重要场所。享堂北面有

一个小花园，园内花木扶疏，点缀湖石、石桌石凳等园林小品。

言子祠大门外，骑跨干将坊有一座古朴的石牌楼（无檐顶为牌坊，有檐顶为牌楼）。其制式为少见的二柱（二根石柱）三楼（三个檐顶）。题额“爱人”，取自孔子的《论语》。三个檐顶呈品字形，飞檐翘角。两侧翘角顶端雕刻精美的瑞兽。这座牌楼和近在咫尺的让王庙牌楼相映成趣。它们把干将坊逼仄成为一条悠悠的时光隧道。

言子祠大门朝南，隔干将坊面临第二横河（干将河）。它是苏州古城区“三横四直”河道中的一条重要河流。正对言子祠，河上架设一座小桥，名言桥。该桥始建年代不详。宋代开禧元年（1205）重建，名阎桥。在著名的南宋《平江图》碑上，该桥刻为阎桥。元代延祐二年（1315），该桥又重建。清代，因为桥旁有言子祠，遂改名为谐音的“言桥”。1954年，言桥改建为钢筋混凝土平桥。桥宽13.04米，长4.6米，跨度4米。1994年，干将路拓宽，言桥又重建。桥宽19米，跨度6米，成为一座可通行汽车的单孔钢筋双铰板拱桥。桥名由苏州著名书法家瓦翁题写。

为传承历史文脉和儒学风范，言子祠自清末起就长期供学校使用。1912年2月至1914年7月，叶圣陶先生曾在苏州第三初等学校任教，校址即在言子祠内。叶圣陶（1894—1988），名绍钧，字秉臣，苏州人。他是我国现代著名作家、教育家、出版家和社会活动家，曾任全国政协副主席、中国民主促进会主席等职。其代表作《倪焕之》是中国现代文学史上第一部长篇小说。

20世纪50年代，苏州市干将中心小学一院（四至六年级教区）设于言子祠（二院在东面的让王庙，为一至三年级教区）。1960年9月至1963年7月，笔者即在言子祠读书。不少往事，至今记忆犹新。大门两侧的八字形照壁上，分别题写“好好学习”和“天天向上”。附房和东西两侧的庑房，隔出多间教室给学生上课。庭院内有一种树，俗称“金钩子树”。其名因为树上所结果实如“金钩子”而得。这种形状奇怪的果实吃在嘴里特别甜。可惜，至今未见市面上有售。进门处紧贴墙壁有一块石碑（字面朝下），供学生课余打乒乓球。学校的毕业典礼、歌咏比赛，以及其他重要活动，都在享堂（大殿）举行。享堂北面的庭院，改建为操场。困难时期，小学生也响应党的号召，参加敲西瓜子、剥长生果等义务劳动。同时还利用校园空地，开展种植南瓜、割草喂羊等活动。

20世纪80年代，干将中心小学因调整学校布局而停办。1992年，拓宽干将路时，言子祠被拆除门外言子祠牌楼、八字形照墙。祠门缩进移建。附房和东西两侧庑房也被拆除。享堂则保存下来。2003年，言子祠被列入苏州市控制保护建筑名录。2007年夏天，受台风和暴雨侵袭，年久失修的享堂局部坍塌，经抢修后脱离险情。仅剩祠门和享堂的言子祠，成为开放的公共场所。祠门和享堂之间铺设水泥地坪，成为临时停车场和洗车场。如此，古老的言子祠已经风光不再。

2009年6月，经过苏州市文物局专家组论证，言子祠维修方案确定。根据方案，对言子祠实行原汁原味的落架大修。祠门向北平移3米。享堂向南平移0.69米后，再向东平移1.2米，从而使祠门和享堂仍然保持在同一条中轴线上。西侧新建一座200平方米的花园。园内栽花植树，掇山叠石，恢复原来景观。祠门东西两侧、享堂西侧，各增添一座附房。如此，言子祠的建筑面积由原来的380平方米增加至740平方米。此外，利用这次维修，还可以缓解观前地区的停车难问题。根据方案，新建于地下的停车场为双层机械车库，可容纳49辆机动车。如此一举两得，为更好地保护古建筑开创了新路。

目前，修复后的言子祠已辟为言子书院。大门匾额上的“言子书院”四字，由言子后裔、著名书法家言恭达题写。传承悠久的“士林文化”传统，传播现今的经济管理文化，言子书院是一个很好的载体。

山塘街汪氏义庄

控保档案：编号为183汪氏义庄，位于山塘街480号，乃清代建筑。

苏州山塘街，颇具名气，素有“姑苏第一名街”的美誉，位于阊门至虎丘之间。

公元825年，著名诗人白居易任苏州刺史，因沿途河道淤塞，水路不畅，于是决定东从阊门渡僧桥起，西至虎丘望山桥，开凿一条河道，也就是山塘河。开挖河道，筑堤成街，即为山塘街。山塘街，长约七里，有“七里山塘通虎丘”之说。苏州百姓非常感激白居易，把山塘街称为“白公堤”，以志纪念。

自渡僧桥经新民桥、星桥，沿山塘街前行，远远望见两阶式风火墙，在两侧高高的风火墙中间是灰墙黛瓦的大宅院门。近前，门上高悬“古宅新居”匾额，细看铭牌，方知是“汪氏义庄”。其位于山塘街中段，门牌480号。清道光六年（1826）汪士钟创建，故名。

汪氏义庄的大门临街，门两旁是对称的六角形大花窗。门前两侧有栏栅，至界墙边左右各有两根石柱。硬山式坡形屋顶面，由小瓦横叠成屋脊，青瓦叠至檐口，檐口是花边盖瓦与滴水瓦。从大门向内看，四进

门洞串联排列，显得宅院幽幽深深。从头门，穿仪门，进享堂，至堂楼，由两侧隔墙形成甬道。每进之间都有方形院落，其中堂楼前的院子大些，并有门楼与前面建筑隔断。

细观，头门的、仪门的屋内略小，享堂进深是前二者的两倍，虽都被隔墙分割，从外往内看，由里向外观，实为一统的高梁大屋，宽度是大的3开间。前3进房屋，周边是抹灰砖墙，墙上是横贯木梁，墙外檐下有镂空细雕挂落，与柱梁之间雀替相连接。

据《中国文物地图集•江苏分册》载：“享堂硬山顶，后勾连搭卷棚顶，面阔11米，进深7檩14米，扁作梁，前置一枝香椽轩廊，后设船篷轩。”

头门、仪门与享堂之间，有全式花窗的两侧厢房，把院子缩小成了天井。风火墙高出厢房屋脊，与前后进深建筑相连接，从侧面观看，凸凹起伏，连接到堂楼叠加形成马头墙，以适应堂楼的高度，起到防火的作用。

两层的堂楼前，有高大的门楼，进入门楼即为内宅。门楼上有简洁雕刻，方砖贴墙砌筑，不失厚重之感。堂楼和门楼与两侧高墙之间围成院落。在堂楼过道，立柱下有圆形石础，它显示出清代建筑的特点。堂楼下两壁共有碑七方，包括《汪氏义庄碑记》《江苏市政使给汪氏忠义田帖》《汪氏迁吴宗祠并置义田碑记》等。

义庄，是非宗教性民间慈善组织。宋著名的政治家、文学家、军事家范仲淹，在苏州成立“范氏义庄”。北宋皇祐二年（1050），范仲淹在苏州长洲、吴县置田十余顷，将每年所得租米，供给族人衣食、婚嫁和丧葬等之用，所建居住用途的宅院，被称为“义庄”。有“先天下之忧而忧，后天下之乐而乐”抱负的范仲淹，首创了义庄，成就了中国慈善机构的最早雏形。其后，苏州出现许多义庄，汪氏义庄就是其中之一。

“汪氏义庄”创建者汪士钟，字春霆，号阆源，清长洲（今苏州）人。其父汪文琛，经营益美布号致富。汪士钟，喜读书、藏书，曾于山塘街建造了“艺芸书舍”。“艺芸书舍”是闻名中外的藏书楼。从其曾用“民部尚书郎”印与藏书刻本的序跋，推论出汪士钟曾官至户部侍郎，与其曾经商，名驰誉滇南、漠北的生平。

汪氏义庄，现在住满了居民，享受着“古宅新居”的平静生活。汪氏义庄具有重要的价值，因为，它是中国最早慈善机构历史的实物见证之一。

山塘街，经历了1100多年的风雨沧桑，留存着许多像汪氏义庄一样的纪念性建筑。沿着山塘街，缓步行走观赏，或泛舟山塘河畅游，一路风光一路画卷，人们从中会领略到苏州别样的人文，别样的风情。

“元老级”的岭南会馆

控保档案： 编号为191岭南会馆头门，位于山塘街136号，乃清代建筑。

在苏州众多的会馆建筑中，岭南会馆身份不凡。它和三山会馆并驾齐驱，是建造年代最早的两座会馆，堪称“元老级”。岭南会馆始建于明代万历年间，具体年代不详。因为广东地区泛称岭南，故岭南会馆又称“广东会馆”，民间讹为“广州会馆”。岭南会馆在山塘街136号，与冈州会馆近在咫尺。现存头门三间，被列入苏州市控制保护建筑名录，编号191号。如今，馆址所在的山塘中心小学已经搬迁。会馆占地面积3145平方米，建筑面积约2158平方米，分为门墙和校舍遗址两部分。

明清以来，广东沿海地区经济繁荣，海运发达。以做生意闻名全国的广东粤商，纷纷前来苏州经商。初来乍到，人生地不熟，没有一个固定的聚会场所，工作和生活很不方便。为此，众多粤商私下商量：建立一个可以安排住宿、存放货物、沟通信息，以及“联乡语、叙乡情”的场所。于是，会馆这种具有综合功能的商业建筑，便应运而生。水陆交通便利、经济繁荣发达的山塘街地区，成为粤商设立会馆的首选之地。对此，雍正七年（1729）的《岭南会馆广业堂碑记》有明确记载：“姑苏江左名区也，声名文物，为国朝所推。而阊门外商贾鳞集，货贝辐辏，襟带于山塘间，久成都会。”

年代悠久的岭南会馆，自明代万历年间始建，历史上共重修过3次。分别为：清康熙五年（1666）、清雍正七年（1729）以及民国三年（1914）。康熙五年重建的会馆，“廓而新之”。馆内建筑除了门厅、轿厅、大殿和一排附房外，还新建了栖息的客栈和武帝大殿（关帝殿）。殿内供奉关羽塑像。三国时期蜀国的关羽，字云长，是一位

家喻户晓、妇孺皆知的战将。他的美誉度，不但列在刘关张三兄弟之首，甚至跃居历代名将之上，成为“古今第一将”。明清时期，关羽的地位极其显赫，被封为“武圣人”，与“文圣人”孔子相提并论。此外，关羽还被封为“武财神”和“伏魔大帝”。会馆的这座关帝殿，兼作会客室和宴会厅。“凡岁时伏腊及接见宾客，皆于神殿（关帝殿）宴会。”

时隔六十年，到了雍正年间，已显破旧的岭南会馆又列入重修规划。这次重修因为筹集资金时间较长，直至雍正七年才大功告成。为了纪念会馆竣工，当年在会馆门前立了一块碑刻，名《岭南会馆广业堂碑记》。此碑由前顺天府通判、四川汶川县知县何开泰撰文，乡进士序选知县冯迪详篆额，岁进士候选儒学训导邓彪书丹。碑文后面，详细罗列了所有捐款助建者的姓名。捐款者除了个人外，还有7家享有盛誉的老商铺。名称分别为：锦昌号、经昌号、彩昌号、和盛号、龙南号、胜全号和粤兴号。捐款最多的锦昌号，捐银六十六两三钱。个人捐款者中，既有当官的“仕”，也有做生意的“商”。各人量力而行，最少的捐银一两。这块珍贵的会馆石碑，原来在山塘中心小学内，现在移至苏州碑刻博物馆（文庙）的经济碑廊中。

雍正七年重修的会馆，规模远大于康熙五年的重修。其面积在原有基础上又有所扩展。会馆“量地阔四丈五尺，深五丈五尺”。这里的“深”，指“进深”，即长度。重修中，有人认为关帝殿兼作宴会厅不妥，“酒酣耳热，歌呼欢笑，甚非所以肃观瞻也”。于是，又增建厅堂，将祭祀和宴会场所分开。其规模“更建客堂，层以阁，环以房，庶几神人各过，无相渲染”。扩建的大殿，悬“广业堂”匾额。匾额名称取“广置行业”之义。

在增加的建筑中，还有一座祭祀妈祖的天后殿。广东、福建一带的很多客商，都信奉妈祖。妈祖即天妃，又称天后，俗称天妃娘娘。妈祖实有其人，原名林默，生于北宋，福建莆田人。她因为在海上抢救遇险船民而死。死后，她被尊为保佑航海安全的守护神。广东客商千里迢迢从广东前来苏州经商，离不开海运，当然要真心祭祀妈祖。会馆内，还有一座小巧玲珑的庭院。园内种树栽花，堆叠假山，开凿池塘，为粤商闲暇时的游憩之地。

咸丰十年（1860），忠王李秀成率领的太平军在苏州城内与清军展开激战，岭南会馆不幸毁于兵火。民国三年（1914），会馆又重修。但由于资金问题，未能恢复当年原貌。当年所立的《岭南会馆重修记》碑刻，现在安置在苏州碑刻博物馆（文庙）内。新中国成立初，岭南会馆为私立惠群小学使用。馆舍除头门三间外，其余建筑都进行改造以适应教学需要。当时，为了纪念孙中山先生，会馆内增添了一座罗马式的大礼堂。后来，山塘中心小学又在这里挂牌，会馆原貌进一步受损。“文革”中，岭南会馆门额被白垩涂没。会馆曾经的辉煌，淹没在岁月的沧桑中。

始建于明代万历年间的岭南会馆，是苏州市建馆年代最早的会馆。鉴于它的历史价值和建筑价值，在20世纪末的文物普查中，会馆仅剩的三间头门被列入苏州市控制保护建筑名录。据住在岭南会馆附近的谭广良老人介绍，他的父亲就是一位会馆的粤商。民国时期，他的父亲常年奔波于广东和苏州两地，经营香料、胭脂以及杂货等商品。会馆内一度开设加工香料的作坊。馆内还悬挂一口铸铁大钟。每当举办祭祀、庆典等主要活动，都要敲响大钟。悠扬洪亮的钟声传播很远。沿河的码头上，货船来往不绝。每逢清明节，常常有扫墓的粤商坐船前来会馆借宿。

如今的岭南会馆，旧貌残缺不全。沿河残存一座水码头。石驳岸、石栏杆、石埠，铭刻着岁月沧桑。新植的花木点缀其间，增添了几许生机。头门前有一小片花岗岩石板场地。3间门墙，为八字形门墙，下部以条石为基。水泥覆盖的墙面上，依稀露出里面的贴面砖细。正面墙檐下，镶嵌一条砖细花边，饰花卉图案。两端砖细垂莲柱贴墙。木构挂落古色古香。花岗岩条石门框中，配置两扇对开木门。木门原来为朱红色，如今风雨侵蚀后已经褪色，成为斑驳的杂色。门楣上“岭南会馆”四个楷书，隐约可辨。

岭南会馆的山墙值得一提。通常屋顶两侧的山墙是高出屋顶正脊的，称为风火墙。这种风火墙名称多变，又称为防火墙、屏风墙、山尖墙、花山墙、观音兜、马头墙。而岭南会馆的风火墙，为罕见的“五山屏风墙”（“五岳朝天”马头墙）。旧时的房屋大都为木结构。那些门窗、地板、梁柱、板壁等都十分怕火。因此，采用防火结构是老宅建筑的重要组成部分。通常大户人家的房屋就是将紧靠邻宅的两侧山墙加高，使其超过主屋脊，并且在山墙上也盖瓦做脊。一旦发生火灾，高高的风火墙能有效阻隔火源，防止大火蔓延。因其具有防火防风功能，古时人们就称其为风火墙。从正面看，那些高出屋脊的风火墙弧度起伏，线条柔和，如同观音菩萨连头带肩兜了一块布，故民间俗称其为“观音兜”。

清代初期，徽商东进，徽派建筑给苏派建筑带来了新的变化，其中之一就是风火墙。在明代的徽州地区，风火墙最初是以马头墙的形式出现的。它的重要特点是高大气派，大都呈“一”字形。因为两侧墙角酷似马头，故取名“马头墙”。但这种一字形的马头墙移建到苏州等沿海地区的建筑中却并不合适。因为江苏、浙江地区夏季台风多，高大的一字形墙受力面大，容易被毁。于是，锯齿形的马头墙应运而生。这种马头墙能快速分流空气压力，碰到火灾引起的热空气也同样如此，从而有效隔断火源。后来，人们将实用与装饰结合，把尖牙利齿的锯齿形轮廓改成平和坚挺的阶梯形轮廓。马头墙的长度随房屋的进深而变化。通常叠数（台阶）为三阶或四阶，多的可至五阶。

根据山塘街综合改造规划，2009年8月，会馆所在的山塘中心小学已经迁往别处。2011年，苏州市启动选秀历史建筑保护利用工程。在首批12座试点老宅中，岭南会馆榜上有名。

2012年6月21日，岭南会馆保护修缮工程正式启动。修复后的会馆，将成为山塘街旅游的一个节点。原山塘小学校区将打造为具有鲜明地域特色的中国丝绸服饰博物馆。

鲁商的东齐会馆

控保档案： 编号为192东齐会馆，位于山塘街552号，乃清代建筑。

自明清以来，苏州阊门山塘街便成为商业繁华地区。这里商肆林立，会馆众多。山塘街552号的东齐会馆，历史悠久，始建于清顺治年间，为山东鲁商所建。山东旧属齐地，也属鲁地。鲁商在当时闻名遐迩，具有相当的地位和影响。会馆由山东胶州、青州、登州、潍县、诸城五地鲁商发起倡建。因为这些地方皆在山东东部，故名东齐会馆，又名齐东会馆。其规模在重建后的碑文中记载："我乡耆旧，曾建一东齐会馆。其经营精致，殿陛宏壮，君如亲瞩，是当首屈一指焉。"乾隆四十二年（1777）重修，规模更胜于前。原立于会馆门前的《东齐会馆碑记》，记载了重修的原因和前后经过。

历代客商对于会馆的选址，都非常重视，精心论证，鲁商也不例外。《重修东齐会馆碑记》指出之所以在山塘街建馆的原因："历观大江以南之会馆，鳞次栉比。是惟国家修养生息之泽久而弥厚，故商贾辐辏，物产丰盈，因以毕集于斯也。"这里指出了建馆的大环境，即苏州山塘街的地理位置、商业氛围和宜居环境。不但如此，会馆还对建馆的人和因素进一步说明："夫大都名郡，吴为最。今审其秀挺吴山，灵超越水，地之善又莫过于山塘。馆建于此，春秋虔肃以祈报，岁时雍和以燕享。宜乎天地效灵，人事致祥。"与此同时，东齐会馆还讲究选址的风水："欲求其位处阳明，地通灵透秀，朴斫而不陋，藻雅而完固者，盖亦鲜矣。"无论是地理位置还是商业氛围，无论是宜居环境还是人和因素，山塘街都是建立会馆的首选之地。

《重修东齐会馆碑记》由江南江淮扬徐海通等处承宣布政使陶易

撰文，延陵吴翊凤书并篆额。碑文后面，罗列了292个人的姓名。这些人都是东齐会馆的鲁商会员。他们慷慨解囊，参与了募捐建馆的发起活动。为热心公益事业者刻碑留名，是当时集资募捐的传统做法。该碑原来立于东齐会馆门前，现藏苏州碑刻博物馆经济碑廊。苏州博物馆内有碑文拓片。

重建后的东齐会馆，规模宏丽。碑文中有记："金碧晃耀，轮奂晶莹，无复向时之黝暗矣。"会馆的头门，为一座精美的砖雕门楼。门前置一对石狮，惟妙惟肖。进门依次为门厅、轿厅、大殿（大厅）和戏台。边路有关帝殿和一些附房。后花园内叠石堆山、疏池理水、植树栽花、建台筑亭，古典园林要素一应俱全。附房辟为客栈，供来苏州的鲁商下榻。3开间的大殿，金砖铺地。梁柱为粗大的楠木。因此，大殿又被称为楠木厅。戏台形制虽不大，但典雅秀丽，每逢农历正月十五，以及馆内举办的重要活动，会馆都要延请戏班前来唱戏。会员自导自演的家乡戏更受大家欢迎。

宽敞的关帝殿，堪与陕西会馆的关帝殿媲美。殿内供奉一尊关羽塑像。地位显赫的关羽（关云长），有"武圣人""武财神""伏魔大帝"等荣誉称号。性格豪爽、讲究江湖义气的鲁商，当然将关羽奉若神明。每年农历五月十二日关帝圣诞，东齐会馆和陕西会馆一样，都要在关帝殿举行盛大祭奠。人们虔诚地跪在关羽像前，上香叩头，顶礼膜拜，口中念念有词。

东齐会馆是鲁商在苏州落脚、聚会和议事的场所，也是暂时存放经商物资的仓库。山东土地肥沃，物产丰富，是国内重要的经济作物区。鲁商来苏州经销的农副产品，以棉花、花生、烤烟和麻类居多。此外，还有烟台的苹果、莱阳的生梨、乐陵的小红枣，以及山区的枸杞等中药材。海产品以干货为主，有海带、鱼干、虾干等。同时，鲁商还将山东的工艺品也打进苏州市场。淄博的料器、临淄的台布花边、潍坊的年画、栖霞的唐绸，颇受苏州市场欢迎。同时，鲁商也把苏州出产的蚕丝、丝绸、桃花坞木刻年画带回山东经销，从中获利不少。

咸丰十年（1860），太平军与清军在苏州城内交战。东齐会馆不幸毁于兵火，殿宇残缺不全，日渐式微。民国三年（1914），东齐会馆再次重修。可惜，由于资金不够，其规模未能恢复至乾隆年的水平。新中国成立后，东齐会馆停办。1954年，地方政府利用会馆殿宇办起大华漂棉厂。馆舍随意分隔，池塘填没，树木被砍，假山被毁，会馆原貌遭到不小破坏。后来，大华漂棉厂又改建为苏州缝纫机台板厂。会馆更面目全非，仅存会馆门墙和残厅5间。另有雍正、乾隆碑刻各1方。

如今，根据山塘街整体改造规划，东齐会馆作为千年古街的一个重要景观，有必要再现。由于会馆内的大殿等建筑已不存，为了保持古建筑的原真性，有关部门聘请有资质的香山帮古建公司，原汁原味地修复了会馆的门墙门楼。该门墙门楼已列入苏州市控制保护建筑名录，编号为192号。整堵门墙高大巍峨，充溢着逼人的张力。门墙底部以花岗岩条石为基础勒脚，其上墙面通体贴砌磨细大方砖，构成一座略呈八字形的影壁。墙顶瓦檐下雕饰斗拱，层层挑出。斗拱间的花卉纹垫拱板雕刻细腻，甚为精致。

门墙上开设三个门宕。中间正门大，两侧边门小，构成对称的几何美。门宕的门框，均以花岗岩条石镶嵌，坚固美观。三扇对开木门，古朴典雅，有一种历经岁月的沧桑感。正门是一座精致的砖雕门楼。飞檐翘角的门楼，形制为一高二低的三檐，构成对称稳重的品字形。正檐饰鱼龙脊，浮雕狮子和人物。两侧边檐为鱼龙脊，雕刻狮子。瓦檐下，上枋正中额“东齐”二字。枋间透雕各种花卉，两侧下垂莲花短柱。中枋两侧透雕戏文故事，中间额“安澜普庆”四个隶书。下枋砖细浮雕争奇斗艳的花卉，组成一条琳琅满目的“花边”砖雕。“安澜”，波澜不惊，比喻平安；“普庆”，对太平盛世的企盼。秉性耿直的鲁商，在传承山东文化的基础上，又吸收吴文化的营养。他们以诚信经商为根本，以和睦处世为宗旨。这两点，在门额上充分反映出来。

东齐会馆的门墙门楼，既是一座硕大的砖雕工艺品，又是一处值得观赏的旅游景点。2011年，苏州市启动优秀历史建筑保护利用工程。在首批12座试点老宅中，东齐会馆榜上有名。修复后的会馆，将再现它的原貌。

来凤桥堍东廓堂

控保档案： 编号为196安徽会馆，位于阊门外辛庄来凤桥东北堍，乃民国建筑。

会馆建筑是苏州传统建筑文化的一朵奇葩。明清时期，苏州阊门一带商肆繁华。各地各行业的客商为“睦乡谊、举公益、立条规、议行事”，纷纷在苏州集资择地建造会馆和公所，作为落脚存货、联谊集议等活动的场所。其中，也有徽商建造的安徽会馆。苏州城内外各有一处同名的安徽会馆，一处是位于古城内南显子巷的惠荫园，另一处是位于阊门外来凤桥的东廓堂。后者系前者的分馆，主要承担祠堂的功能，为安徽同乡举行祭祀或丧俗的场所。20世纪80年代初，它以鲜明而典型的徽派建筑风格特色被列入苏州市控制保护建筑名录，编号196号。

东廓堂的具体位置，在上塘河北岸，西临来凤桥，东近下津桥。它又名敦化堂，建于民国初年，至今已有百年历史。整座会馆共占地2000平方米。其中，馆内面积1240平方米，馆外平台和码头面积760平方米。在馆内面积中，建筑面积774平方米，分为3路3进。东路3进分别为门厅（头门）、仪门（轿厅）和大厅（大殿）。大厅即东廓堂（敦化堂），面阔18米，进深6檩共11米，扁作梁，前为鹤颈轩，后为船篷轩。西路2进，有3件珍宝：民国四年（1915）吴县县政府布告碑刻一方，古罗汉松1株，以及古银杏2株。在冯晓东主编的《园踪》一书中，东廓堂安徽会馆被列入“宅第自是胜林苑”的三星级典藏。它是苏州市为数不多的徽派传统建筑，具有明显的徽派建筑风韵。清一色的粉墙黛瓦，气势恢弘的马头墙，精雕细琢的砖雕门楼，典雅协调的“四水归堂”布局，使其当之无愧列入苏州市控制保护建筑名录。

新中国成立后，东廓堂安徽会馆日渐式微，先后被枫桥小学、朝阳小学、江南电池厂等多家单位使用。年久失修，古建筑破损严重。为了更好地保护这座徽派控保建筑，必须尽早原汁原味修复。考虑到原址地势低洼，以及西环路高架通过等原因，建设单位通过专家组反复论证后，会馆原址东移50余米，将新址安置在紧靠来凤桥的东堍。如此，新址正巧处于环古城风貌带上，成为绿带上醒目的一景。

移建工程于2004年9月25日正式开工，至2005年1月25日全面竣工。承担移建和修复工程的苏州园林发展股份有限公司，在施工中尽量使用原木构建，以保留其原有的历史文化信息。为了精益求精，公司还选派能工巧匠专门赴安徽歙县考察，以充分体现徽派建筑特色。砖雕门楼所有的砖细斗拱、插角、花柱以及飞椽等雕刻构建都严格按照歙县徽派建筑风格精雕细作，使之形象逼真，气势巍然，充分体现徽州传统建筑文化的底蕴。沿河码头和上塘河石驳岸相得益彰，成为环古城河水上旅游的一个亮点。

东廓堂安徽会馆的产权，属于苏州市园林和绿化管理局。为了更好地保护和利用会馆，有关方面决定对会馆公开拍租。拍租后的会馆，可以用作一般的会所或者保健场所，但不能从事餐饮娱乐行业。同时，拍租后不能随意装修改建。2008年6月18日，由苏州市金腾拍卖有限公司主拍，对东廓堂安徽会馆公开拍租。这是苏州市控制保护建筑进入市场化运作后第一个“招租”案例，具有典型的指导意义。

如今，东廓堂安徽会馆由安徽商会使用，可谓名副其实。坐北朝南的会馆，紧贴上塘河北岸，来凤桥东堍。环境幽雅，闹中取静。沿河绿带蜿蜒，芳草铺地，湖石点缀，各色花木错落有致。来凤桥（新桥，连接西环路）西面，原址上的1株古罗汉松和2株古银杏，依然郁郁葱葱。

当初修建西环路高架选址时，为了保护这3株古树，有关方面不惜修改图纸改道。大路为大树让路，谱写了一曲生态保护的佳话。如今，罗汉松胸围1.21米，已有123年树龄。两株古银杏胸围均为2.40米，已有240年树龄。它们见证了会馆的历史沧桑。来凤东桥（老桥移建）是一座花岗岩石拱桥。为了方便行人和非机动车通行，桥面取消石级改为缓坡。桥栏上，镌刻精美的花卉。桥的东侧立面镌刻一副对联："信届莺时，人行花光水色间；疑归凤驿，梦在塔影钟声里。"

会馆大门前，有一座上下两层的花岗岩亲水平台。平台四周围以石栏，石栏以莲花柱间隔。平台正中的旗杆顶端，高悬一面书有"徽商"二字的会旗。会旗在春风中猎猎作响，彰显徽商在苏州源远流长的地位和影响。平台最南端，是一座镶嵌石级的条形水码头。过去水上运输的繁荣，从码头上可见一斑。如今，镶嵌在码头两侧驳岸上的彩灯，为姑苏水上夜游增添了一道璀璨的夜景。

会馆的整堵院墙立面，规模恢弘，博大精深。粉墙黛瓦的立面上，一字排开，镶嵌5座错落有致的砖雕门楼。正门居中，左右对称的抱鼓石相映成趣。青石质的内侧面上，高浮雕"三狮戏球"图案，栩栩如生。石门框内，嵌对开黑漆木门。木门两侧，左边悬挂黑底金字木牌，上书：徽商奇石馆；右边悬挂褐底蓝字木牌，上书：苏州市安徽商会。门框上方的门檐上，飞檐翘角，塑鱼龙脊。枋间额"安徽会馆"4个金字。正门两侧的侧门，制式与正门相同，但规格略小。侧门两边的边门，规格又比侧门略小。在侧门和边门之间，还用清水砖贴砌墙面，构成左右对称的格局。纵览整个外墙立面，外观上弧度自然，轮廓分明，瓦楞花边滴水齐直，檐角曲线优美，鱼龙纹花脊和回纹头制作精细，栩栩如生，充分体现了徽派建筑的艺术特色。

进正门为一座宽敞的门厅。门厅和北面的仪门，以及东西两侧的走廊，围合成一座典雅的石板庭院。门厅内金砖铺地，为陆慕御窑所产。粗壮的木柱，撑起错落的梁架。两侧山墙上，悬挂"安徽商会简介"牌。商会成立于2009年3月30日。它是皖籍在苏州的经商人士经工商行政管理部门注册登记的非营利性组织，是具有法人资格的社会团体。门厅和北面的仪门之间，是一座石板庭院。庭院内花木扶疏，点缀五针松等落地盆景。庭院的四角，各有一个长方形水池，互相对称。这种“四水归堂”的庭院布局，体现了徽派建筑的特色。池内金鳞嬉戏。池底还巧妙设置喷头，喷射时飞珠溅玉，蔚为壮观。

门厅、庭院、仪门、走廊，以及大厅内外，或露天，或室内，辟为一座连接有序的奇石馆。这里，错落有致的灵璧石精品争奇斗艳。“石蕴天地气，文铸国民魂。”灵璧石是大自然9亿年鬼斧神工的杰作，堪与世界自然珍品媲美。它是天然的璀璨艺术，天工的神奇造化，是不可再生的稀缺资源。安徽省灵璧县是灵璧石的圣地。乾隆皇帝御赐灵璧石为“天下第一石”。当之无愧，灵璧石成为中国四大名石之首（灵璧石、太湖石、英石、昆石）。安徽灵璧石是中国乃至世界石文化史上的一颗璀璨明珠。其音、质、形、色、纹、意境、神韵、悟性和妙境，集天下奇石之长于一身。精深的内涵和人文价值，在中华文化史上占有特殊的历史地位。陈列馆内，安放在红木座上的各色灵璧石争奇斗艳。祥云、龙舟、龙门桥、迎客松、紫气东来、江山多娇、天池胜景、王者风范，无不惟妙惟肖、栩栩如生。规模恢弘的“盛世山河”与“锦绣山河”巨石，更令人叹为观止。

美轮美奂的仪门，是一种不设门的开敞型建筑。仪门屋脊东西两侧砌马头墙。这种阶梯形的马头墙，错落有致，呈现出一种几何美。仪门檐口下装饰挂落，大红灯笼高高挂。室内正中，一扇巨大的木构屏门将仪门分为前后两部分。屏门左右嵌落地罩。屏门上，悬挂一枚“苏州市安徽商会”会标。圆形，青花瓷材质，图案为著名的黄山迎客松。会标下是商会八字宗旨：“团结交流协作服务”。一块巨大的灵璧石精品，

形似瑞兽麒麟，增添了吉祥的喜气。屏门东西两侧为耳房，南立面各有2扇落地长窗和4扇立墙短窗。耳房分别辟为会长室和秘书长室。商会的各种活动，就在这里决策和布置。屏门后

面挂山水国画，设置明式红木桌椅，可坐下小憩。仪门北面，有一座花木扶疏的小庭院。庭院中间一条宽敞的走廊，与第三进大厅连接。走廊两侧为砖面坐凳栏杆。这里摆放着一些古色古香的藤制茶几和椅子，人们可坐下品茗聊天。

大厅即大殿东廊堂是会馆的主体建筑。大厅饰马头墙、龙吻脊。南立面形制恢弘，正中18扇落地长窗，两侧各6扇立墙半窗。入内，宫灯高悬。迎面屏门上，贴有“徽商训”三个金黄色大字。下面排列8条训言，分为“斯商、斯业、斯买、斯卖、斯货、斯财、家好、平安”8类。由商会会长赵明亲笔题写的训言，具体地体现了商会诚信办会、服务为民的宗旨。大厅内置一堂华丽的清式红木家具，有几案、桌、椅、榻等。正中一张特大的红木圆桌，直径广达2.3米。这里是商会会员开会商讨大事，以及逢年过节聚餐的所在。高朋满座，其乐融融，凝聚了温馨的深情厚谊。大厅两侧的耳房，左侧辟为监事长室和值班会长室，右侧辟为办公室和会员俱乐部。屏门后面隔出的一长条小间，置放各类灵璧石精品，共22方。

在中路左右两侧，设置东路和西路。每路各设一条走廊（备弄），排列一些偏房和小庭院。东路备弄内悬挂《苏州十景印谱》。这里，设置人力资源部、商务发展部、法律服务部等机构。小庭院间隔有致，翠竹点缀。西路的偏房，设置商会资料室、会刊编辑部和对外联络部。小庭院花木扶疏。走廊内陈列的灵璧石精品，以中小型为主。

在安徽会馆的围墙北面，还有一座紧贴的开敞式庭院。这里草木清秀，植有冬青、桂树、红枫、剑麻、翠竹、书带草、蜡梅、罗汉松等。石板曲径蜿蜒其间。一块巨大的褐色灵璧石，秀美多姿。地屏状的石面上，镌刻“安徽商会”四个金字。这块别具一格的指路牌，堪称会馆的指路地标。

—遗存别筑—

永丰仓船埠

控保档案： 编号为021永丰仓船埠，位于阊门内下塘街崇真宫桥西，乃明代建筑。

苏州自古是水乡泽国，又是鱼米之乡。城外水网纵横交织，城内绿水四直三横，大运河绕城而过，形成“家家尽枕河”的格局。由于气候温和，物产丰富，人民聪慧勤劳，加上水上交通便利，使苏州早在唐代就成为江南交通枢纽和财贸中心。财富的创造和财富的积聚造就了苏州“甲郡标天下，环封极海滨。版图十万户，兵籍五千人”以及“江南诸州，苏州最为大”的繁荣局面。苏州的阊门一带在唐代就形成了江南商贸的最大集散地，宋代朱长文所撰《吴郡图经续记》中称：苏州“舟船往来，北自京国，南达海徼，衣冠之所萃聚，食货之所从集。”可见当时城市经济的繁荣。

阊门外的枫桥，历史上早就成为米粮中心市场。当时枫桥的米价可以左右苏州的粮价，从而影响幅员广阔的许多邻近省份的粮食市场。由此，还产生出一种“枫斗”，这种枫桥米市专用的粮斗，很快被各地接受、使用，成了当时全国的标准粮斗。明代成化年间，枫桥与河南朱仙、广东佛山、湖北汉口并列号称“米市四镇”，而枫桥又因米市的繁

盛远远超过了后三地。《皇朝经世文编》说："大都湖广之米，辏集于苏郡之枫桥，而枫桥之米，间由上海乍浦以往福建。"包世臣在其著作《安吴四种》中则称："苏州无论丰歉，江广安徽之客米来售者，岁不下数百万石。"从这些文献记载中，可以看出位于阊门外的枫桥米市的规模与作用。枫桥米市还带动了周围地区，沿运河又陆续形成了无锡、浒关、平望、塘栖等颇为兴旺的粮食市场，同时起到了对周边粮食市场调节和中转的作用。

民以食为天，粮食牵涉国计民生，关系到国家的经济发展和安全稳定。由于苏州枫桥米市所起到的作用和地位，以及有利的征收和漕运条件，历代官府极为重视。出于战备和对粮市调控的需要，历代官府在苏州城内建立了粮食储备官仓，永丰仓就是其中之一。

永丰仓一名老军仓，明代天顺八年（1464），当时苏州知府邢郁在宋元古仓旧址上重建了该粮仓。永丰仓靠近阊门，遗址在今阊门内与东中市平行的中市河北岸。大致方位是，南临中市河下塘（今阊门内下塘街），北达桃花河，东起崇真宫，西北的东角墙，西至二十四中学围墙外的西角墙，当时粮仓四面环河，占地面积颇大。根据专家考证，东角墙和西角墙实为永丰仓东西两晒谷场的谐音。因为吴语中谷、角同音，墙、场两字音近，年代一远久，便改变了原意。但依然给后人留有指明遗址范围的线索。

粮仓靠阊门很近，有河道与大运河、枫桥相通。如果坐船，从护城河进阊门水关门，过水关桥，就可进入中市河。过了虹桥不远，原6米宽的河道突然展宽至30余米，河的北岸便是永丰仓船埠了。河道是为了方便停靠粮食运输船而拓宽的。

船埠南向，一字排开，东西长约80米，垂直的驳岸，水平的泊岸和踏步，均以金山条石砌筑，泊岸宽1米，低于街面2米，整齐坚固，便于搭跳板和走人。原来正中的台阶蹬步现已被砌没，改由东段石级上下，现在又在河埠西侧新造一座中市桥。想当年，船埠前2400多平方米的水面上停满了满载谷物的驳船，搬运仓夫，肩扛挑抬，人声鼎沸，一派繁忙景象。夜间码头灯火高照，古代文人有"埠头灯火集船丛"之诗句，是很好的写照。这是官府粮仓所在之地，也带动了周边中市河下塘街、西起阊门水关桥、东至都亭桥之间、皋桥、虹桥、福济观（苏城神仙庙、祭奉八仙之一的吕洞宾，“文革”被毁，1999年移建到石路南浩街）地段的商贸繁荣。明朝崇祯年间，大明王朝气数已尽，永丰仓被废止。但时隔没多久，永丰仓船埠依然得以启用，上下装卸的就不是粮食了。

清康熙七年（1668）江苏布政使佟彭年奉诏在苏负责建铸钱居，选址就在永丰仓旧址之上，而钱局的建立，又极大影响了周边街巷的变迁和商业布局。

钱局初名为江苏省钱局苏州府局，当时在南京另建有一铸钱局称江宁府局。4年后，苏州府局停火，改为火药局。到雍正皇帝即位，对全国钱局进行整顿，确立各省只准设一铸钱局，故在江苏裁撤了江宁府局，选择了原苏州府局，因而移去火药局，到雍正八年（1730）又开始在原址铸钱，因雍正年间所铸“雍正通宝”钱，背面有满文“宝苏”两字，故苏州府钱局又称宝苏局。宝苏局铸钱断断续续，直到光绪末年正式宣告停铸，前后200多年历史。停铸后的宝苏局旧址，长期荒凉无主，一度成为练兵操场，后又建二十四中学至今。

在宝苏局铸钱期间，永丰仓船埠继续在发挥其装卸码头的功能，成为宝苏局的专用装卸河埠。装卸铸钱所用的铜材、炭料和装运新铸之钱，依然和作为粮仓码头时一样繁忙。

如今，80米长的永丰仓河埠码头默默坐落在旧址，经历了数百年的风雨，早已退出了人们的视线，只有当人们翻开历史之页时，才能发现它曾经有过的繁荣和在苏州经济与金融发展史上所起过的作用与价值。

姑苏织造有遗存

控保档案：编号为042织造局旧址，位于五爱巷10号，乃清代建筑。

江浙两地自古为蚕桑产地，苏州在织造刺绣方面，历来为此行业之翘楚。在元代，苏州就设立了织造局，直接为宫廷使用的织品负责。到明代，规模开始扩大，织染局设在现在观前街北局。至清代，朝廷用度更为扩大，于是在江南地带开设了三个大型的织造局，这就是后世所称的江南三织造：江宁织造局、杭州织造局和苏州织造局。此时朝廷废除了明代匠户制度专为雇募工匠制，仍派遣太监管理。到了顺治年间，朝廷进一步加强了对织造的管理，改派工部官员管理。康熙年开始改为派遣亲信为官进驻，并担负朝廷眼线的任务。康熙年全盛时期，苏州有着万余工匠，上千织机。

苏州织造局是三大织造中最大的一个局，除了北局（织染）外，在清代另开设了南局（总织）和若干分局。位于五爱巷10号的织造局，从方位上来看，就是当年织造局中的一个，极有可能就是传说中的织造西局，也是清末苏州织造工场中，唯一尚属完整的遗存。笔者分析，此遗存可能是太平天国败走苏州后，受损的苏州织造重选的局址，或是在原址上进行了重新修复。

现已被列入了苏州控制保护古建筑名录。

五爱巷10号遗存的宅院，是3进清代建筑，为南北向纵列，3开间传统样式，东西次间门房，中部明间通道。朝南门厅依然完好，厅内铺地方砖大多完好，木质大门刷过桐油。门厅后第2进为大厅，面阔3间，明间为6面长窗，大厅东西次间已被住户封闭，看不到原先面貌。厅内中部、西侧被砖隔成了房间。大厅前有一抬头轩，为船篷形，船篷轩东西曾有边门，西门砖刻门楣为“兰芬”两字。船篷轩的外沿结构已被破坏，看不出原来的构筑。

正对着大厅，残存砖雕门楼一座，门楼上枋已无存，东西兜肚有雕花，但明显留有拼接痕迹，疑为后世装补。字牌为“燕翼相承”，为苏州清代状元洪钧于同治癸酉年（1873）所题。当时江宁织造局的陈大人调任，朝廷曾让洪钧暂时代理一下，留下了题字。

大厅后有混水门楼一座，字牌以上无存，勒脚水泥包裹，有明显修缮痕迹，做工粗糙。字牌存字“绪绍丹箴”，为同治癸酉年仲冬吴宝恕题。吴宝恕是苏州人，同治七年（1868）二甲第二名进士，其祖为吴廷琛。3进为楼厅，一层有葵式木栏以及带有民国风格的半窗。楼层间探出带有卷草花饰的雀宿檐，楼厅之内东西次间板壁及后部内屏门完整，内屏门后为民国风格的广漆楼梯及立窗。楼厅部分应该在民国年间有过一次较大的维修。后部建筑像是当年的厨房，已经过重大改建。后部西小院天井内有一水井。总的来说，五爱巷10号的建筑整体状况尚可，现供居民使用。

经过清末的社会动荡和战争，织造从盛到衰，已成为历史名称。如今江宁织造仅剩遗址，杭州织造已经消失，追寻织造历史，仅苏州还留有当年的痕迹。保存较为完好的衙门就是织造署。织造署和织造局是有区别的，织造署是署理本地大小织局的管理单位，署衙就是这些为皇室督造采办绸缎的部堂、司库、库使及笔帖式等官员办公的地方，而作为织造局的所官，其办公地就应在本局之内了。如果用现在的话来说，织造署就是公司总部，是领导和员工办公的地方，负责协调管理生产；织造局就是公司的生产工厂或作坊，散布在城市的各个地方。五爱巷织造局旧址，就是这样一处遗存。

元和县署钩沉

控保档案：编号为151元和县署旧址，位于公园路16号，乃清代建筑。

人们对苏州曾经同城而治的吴县是比较熟悉的，尽管吴县已拆分为吴中、相城两区，但大多数人尚能记得吴县这一行政建制。但在历史上和苏州府同城而治的还有过长洲、元和二县，但却鲜有人知了。这还须从吴县说起，因为元和县和长洲县都是从吴县分出的。

公元前221年，秦始皇统一中国，实行郡县制，苏州当时属会稽郡，始设吴县，并为首邑。西汉顺帝永德四年，从会稽郡分吴郡。隋文帝开皇九年（589），废吴郡称苏州。这是苏州这一地名的始称，其之所以称苏州，是因城西有姑苏山而得名，因而苏州也别称姑苏。到了唐代，江南一带局势比较平稳，苏州的经济也开始繁荣起来，对外贸易也日益发达。唐代的苏州被列为“雄州”，已是江南一座手工业、商业极其繁荣的城市。白居易诗《登阊门闲望》中有“阊门四望郁苍苍，始觉州雄土俗强。十万夫家供课税，五千子弟守封疆”之句可证。

唐武则天万岁通天元年（696），当时苏州所属的吴县人口已超过5万户。于是中央政府便分吴县置长洲县共管辖12都，与吴县同苏州而治，吴县在西，长洲在东。长洲县名取名于吴王游乐之苑“长洲苑”旧名，《吴郡志》云：“长洲县分自吴县，自唐以来为名邑。”其县署先设于苏城旧学前，明洪武元年（1368）迁至乌鹊桥北堍西侧，即现在的苏州职业大学分校所在地。

长洲县是一个名县，历史上县署的建筑颇有规模，有大门、二门，内有大堂、二堂。大堂为县太爷升堂断案所用，二堂为议事及接待宾客之处。后面内室，是县官及家属居室；另有书房为县官读书处，两边有花厅、廊坊，为衙役书办办公之处。另外还有魁星阁、土地祠。县署内还建有掬月亭、蟠翠亭，如小园林一般。县衙之东，还建有监狱一所，是关押犯人的场所。民国成立后，撤销长洲县，在县署旧址，设吴县市乡董事会及吴县农会。民国十六年（1927），在此办伯乐中学和中山体育专科学校。1980年起为苏州职业大学所有。由于历史的原因，原县署建筑已荡然无存。只留下门前的一条巷名为“长洲路”和县衙前为方便县衙官吏乘轿骑马而建的平板石桥“福民桥”，似乎在向人们诉说着昔日的繁荣。

自唐代设立长洲县以后，经宋、元、明几代治理和不断发展，文化、经济日益繁荣。长洲县的钱粮记籍盛于吴县，升为县首。到清世宗雍正二年（1724），朝廷决定分出长洲县之地（大致相当于现在沧浪区的范围）设立元和县，与吴县、长洲县同城而治，长洲县据东北，元和县据东南，吴县区域不变。元和二字取名于苏州城北的元和塘，该水道，南起古城苏州齐门，九十里水路北至常熟县城，因为该塘是唐代元和年间所开，故名。当时苏州府共辖有吴县、长洲、元和、昆山、新阳、常熟、昭文、吴江、震泽九县，其中，吴县、长洲、元和三县与苏州府同城而治。

元和县署在苏州市区公园路北端偏东侧的元和路。元和路东西走向，东起甫桥西街下塘鹅颈湾，西抵公园路，北为苏州市第一中学校园，路南为第一中学的外操场。清雍正二年（1724），设立元和县，并在苏州府治东北的十郎巷买下陈姓房产改造为县衙。说起十郎巷还有一段典故，相传元朝末年，有10位仓夫居住此巷。张士诚与朱元璋大将徐达争战，兵败前，苏州城被围，形势危急，只得贴出告示，招募兵丁，其中有10位仓夫主动应募。冲进闹市，使用铁头枪，奋勇杀敌，终因不敌，战死沙场。苏州百姓感动，为纪念他们，命名他们所住过的小巷为十郎巷。后因元和县署设立在此巷，故又称元和县前，后称元和路。

根据乾隆《元和县志》载：县衙坐南朝北，占地约80亩。有大门、二门。中间是一条砖砌的甬道，直通大堂。大堂之后是二堂，二堂之后还有三堂。左右两边的廊坊，亦称“六房”，是衙役办公之处。大堂后面，两边建有花厅，是县官议事和会客之处。

花厅之东，有一排廊房为狱吏住宿之居；有一间名为“三相堂”，内祀萧何立法“三相”。再往里去，左为书房，右为县官家属的住所。在县衙西南角有两排房，是监牢，囚禁罪犯之处。最后还有一所三官殿，内供天官、地官、水官三官神龛。根据中国神话传说，天官赐福、地官赦罪、水官解厄。因此，三相堂和三官殿的简历都与县衙执法、判刑有关。

辛亥革命后，清政权结束，地方行政改制，建立苏州民政长署，府衙、县衙也废除；1935年，国民政府在县署设立“新生活运动委员会”；敌伪时期设立“清乡办事处”；抗战胜利后，国民党设立“三青团办事处”；新中国成立后先为苏州职工子弟学校，后为苏州市第二中学校舍，1953年划归为苏州市第一中学至今。

百年时光过去了，位于苏州市第一中学东部的元和县衙也经历了沧桑变迁，20世纪五六十年代还存有的旧建筑，以及众多的古碑在“文革”中都已被毁，并为新建筑所代替。所幸的是，还未像长洲县署那样荡然无存。元和县衙尚保留了县署内衙的一内院，经过第一中学的修葺一新，留有一排厅房、走廊和院门。粉墙黛瓦、枣红梁柱、长排花窗、挂落飞檐，院内冰纹格石块铺地，颇有当年县衙内院的风格。特别是院内那株宋代古紫藤树，距今已有800余年的生命，宛如虬龙蜿蜒曲折，盘绕在花架子之上，根部直径约30厘米粗，遮阴数十平方，枝茂叶盛，形成一片清荫。开花季节满架紫辉炫目。这棵古藤是苏州最古老、保护最好的紫藤之一。

如今这座小院已被命名为“紫藤苑”。为纪念苏州籍的人民教育家叶圣陶先生从教100周年，叶圣陶教育思想展览馆在苏州市第一中学开馆，展馆就设在紫藤苑。全国人大常委会副委员长、民进中央主席严隽琪，江苏省人大副主任柏苏宁等中央省市领导出席了展馆的揭幕仪式，使元和县署旧址这一苏州市控保建筑再一次生辉。

值得一说的是清光绪末年，坐在这元和县署大堂上的有一位县令叫李超琼，为苏州百姓做了一件大好事。李超琼，四川合江人，曾担任过上海县令。李在担任苏州元和县令时，为了解决城东金鸡湖的惊涛骇浪给过往船只和当地百姓造成的危害与破坏问题，在金鸡湖中修筑了湖堤。在堤两侧的湖边种上茭白和芦苇用来保护堤岸；并在堤两侧设置捕鱼的竹栅，用来守护堤岸；在大堤两旁，遍植排排桃李，形成一条绿荫长堤。登堤眺望，水波柔和，湖水清澈，波光潋滟，已无往昔浊浪排空之险和洪峰决堤之祸。沿湖数十里，原野青绿，土地肥沃，庄家茂盛，人民安居乐业，当时被百姓称为壮举。后人为了纪念李超琼筑堤之功绩，将此堤改为李公堤。谁又想到，百年后的今朝，李公堤所在的金鸡湖周围已成为举世瞩目的现代化城市产业园——苏州工业园区。而李公堤这条造福百姓的百年古堤还在继续造福人民。经过园区建设者的精心建设，李公堤已成为一条“国际风情商业街”，蜚声中外。当人们漫步在这条流光溢彩、酒店商铺林立、湖风花香的国际风情商业街上时，是否还会想起百年前这位元和县令？

2011年4月12日，清元和县令李超琼的嫡孙李宙、李逊两人踏进紫藤苑元和县署的旧址，抚今追昔。如今，虽然这一切都已成过眼烟云，成为历史，但站在这历史遗存上，仍能勾起我们的许多思考。

邓邦述与群碧楼

控保档案：编号为159邓邦述故居，位于侍其巷38号，乃清代建筑。

邓邦述（1868—1939），字正闇，号孝先，江宁人（今南京）人，两广总督邓廷桢之曾孙。生于清同治七年（1868），卒于民国二十八年（1939）。光绪二十四年（1898）进士，授翰林院编修，光绪二十七年（1901）入湖北巡抚端方幕府，随游欧美考察。宣统二年（1910），出任吉林民政司使。民国九年（1920），选为江苏参议员。他是清朝末年民国初年的一个大藏书家，其藏书楼名为群碧楼，在近代藏书史上颇有名气。青年时，邓邦述经常去天放楼看书，遂立志储书。31岁考中进士，授翰林。1901年入端方幕府。1905年受清廷委派出国考察，次年4月回国。1907年至1911年6月，任吉林省民政使，后弃官回北京，在北京、天津居住10年。后以高价收购善本书。1年时间，仅所购宋元本及抄本等秘籍就有1万多卷。至1911年7月止，进行编目、著录之书达25000卷，后又续增13000卷。1921年迁回江苏，居吴县，闭门谢客专事著述。编有藏书目录《双沤居藏书目初编》《群碧楼书目》《群碧楼善本书录》《寒瘦山房鬻存善本书目》等。

邓邦述的祖上邓廷桢（约1775—1846），清朝大臣，字维周，江宁人，嘉庆进士，民族英雄。与林则徐奉旨在广州禁烟，并多次击退英舰挑衅。1845年升任陕西巡抚，

1846年卒于任上，归葬南京。诗文颇有成就，尤精音韵，著有《双砚斋诗钞》。据邓邦述儿子邓偁的遗孀韩老师回忆，邓氏自廷桢辈依次为廷、尔、嘉、邦，接下来就并未按字辈排序了。邓氏祖上为金陵望族，累世都有藏书，藏书处为青黎阁，后其家族衰落，藏书散失，到了邓邦述年幼时，已完全看不到先世的旧藏了。邓邦述立志储书著作，一是有感于起其先人藏书而不能守，二是有直接有利的条件，他在22岁时与其常熟外舅赵能静之女结婚，赵能静也是一位藏书家，家有天放楼。畜书数万卷，其中还有一部分是珍贵的宋元版本，得此机会，邓邦述便在天放楼里如饥似渴地阅读了部分著述，所受熏陶至深，为自己今后的藏书事业奠定了基础。

邓邦述在31岁时考上了进士，作过翰林，到光绪二十七年（1901）入端方幕府。端方也是近代有名的藏书家和金石收藏家，他对近代兴办图书馆起了很大作用，尤其是在收购丁氏八千卷楼藏书、筹办江南图书馆的工作中，有很大的功劳。邓邦述在端方幕府中学到了许多考订、鉴赏、版本、目录、金石等诸方面的专业知识。光绪三十年（1904），邓氏居住在吴县，家里逐渐富裕起来，所剩余的钱他全部用来购书。光绪三十一年（1905），他受清政府的委派，到美、英等7个国家考察，次年四月回国，居住在北京。期间，邓氏不惜出高价以收购善本，所以厂肆书贾纷纷云集其门，每天到他门上来卖书的，常常有10多人。不到1年功夫，仅所得的宋元椠本及抄本等秘籍就有10000多卷。从光绪三十三年（1907）起到辛亥年（1911）六月，邓氏作为吉林民政使，长居吉林，北京的书贾们还不断把书卖给他。为了买书，到此时他已经负了债。

邓邦述遇到善本书又手头无钱时，就向别人借钱买书，他个人官俸有限，到后来债台高筑，连日常生活都十分困难，即便如此，每每发现好书，他还是优价购买。1911年6月，他从吉林弃官回北京时，用几辆车装运图书。他虽负巨债，但买下这么多好书，却感到无比自豪。

辛亥革命后，邓氏家境更加艰难，居住北京、天津10年，有时不得不靠出卖一部分书以维持生活。即便如此，他仍未忘记买书。当然，那时宋刻元椠已是无力以购的了，但遇到抄本或其他善本也稍稍收集。

1921年夏天，他已经穷困地不得不离开北京来到了苏州，一直到1926年，他都闭门谢客，专事著述，生活窘迫，一度到无法吃饭的地步。

邓氏藏书到辛亥六月进行了第一次编目，初编书目九卷，所收之书为宋本816卷，元本2743卷，钞本5338卷，明本15488卷，批校本849卷，共计24964卷。此次编目耗尽了邓邦述10年的心血，费银七八万两。邓邦述把自己的藏书楼命名为“群碧楼”，就是因为他收藏了两部极珍贵的宋版书：一是唐朝李群玉撰《群玉诗集》三卷，后集五卷；二是唐李中撰写的《碧云集》三卷。这两部书上都刻印有“临安府棚北大街睦亲坊南陈解元宅书籍铺”的牌子，陈氏是宋朝有名的刻书家，这两部书确系宋版无疑。论起珍贵，不但因为它们是宋版，还因为它们经过了明清两朝许多著名藏书家的收藏。上面钤有文徵明、金俊明、徐乾学、张隽、季振宜、冯新之、安岐、黄丕烈等人的收藏印记，确实是两部惊人秘籍。黄丕烈收到这两部书，专门为之开辟了一个书室，叫做“碧云群玉之室”，可见这两部书的价值了。这其中还有一段插曲：1905年邓氏正整装待发去欧美考察，书商柳蓉村带着这两部书找到邓氏说，这是黄丕烈最珍贵的秘籍，当时邓氏已来不及议价就买下。一年之后，邓氏回国到上海时，柳再次拿出书来，并说明这是特意为他留下来的。邓氏感动至深，就按价收下了这两部书，并以二书书名的第一个字作为其藏书楼楼名。黄丕烈把李中的《碧云集》置于李群玉的《群玉诗集》之先，邓氏经过考证，李群玉稍早于李中，故把藏书楼命名为“群碧楼”。群碧楼，坐北朝南，分成东西两路，东路设石库门，入院有庭院一方，后面为平房两进，依次为轿厅和大厅，大厅名行素堂。大厅后为西式楼房一幢，是邓邦述当年的起居室，今为邓氏之子邓偁的遗孀韩老师所居住。西路有两进楼房，前后以厢房贯通，成走马楼，此即邓邦述藏书处群碧楼，前楼下层是邓氏书斋。书房原有黄杨木匾，上书“行素堂”三字，可惜的是在公私合营时被砸掉了。厅堂内的抱柱联、红木家具，前后书房内的银杏木家具也尽数被毁。楼前庭院有假山花木。最后另有楼房一幢是邓氏家属居室。

1927年，邓邦述实在无奈，只得忍痛出卖自己的藏书以还巨债。他通过蔡元培先生的介绍，以5万元把自己的大部分藏书卖给了当时的

国民党政府中央研究院。邓氏在忧愁烦闷之余也感到庆幸：一是他认为自己藏书30多年，经过千辛万苦，总算安然无恙，未遭劫难；二是他从强烈的爱国心出发，认为这些藏书未卖给外国人，而是在国内得到了一个最好的归宿，他也就心满意足了。邓邦述卖出这批书后，自己仍然保存着相当一部分藏书，而且质量很高。他又专门为剩下的书编了一个书目，大都是名家抄校本，他引用“郊寒岛瘦”一语，取其义把群碧楼改名为寒瘦山房，书目名为《寒瘦山房鬻存善本书目》。

邓邦述的藏书目录，前后一共编了四部。最早的一部是《双沤居藏书目初编》一册，为稿本，著录的宋元本仅12种，明本120种，抄校本65种，清本362种。这部书目编于1907年，反映了邓氏1907年以前的藏书状况。第二部书目是《群碧楼书目》初编9卷，录有宋本816卷，元本2743卷，旧抄本5338卷，明本15488卷，批校本849卷，共约25000卷。这是他到辛亥年六月为止的藏书总目。第三部是他于1926年编的《群碧楼善本书录》6卷，这是著录他自辛亥以后所得到的善本书。第四部就是前面已提及的《寒瘦山房鬻存善本书目》7卷。这是1927年卖书以后所剩下来的藏书书目。此外，他仿莫友芝的《书衣题识》，其中精华皆录进第三部书目之中。

邓邦述于1939年去世后，经叶揆初的介绍，其家属将寒瘦山房鬻存之书以32000元卖给了苏州集宝斋、北京景文阁、东来阁、文殿阁等四家书肆。叶揆初也得到了10多种善本，后来都捐献给了上海合众图书馆。直到1940年，寒瘦山房藏书才全部散失尽净。笔者采访了邓邦述儿子邓偁的遗孀韩老师，据她回忆，邓邦述共有3位妻子，发妻即其舅赵能静之女，育有4个孩子，邓偁是邓邦述三夫人所出，邓偁为次子，上面有个大哥，但在30岁左右即去世，邓偁还有一母同胞的5个姐妹，分别是邓芸、邓芬、邓蕊、邓苞和邓莲。邓邦述去世时还有一遗腹子，名邓修，也即邓偁之弟，现为上海华东理工大学退休教授。但韩老师回忆，当年日本人欲请邓邦述担任一高官职，邓坚决不从，日本人威逼利诱，几次三番下来，邓怒气攻心，突发中风去世。去世后，只剩下孤儿寡母。叶姓亲戚觊觎邓氏藏书已久，遂连哄带骗地把邓氏藏书尽数从寡妇手中购得，并只付了3万余元。这两段历史所反映的事实截然不同，孰真孰假还有待下一步考证。

邓邦述早期是借债买书，后期是以卖书还债，虽然双沤居、群碧楼、寒瘦山房藏书终难避免化为过眼云烟，但他能建立规模巨大的藏书，不能说不具有惊人的毅力。他的精神和在近代文化史上的贡献，是我们永远不能忘怀的。

天和堂药铺

控保档案：编号为193天和药铺，位于山塘街374号，乃清代建筑。

苏州的阊门，在《红楼梦》中称之为“最是红尘中一二等富贵风流之地”。苏州的虎丘，被苏轼赞扬道：“到苏州而不游虎丘，乃憾事也。”连接阊门与虎丘的是山塘河和山塘街。清代著名画家徐扬的《盛世滋生图》（亦称《姑苏繁华图》）卷中，展现出的山塘街，是“居货山积，行云流水，列肆招牌，灿若云锦”的繁华景象。山塘街上，各行各业商号、店铺，一家连着一家，以星桥一带最为热闹繁华。

天和堂药铺，位于山塘街374号。从星桥向西北行，不远是山塘街狭窄处，可见一座临街白墙黑瓦的两层店铺。大门上，砖刻门额题“天和药铺”四个大字。门旁有标志铭牌，上书：“天和堂药铺旧址，创设于清光绪十一年（1885），是苏州历史上首家行店合一的药铺，为苏州市控制保护建筑，2004年改为桐星社区居委会。”

药铺格局为一路3进。门厅不大。通过幽雅的小庭院，可进入第2进硬山式大厅。大厅两侧连接花格木窗的厢房，这里曾是药铺与诊室。内有雕花木柜台，似乎是老药铺的遗物。现在，桐星社区居委会敞开式办公室就设在这里。

沿着方石铺地的庭院，进入两层楼的堂楼。堂楼设庑廊，两侧游廊连接院墙。

廊的梁柱上雕刻卷叶纹，线条流畅生动，活泼大方。面阔3间的堂楼，前有落地长窗，后有木制屏门与楼梯。进入厅堂，正中是一幅《姑苏繁华图》，两边对联是："倚棹桐桥梦未成；深巷几处卖花声。"对联告诉人们，天和堂药铺位于山塘街桐桥附近。厅堂立柱的梁上雕刻图案精美，雀替镂空雕刻花鸟云纹，线条舒展，勾画流畅，画龙点睛般装饰了堂楼的空间。堂楼现在开辟成社区多功能活动室和老山塘风情展示馆。

堂楼前的砖雕门楼，华丽精美，雕镂技艺精湛，为道光癸未年款（1823）。门楼顶部为青瓦戗檐，屋脊呈哺鸡脊。檐口是花边盖瓦与滴水瓦，檐下是六套一斗三升的斗拱。上枋刻有四季景物浮雕，两侧是垂莲柱。中枋题"惇行孝悌"四字，两边兜肚图案已模糊不清。下枋透雕花纹图案，图案较模糊。门楼的两扇实木大门坚固厚重。

苏州在明清时期商业繁荣。"吴门医派"发祥于苏州，历代以"世医多、御医多、儒医多、名医多"而闻名。"吴门医派"造就了苏州发达的中药业。古往今来，苏州的药材市场十分繁荣，又多集中于阊门外运河两岸，包括山塘街。古城内外，各种名号的中药店、药材行星罗棋布。建于清光绪年间的天和堂药铺，其历史虽不如一些年代悠久的老字号药店，但它却是苏州历史上第一家"行店合一"的药铺，也就是从事批发与零售的药业店铺。

天和堂药铺遗构，见证了山塘街往昔街市的繁华和百业的兴旺。

孩子图书馆寻踪

控保档案： 编号为216孩子图书馆旧址，位于石塔头4号，乃民国建筑。

明清以来，人文荟萃的苏州不但经济发达，文化教育事业也同样兴盛。图书馆的兴起和发展就是其中一个标志。明清时代，作为教育机构的苏州书院都有藏书量不等的藏书馆舍。其中，以清末正谊书院所属藏书楼"学古堂"的藏书最为丰富多彩。清末民初，苏州的图书馆主要有两类：一类是在公私藏书楼基础上发展演变而来的公共图书馆；另一类是学校所办的图书馆。整个民国时期，政府办的公共图书馆只有两所：江苏省立第二图书馆和吴县县立图书馆。学校图书馆中，规模最大的是东吴大学藏书馆和振华女中图书馆。此外，还有一些进步青年创办的"爱国"图书馆，如文心图书馆、孩子图书馆。

孩子图书馆的地址，最初在金门内石塔头7号（现改为4号），设在一座沈氏老宅内。2004年，苏州市文物局和《姑苏晚报》等单位联合发起"联丰杯古城寻宝大行动"。广大苏州市民积极参与寻宝活动，挖掘出不少具有一定历史价值的"老房子"。其中，旧貌尚存的孩子图书馆被列入苏州市控制保护建筑名录，编号216号。

孩子图书馆的建立，还有

一段曲折坎坷的经历。1948年年底，古城苏州百业凋零，民不聊生。当时，城内有一个由小学教师组成的秘密进步组织，名“矢的学习小组”。该组织由在永华小学执教的中共地下党员钱君华负责，约有十几名进步青年教师参加。课余，他们经常在一起偷偷阅读进步书刊，如《社会发展史纲》。联系自己从事的职业，他们决心拯救孩子，向孩子们传播革命真理，为新中国的诞生培养革命接班人。于是，他们在党组织的领导和指示下，筹备建立了一个以少年儿童为服务对象的孩子图书馆。

因为身份关系，钱君华本人不能公开出面。他指定小组成员顾望（永华小学教师）、郭雁（务德小学教师）、吴翼柽（务德小学教师）、吕丰（横塘中心学校教师）为发起人。同时，钱君华又动员他的胞妹钱家珍（时在务德小学代课）也参加筹备工作。

建馆经费主要依靠募捐。在恤孤局（巷名）顾望家的小阁楼上，青年教师们用毛边纸油印了募捐收据本。接着，钱君华和几位发起人团结周围的进步教师，向社会各界人士发起募捐。在建馆人选上，他们参照“新安旅行团”的成功经验，决定放手让孩子自己来办。于是，他们挑选一位进步好学的初二学生沈福伟担任孩子图书馆馆长。1949年2月初，钱君华带领小馆长沈福伟前往上海，走访了中国儿童福利基金会。基金会创办人宋庆龄女士得知情况后，大力支持，慷慨捐赠。著名儿童文学作家陈伯吹、贺宜、龚炯、董林肯、金近等捐赠了大批少年儿童读物。苏州、上海的一些工商界人士、中小学教师、工厂和商店职工也纷纷捐款。经过4个多月的努力，共筹集到各类儿童读物6000余册。

1949年4月4日（当时的儿童节），古城有史以来第一所由少年儿童自己管理的“苏州孩子图书馆”正式开馆。馆址设在小馆长沈福伟家的厅堂

内。图书馆的读者对象，除了在校的中小学生，还有一部分失学儿童。开馆时小读者仅仅20余人，后来发展到700余人。图书馆先后吸收吴淑萍、董淼、吕汉仁、陆金寿、黄来生、江丽英、顾培元等孩子担任管理员（当时称为小服务生）。他们大部分是12~15岁的高小和初中学生，也有失学少年。

图书馆创办人钱君华，受人民教育家陶行知先生教育思想的熏陶，在管理上实行“教、学、做”三合一的小先生制。通过互帮互教的阅读，理论联系实际，启迪孩子的觉悟，开发孩子的智力，增长孩子的才干。图书馆经常在小服务生和小读者中组织时事学习，讲故事，并且组织他们参观学校和工厂。图书馆还刻制了一枚别具一格的“三毛读书”藏书印章。印章上，刻有“孩子图书馆”五字。露出小脑袋的三毛手捧摊开的书本，正在津津有味地阅读。“三毛”是当时著名漫画家张乐平笔下的一个穷孩子，活泼可爱。《三毛流浪记》系列漫画，脍炙人口，尤其受到广大少年儿童喜爱。1949年8月，图书馆的孩子们自编自印《孩子报》，每月一期，8开油印。这份油印小报，在社会上反响很大。对孩子图书馆非常关注的宋庆龄，利用其主办的《义养会通讯》，曾经刊登有关孩子图书馆的长篇通讯报道。1949年初冬，孩子图书馆迁往金门内义昌木行（辅导老师郭雁家中）。不久，又迁往宝林寺前原达材小学分部旧址。1950年8月1日，奉命并入苏州市立图书馆，改为市立图书馆的儿童阅览室。

如今，位于金门内石塔头4号的孩子图书馆旧址已列入苏州市控制保护建筑名录。需要在此说明的是：有关介绍孩子图书馆的资料，存在两处错误：其一，控保建筑编号216号的孩子图书馆旧址（即沈福伟宅），不是所说的民国洋房建筑，而是传统的苏州老宅建筑。其二，紧贴图书馆的2号、石塔横街47、48号，是连在一起的民国洋楼建筑群，名称为“松茂里周宅”（控保建筑编号215号）。因为两处控保建筑相连，一些资料误把图书馆说成“松茂里孩子图书馆”，这是完全错误的。

现在的孩子图书馆旧址，尚存旧貌，为直管公房民居，坐北朝南，第一进为门厅（头门）。门厅原有花岗岩条石门框，配置对开木门。门的背面，贴砌一座精美的砖雕门楼，飞檐翘角，门楼塑哺鸡脊，两处垂莲柱相映成趣。枋间雕饰花卉图案，正中额“金玉其中”。可惜，“文革”中门楼被毁，从此不存。门厅也改建为住房。门厅北面的庭院，原来铺砌鹅卵石，花木葱郁，一口青石栏水井，水质清冽，盛夏也不干涸。这些，现在都已不存。仅剩的花岗岩条石靠在墙角，曾经被住户搁置洗净的马桶。

第二进为堂楼，底层为客厅，尚存木构半窗、方砖铺地和鼓形石础。当年，底层客厅辟为阅览室。室内放置桌椅，供孩子们阅读图书。楼上辟为藏书室，橱内排列各类少儿读物。由孩子担任的图书管理员，在小馆长沈福伟的带领下，每天放学后来到这里，负责为小读者借阅图书。晚上闭馆后，负责打扫地面杂物，做好卫生保洁工作。孩子不小心损坏的图书，小管理员们自己动手，用牛皮纸、糨糊等材料修补。沈宅的第3和第4进，为沈家住宅区，当时不属于图书馆范围。现在，整座沈宅都列入控保建筑范畴。破旧的房屋还应该引起有关方面重视，及时修复为好。

三清殿后中山堂

控保档案：编号为223中山堂，位于玄妙观后，乃民国建筑。

中山堂，又名中山纪念堂，是专为纪念孙中山先生而建造的。这类源自民国年间的公共建筑，一般建于大城市，多为孙中山生前生活或工作时居住过的城市。纪念堂一般设置礼堂、会议室等。室内陈列有关孙中山的实物或图片文字资料，供人们参观和缅怀。各地的中山堂因其特殊的历史价值、科学价值和建筑艺术价值，有不少已经列入各级文物保护单位，成为珍贵的人文景点。

民国时期，苏州也建有一座中山堂。地址在观前街玄妙观三清殿的北面。如今，这座保存完好的中山堂，已经列入苏州市控制保护建筑名录，编号223号。它的建成，还有一段鲜为人知的曲折经历。玄妙观三清殿北面，原来有一座始建于明代的道教建筑，名“弥罗宝阁”。民国元年（1912）8月28日，这座高达三层的殿阁不幸失火焚毁。叶昌炽在《缘督庐日记》中记载：“弥罗宝阁灾……自夜七点半，焚至八点半始渐熄。”此后，这里沦为一片废墟。江湖艺人在此搭建布棚，拉曲弹唱、耍猴卖艺。

当时，苏州缺乏大型集会场所，只有基督教会才有大礼堂。民间和政府集会，只能向教会借用。1929年，在吴县政府和地方士绅的倡议下，建造大礼堂提上议事日程。地址利用现成的弥罗宝阁废墟。此后，因全国各大城市都有兴建中山堂之举，遂决定将大会堂定名为中山堂。

1930年12月6日，县政府由黄蕴深县长主持，召开了一次党政座谈会，商量建造中山堂事宜。但是在建造地址上，却和张一鹏发生了分歧。曾经在民国政界任高官的张一鹏，是苏州名士张一麐的胞弟，在社会上具有相当地位。在座谈会上，张一鹏提议利用三清殿建中山堂。如此，不但可以节省经费，还可以镇住三清殿这个迷信场所。如果在弥罗宝阁原址上建造，则建成之后，前面三清殿，后面中山堂，前后相对，无乃革命与迷信互相矛盾。但最终，大家还是否决了张一鹏的建议：宗教信仰允许存在，不该废除，且三清殿还是历史悠久的文物，不宜擅自改建。把三清神像移走，改换孙中山铜像，也不甚像样。12月13日，中山堂筹备委员会组建，举行了隆重的成立大会。

中山堂筹委会成立后，即着手筹备建造经费。初步估算，需要经费5万元。张一鹏是中山堂筹委会的重要人物。他不但自掏腰包捐款，甚至在建造遇到挫折时，还放出甘愿独自承担的豪言，表现得相当积极。除了筹委会成员捐款，所缺部分向社会募捐。于是，筹委会起草募捐启事，订立募捐奖励规则。地方热心人士250人，分成25个小组，分头进行劝募工作。同时，指定国华银行、信孚银行代收捐款。截至1931年6月20日，共收到捐款3880余元，以及彭云伯等所捐木料等。其中，第6小组收到捐款最多，为7000余元，捐款者有5000余户。按照规定，对募捐者应发奖者150人，应题名铜牌永久悬挂者83人。这些捐款存入银行后本息共计39000余元。所捐木料转售于北寺昭三和尚，得款1600余元。此时，捐款总数已达40000元。

中山堂的建筑式样经第一次筹委会研究，决定取中式为主，以雄壮堂皇为标准，以容纳2000人为限。此后，又经第二次筹委会研究决定，登报征求建筑设计方案和图样。最后，征得8份图样。经筹委会研究后决定：哑铃图案第一，“卍”字图案第二，狮头图案第三。作为筹委会的主导者，张一鹏对8份图样均弃置不用。他点名由王信记（公司名称）绘图，这图就是现在中山堂的基本式样。1931年7月下旬（一说8月上旬），中山堂在倾盆大雨中举行奠基典礼。随后，登报招标承建方。9月12日开标，投标者共6家。结果，集成公司以35250元的最低价中标。正在准备开工时，适逢“九一八”事变发生，只得暂停兴建。

好事多磨。同年秋天，全国不少地方发生水灾。于是，中山堂捐款人联名提议：将建造经费移交赈灾。建议遭筹委会否决。1932年，上海“一•二八”事变发生。又有人提议用该款购置枪械抗日。不久，国民党军队退守昆山，以苏州为第二防线构筑工事。军队通过地方政府出面，向筹委会商借25000元急用。战事平息后，此款从地价税中陆续归还。1933年，当时的道教公会会长颜觉沧以土地产权和保护名胜古迹为由，反对在弥罗宝阁遗址建造中山堂，但遭到地方政府否决。

建造中山堂已刻不容缓。于是，重新招标承建方，沈兴记以第三名得标。为什么不是第一名得标？第三名得标的理由是什么？现在还是一个谜。同时，在张一鹏的力挺下，中山堂筹委会又聘请王信记（公司名称）任监理，以便更好地体现设计意图。木行朱裕生为担保方。1933年5月10日，中山堂工程正式开工。当年12月18日，全部建成。然而，中山堂竣工时，吴县教育局局长彭嘉滋负责验收。结果，他提出5点问题与原图纸设计不符，曾一度拒绝接收。于是，张一鹏又出面为沈兴记讲话辩护。反复解释后，彭嘉滋才签字验收，同意合格。

落成之日，在中山堂举行了隆重的开幕典礼。各界人士前来，或题词赋诗，或赠送礼品，表示热烈祝贺。当天下午，还延请剧团表演丰富多彩的剧目。此后每周一次，国民党要员在中山堂举行集会，诵读孙中山先生的遗嘱：“革命尚未成功，同志仍需努力。”重要的官方会议，也在此召开。

建成后的中山堂，庄严肃穆。主体建筑朝南二层，面积1200多平方米。自室外地坪至檐口高度10米。屋顶铺琉璃瓦。屋脊两侧，塑有一对狮子和麒麟，栩栩如生。屋脊正中，塑有一个硕大的水泥地球仪。两边有金色的“天下为公”四个大字，系孙中山名言，很有时代感。楼下为大礼堂，左右两角各有一小间，为中山堂管理委员会办公室；楼上中

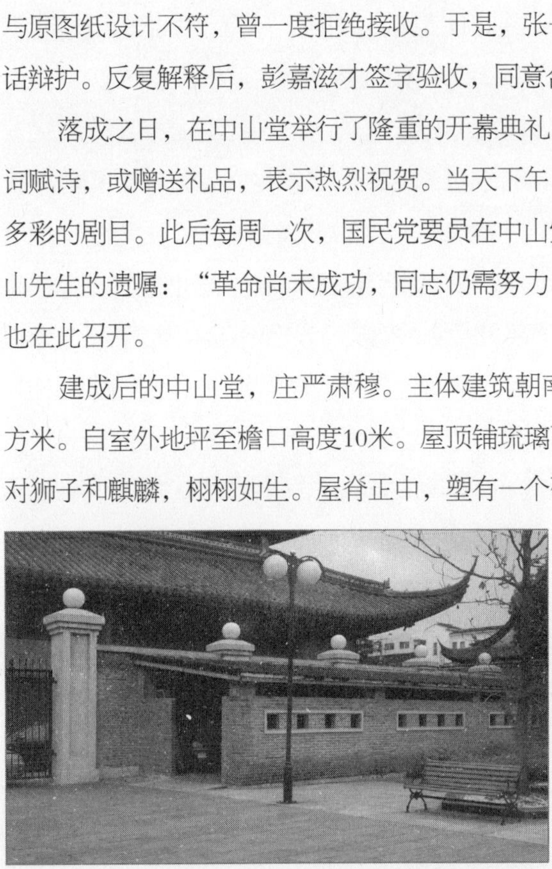

部为会议室，中置长会议桌3只，椅子每桌配16只，右为阅报室，左为区公所，二楼中间有一外置阳台。

但时隔两年不到，1935年9月12日，一阵突然袭来的东南风，竟然吹坍了屋脊。据《苏州明报》报道："中午12时50分，第一区区长吴尔昌，适同办事员沈永年等四人饭毕，正拟办公，忽闻轰然一声，如天崩地裂，尘灰四飞，吴区长急偕办公人员逃出，见中山堂屋脊倒去三分之二，'天下为公'四大金字及大地球全部倒去，屋之中部成一大洞，右侧一小洞，在二楼会议室中之桌二只，及椅二十三只，大电灯三只，均被压毁……"

出事后，县长吴企云等吴县政府要员纷纷前来视察，了解受损状况和原因。奇怪的是：这股从东南面吹来的怪风，全苏州居然只有中山堂的"地球仪"和"天下为公"题额出了事。如果联想到两年后抗战爆发，这一幕似乎可以归于"谶"了。但这种"谶"是不实际的。很多人认为工程质量有问题："缘昨日之飓风，并不十分激烈，岂设计者见不及此耶，抑监工者疏于职守，而致偷工减料耶？"

中山堂建筑的质量到底好不好？这是一个很难回答的问题。沈兴记在张一鹏的力挺下，当年曾承包了很多大工程，质量都不错。但罗马式的金门，竣工后也曾发生飞檐塌落。这次建造的中山堂，也出了一桩事故。但从另一角度来看，中山堂建成至今已有80年，还相当坚固完好地矗立在三清殿后。而很多晚建于它的建筑，早已不存。

沈兴记营造厂老板沈载兴，说起来也是有背景的。他拜过阊门外刘正康的门。刘正康有个名号，叫"苏州黄金荣"。因此，吴企云只得屈尊来刘府商量，要刘正康出面唤沈载兴前来，限沈载兴三星期内修复。随后，张一鹏又站出来，力挺沈兴记，为他辩护没有偷工减料。不再追究责任后，沈载兴答应负责重修。屋顶被吹塌的地球仪，经商量不再恢复。修复委员会请当时的建设局局长周骏重新绘图：原有之地球仪，改为青天白日的党徽，左右塑卫士捧持，并且，增加了一个新生活标帜。原有的"天下为公"四个大字，加大一倍，每字改作九英尺见方。当年11月份，修复工程竣工。汪伪时期，中山堂屋面的所有标志都被毁掉，至今不存。新中国成立后，中山堂辟为文化场所，由观前影剧院管理和使用。影剧院放映的许多国产影片，受到广大观众的欢迎。

如今的中山堂，保存完好，仍为文化单位使用。清水砖扁砌的围墙，中间安装雕花铁艺门。大门两侧各悬挂一块木牌，分别为“苏州市滑稽剧团”“苏州市少儿喜剧实验院”。入门，宽敞的广场上，错落有致，种植棕榈、桂花、剑兰等花木。一侧的水池，围以嶙峋黄石，堆叠假山。广场正中是两层高的中山堂。底层正中悬挂一块匾额，黑底金字，额“苏州喜剧院”。前面设置露台，台阶两侧置放石狮。二楼的外置挑出阳台，由露台上的罗马柱承托，中西合璧。中山堂底层设置剧场，供平时剧团排练节目，或内部观摩使用。楼上为剧团办公室。中山堂的北面是一座两层的附楼，开设舞蹈、音乐等训练房。中山堂的东西两侧，各有一排平房。西侧为陈列室，陈列《孙中山与苏州图片展》。东侧平房为接待室和其他办公室。

苏州中山堂，是民国建筑的一张历史名片。

西洋风格古庭居

控保档案：编号为233的建新巷吴宅，位于建新巷29号，乃清代建筑。

苏州城内有大郎巷、二郎巷、（周）五郎巷。这些巷名并不是因为一家弟兄而得。“大郎巷”原名师婆桥巷、大郎桥巷，现在称建新巷，是一条在宋代就有的老街，南有财神弄（现生产弄）、通濂溪坊（现干将路）、丁家巷接甫桥西街（现称凤凰街），其北有百合弄、东大园、西大园连通钮家巷。民国《吴县志》载：“大郎桥巷，师婆桥西。”《吴门表隐》载：“巷内大郎桥堍有两面戏台，或云明蒯侍郎祥所造。”又载：“巷内有节孝坊。”“文革”中将东段师婆桥巷、西段大郎桥巷统一改名为建新巷。20世纪80年代初改名为大郎桥巷。1994年复名建新巷，巷长391米，宽6～7米。原为石子路面。1988年改建为沥青路面。1994年将西段拓宽至10米，为临顿路与干将路交叉口回车道。

关于二郎巷，《吴门表隐》曰：“二郎神庙在葑门内西营，向在水中，突起一阜。宋绍兴初建庙，古名溪山第一祠。凡患疡者，祀以白鸡即愈，久废。国朝嘉庆二十年重建，顾承记。神姓赵名昱。”清代顾禄《清嘉录》也有记载，说农历六月廿四日“为二郎神生日。患疡者拜祷于葑门内之庙，祀之必以白雄鸡”。该庙废毁于1966年后。周五郎巷在吴趋坊中段西侧，东接吴趋坊，西达石塔横街。

建新巷29号吴古庭故居，是一座西

洋风格的堡楼建筑。虽然采用了罗马式立柱和半圆形风雨门廊，但是，由于选用的是中国传统的建筑材料，其院墙又随着地形而曲折蜿蜒，并用红砖在灰色墙体上面镶嵌菱形图案，因此，这西洋建筑隐藏在有千年历史的建新巷里，与老街的整体风格还是那样的浑然一体。吴古庭是清光绪年间的苏州市绅，曾经投资房地产开发，从中获得了丰厚的利益回报；并于清光绪三十四年（1908），参股、筹建了祝大椿为总董的苏州振兴电灯股份公司，光绪三十五年（1909），公司正式挂牌成立，并于当年发电。宣统三年至民国初，苏州振兴电灯股份公司采用的是2.3千伏的直供线供电。公司于1913年在北局建设配电所，架设线路两条：一条叫“半夜线”，供电时间从傍晚5点到次日凌晨2点。另一路称“通夜线”，整夜通电。到1916年，振兴电灯公司开始实行昼夜24小时供电。1924年，振兴电灯公司并入苏州电气公司，在苏州市区范围里又增设了一条6.6千伏的线路，由胥门发电所一路架设到苏州火车站，第二年又将线路经火车站延伸到齐门、娄门及葑门，称“环城线”，以供当时苏州为数不多的工业生产。

吴古庭别墅建造于光绪年中，用去白银千余两，耗时近2年才完工。别墅在20世纪三四十年代为汪伪江苏省政府的某高官占用。吴古庭别墅在苏州解放后作为敌伪资产，由军管会接收，收归国有，经苏州地区行署划拨给苏州地区食品商贸公司使用。现在房屋基本格局没变，只不过在院子里多了些搭建，破坏了花园别墅的整体美感。

苏州公园民德亭

控保档案：编号为239的民德亭，位于苏州公园内，乃民国建筑。

在2005年版的苏州市区控制保护建筑名录中，共列入控保建筑289处（原300处，其中11处已升为文物保护单位）。其中，单独以一座亭子为控保建筑的单位，仅有“民德亭”一处。亭是一种开敞型的小型园林建筑。作为景区配景的建筑，它具有丰富景区空间布局、赏景览胜的多种功能。其外形丰富（三角形、六角形、八角形等），位置多变（临水、平地、山顶等），广泛分布于园林、山道、住宅、街头等处，构成一道道独特的风景线。

民德亭位于古城中心“苏州公园”内，控保建筑编号239号。提起该亭，不能不简单介绍一下苏州公园。苏州公园初名皇废基公园，又称城中公园，俗称大公园。该园建于民国十六年（1927）。其范围东至公园路，西到五卅路，南临民治路，北达草桥弄，总面积84亩。其原址是元代吴王张士诚王府的子城遗址（皇废基）。辛亥革命爆发后，苏州光复。地方人士建议在荒芜的皇废基上，建一座让广大市民游憩的城市公园。1920年，公园开始筹建，由苏州工业专科学校测绘平面图，延请上

海公董局法国园艺家若索姆规划公园蓝图。此后，各个景点在园内陆续开建。苏州公园是苏州市第一座现代城市公园。

民德亭建于民国十九年（1930），是园内现存唯

一的民国建筑。建造民德亭的初衷，是源自园内疏池理水的需要。园内建造景点时，开挖了两处葫芦形的池塘。塘北堆土成墩，形成一座隆起的“小山”。为了弥补土山无景之憾，市民建议在山顶建造一座亭子。如此，既丰富景区空间层次，又方便游人至此小憩，居高临下赏景。主意虽好，经费难筹。当时，国内正处于战乱年代。建园已经花费了一笔不少的资金。囊中羞涩的地方政府，对此一筹莫展。民国十九年（1930），居住在苏州的海宁人孙铁舟闻听此事，决定尽自己绵薄之力鼎力相助。孙氏曾经在招商局任总办，是一位热心公益的爱国人士。凭借自己熟悉的人脉关系，他向当时驻军于苏州的两位民国将领求助。其一为钱大钧（钱氏后来任国民党上将、上海市市长。他曾经在苏州人民路居住过，现为苏州市控保建筑），其二为夏斗寅。经过反复游说，孙铁舟成功募得2000银元。他利用这笔经费，再加上自己的一部分捐款，延请营造厂（疑为裘松记营造厂，当时著名的建筑公司），设计并建造了这座亭子。为民行善积德，孙铁舟给该亭起名为“民德亭”。亭匾由当时的吴中名士张一麐（仲仁）题额，落款为“民佣”（意为“民之佣人”）。

外观方形的民德亭，格局为四面厅制式，具有典型的民国洋房特征。歇山式屋顶，铺筑洋瓦。檐下装饰挂落。外墙面用青砖扁砌，水泥勾缝，线条简洁美观。亭的四周有围廊。方形水泥廊柱间，连缀可以坐憩的半墙。整座亭子的地面，铺砌磨光石子，白绿相间。亭的南北两面开敞，不设门。亭的东西两面，镶嵌外框为八角形的木格玻璃花窗。这种玻璃坚固透明，为当时进口的原物。据有关资料记载：当时亭内曾经

布置红木桌椅，墙上悬挂吴湖帆等名人字画，供游人欣赏。抗日战争全面爆发后，苏州沦陷。苏州公园被日军强占，园内图书馆被毁，围墙铁栅栏被熔化制作军械。民德亭内，红木

家具和字画被洗劫一空。亭子成为堆放军马草料的仓库。

新中国成立后，苏州公园回到人民手中，民德亭成为市民夏季纳凉的好去处。“文革”期间，全民大唱样板戏。环境幽雅的民德亭，又成为样板戏爱好者吊嗓子的集中之地。1998年，民德亭因为屋顶破损大修，共耗资6万余元。按照“修旧如旧”的原则，更换了破损洋瓦，亭内重新做了吊顶，安装了吊灯。为了更好地保护亭子，南北两面配置落地长窗，便于晚上关闭。长窗下部为木构裙板，上部为木格衬玻璃。土坡北面，栽植了多个品种的竹子。从此，民德亭这座民国老建筑又焕发了青春。2004年，在苏州市文物局和姑苏晚报等单位联合举办的“联丰杯古城寻宝大行动”中，民德亭作为具有一定历史意义和文物价值的近代民国建筑典型，被列入苏州市控保建筑名录。

如今，坐落在土墩上的民德亭，掩映在一片绿荫中，环境非常幽雅。土墩上香樟错落有致，翠竹丛丛，鸟鸣其间。亭的南面是一池荷塘，曲桥蜿蜒，莲叶田田，锦鲤嬉游其间。土墩的南、北、东三面，均有蜿蜒的蹬道。蹬道的材质，有错落嶙峋的黄石、有整齐的花岗岩条石，也有细小的碎石铺地，各呈异彩。每天，都有老人来此游玩，或坐下闲聊，或摆棋手谈。老有所爱，其乐融融。

2010年4月初，苏州园林档案馆征集到两张珍贵的民德亭旧影。这两张80年前的老照片，一张为远景，另一张为近景，亭的外型与现在完全一样。它们真实地记录了苏州公园的历史。两张旧照片的提供者是85岁的陈佳鸿老人。老人收藏旧照、古籍等已有多年历史。他告诉姑苏晚报记者：这两张旧照摄于1932年—1935年。自己是经过友人介绍，从上海静安区一位老者家中得到的。老者的父母是苏州人。母亲早年考入上海沪江大学。有一年放暑假，他的母亲来苏州游玩苏州公园，拍摄了这两张照片。其中，一张从西南面拍的远景，亭在曲桥的后面，为侧影。另一张是站在东南面的曲桥上拍的近景，亭为正面全景，亭前土坡和池塘相映成趣。当时，土坡上满是裸土和石块。坡上没有蹬道，仅仅种植几棵稀疏的矮松，池塘也没有砌驳岸。

保存完好的民德亭，是苏州公园的一张历史名片。

苏州图书馆旧址

控保档案： 编号为240的苏州图书馆旧址，位于公园路2号，乃民国建筑。

具有2500多年悠久历史的苏州，钟灵毓秀，人文荟萃，文化积淀丰厚。苏州图书馆就是文化积淀中不可或缺的一份瑰宝。

苏州图书馆的地址，新中国成立前后因年代不同而屡有变迁。其前身最早可追溯至建于1914年9月的江苏省立第二图书馆，馆址在沧浪亭对面的可园内。1951年11月，根据苏南文物管理委员会的部署，苏州图书馆迁往东北街太平天国忠王府。因为忠王府环境潮湿不易保存图书，1958年初，苏州图书馆又迁往公园路2号（现改为38号），即本文介绍的苏州图书馆旧址。旧址现在已列入苏州市控制保护建筑名录，编号240号。

原苏州图书馆馆长许培基先生，曾经撰文介绍该馆迁往公园路的一段轶事。据作者回忆：1957年11月，许培基从苏州市委工业部，奉命调往址在忠王府的苏州图书馆工作。当时，名为省立的苏州图书馆，其实已划归苏州市文化局管理。根据需要，有关方面酝酿迁馆。迁往哪里比较合适，文化局局长范烟桥征求了许培基的意见。许培基当时在工业部办公的地点，在公园路南端

的一幢民国洋楼内。这座中西合璧的洋楼，占地面积近3000平方米。庭院内绿荫掩映，植有多株百年古木。而且，洋楼位置与苏州公园（大公园）近在咫尺。这座内外环境均非常幽雅的洋楼，条件确实百里挑一、不可多得。

这座俗称“朱家花园”的民国洋楼，来历不凡。20世纪20年代末，西风东进，具有欧式风情的住宅（洋楼、洋房）从上海传到苏州。20世纪30年代，古城公园路一带出现了不少中西合璧（西式洋楼、中式花园）的洋楼洋房。比如，同德里、同益里、信孚里、金城新村、章太炎故居等。公园路的这座洋楼也应运而生。洋楼最早属于上海的一个朱姓资本家。因此，该洋楼俗称“朱家花园”。抗战时期，苏州沦陷。朱家花园被日军侵占，成为特务机关“梅公馆”。在庭院东南角原花房的地下，埋有被残杀的抗日烈士的骸骨。后来，上海铁路局从宅主手中买下朱家花园，办起铁路职工子弟学校。“文革”期间，有造反派组织派人前来“外调”，企图挖掘埋在朱家花园内地下的骸骨，以证实某些人的所谓“历史问题”，后因故未成。

新中国成立后，朱家花园成为苏州市委工业部的办公地点。后来，适逢精简党政机关，工业部搬走后，朱家花园一度空关。于是，许培基就向文化局局长范烟桥建议，将苏州图书馆迁往朱家花园。这一建议，很快得到李芸华市长的同意。1958年初，苏州图书馆迁往朱家花园，即现在控保建筑名录上的苏州图书馆旧址。

苏州图书馆副馆长陆秀兰（1917—1970）被害一案，值得一提。1966年，史无前例的“文革”爆发。热爱党中央和毛主席的陆秀兰经过反复思考，认为“文革”是一场历史倒退的灾难。她不顾个人安危，多次上书毛主席和党中央，要求迅速结束“文革”。结果，她被戴上“现行反革命分子”的帽子，惨遭杀害。1982年，陆秀兰冤案平反昭雪，她被追认为革命烈士，在苏州烈士陵园内建墓立碑纪念。

粉碎“四人帮”后，苏州图书馆事业得到较快发展。至1985年，馆内共藏书84万册。其中，古籍25万册、新书59万册。另有报刊2000种。藏书中，地方历史文献、明清诗文集、戏曲小说以及“鸳鸯蝴蝶派”书刊具有相当特色。馆内设有6个阅览室、428个座位、2个借书处。历任馆长和同人都热爱专业，致力于学术研究，所撰著作和论文屡屡获奖。曹允源主编的《民国吴县志》、蒋吟秋的《吴中藏书先哲考略》、王謇的《宋平江城坊考》，皆为地方历史文献的传世之作。1988年至1990年，苏州图书馆3次被江苏省文化厅授予“江苏省文明图书馆”称号。1994年，被国家文化部授予“全国文明图书馆”和“公共图书馆一级馆”称号。

2001年6月，在人民路饮马桥南的原苏州市委、市政府、市人大、市政协所在地，建立苏州图书馆新馆。公园路2号（现38号）的苏州图书馆旧址为苏州市文广新闻出版局、苏州市文物局管理并使用。昔日的朱家花园庭院，依然保存完好。庭院内古木参天，郁郁葱葱，盎然生机。4棵龙柏、1棵罗汉松和1棵瓜子黄杨，树龄均超过百年，为挂牌保护的古树名木。此外，还有翠竹、芭蕉、葡萄、桂花等植物。近年，又增添了新景。湖石假山旁，一条卵石底涧道蜿蜒而下，通往一泓碧池。池中锦鲤嬉游。池塘上架起一座花岗岩五曲平桥。小轩临水一面，悬挂一副对联：“修竹有高致，赏梅多净心。”南面院墙旁，依附一条修廊。修廊开设漏窗，曲折有致。廊内摆放琴桌。廊壁嵌有书条石和石刻壁画。画为明代沈周的《竹堂寺观梅图》。长廊沿池一侧设吴王靠，可倚栏赏景。

庭院内两座当年的民国洋房，保存完好。东楼（3号楼）为两层楼洋房，具有典型的西

方巴洛克建筑风格。外墙淡黄色，屋顶铺红色平瓦，两者和谐统一。洋房朝南，中间的正门部分朝前突出，整个立面呈优美的弧形。花岗岩台阶四级，亦为弧形。四根罗马柱间隔有序，柱顶装饰花纹。楼上相对应的4根罗马柱，柱间配置玻璃。二楼西墙立面，设梯形小阳台，有栏杆。入内走进底层，中间是客厅，两侧为木地板房间。客厅铺六角形小块马赛克。这种当时从国外进口的建材，质地坚固耐磨，几何图案美观，使用至今仍完好无损。客厅顶上，悬挂古色古香的铜杆吊灯。从木构楼梯拾级而上，可至二楼的各个房间。

与东楼近在咫尺的西楼，共两层，外墙亦为淡黄色，立面呈长方形。二楼东侧设通道与东楼相连。底层朝南设长廊，6根廊柱间隔有序。苏州文广新闻出版局的各个办公机构均设立于此。南楼为20世纪80年代新建，不属于控保建筑范围。

在中西合璧的民国洋房中，苏州图书馆无疑是一张亮丽的名片。

苏州鸿生火柴厂

控保档案： 编号为247鸿生火柴厂旧址，位于胥门外，乃民国建筑。

这些年，随着苏州的城市化发展格局和工业发展布局的调整，老城区的工业企业大规模地被关闭、搬迁，随着一家又一家的工厂从苏州的老城区悄然离去，城市中留下了形形色色的老厂房。在这些既见证了苏州民族工业变迁史，又积淀了苏州民族工业发展文化的老厂房，不乏清代古建筑、民国风情的小洋楼等有保护和利用价值的建筑。这些建筑对于我们这个城市而言，是一种不可再生的宝贵资源。

在环古城河风貌带的胥门段，有一个古运河旅游公司的水上游码头，码头上停着外观古色古香的游艇，经常有中外游客在这儿上船，游览苏州风光秀美的环古城风貌带。而码头边的一幢风格独特的民国时期的两层楼的厂房建筑，则常常会被游客摄入镜头。这幢厂房建筑就是民国时大名鼎鼎的鸿生火柴厂的一个仓库。这个仓库现在已被改造为鸿盛楼食府。

建筑的外观轮廓透露着浓浓的欧式风范，其独到的设计、材质、灰蒙蒙的格调，都昭示出当年不可复制的辉煌。整幢楼的墙和柱子都是

用苏州地区特有的小青砖砌成，只有在楼层的顶部和每个拱形窗户的顶部是用一块块红砖砌成的。有人说，之所以要这样做的原因是，一方面因

为其建筑风格是法式，所以不能全部用极具苏州传统韵味的小青砖；另一方面是因为这幢楼是火柴厂的仓库，所以其顶部用红砖，就像是火柴的头一样。不管怎样，整幢楼确实是中西合璧的典范之作，而其窗下的铁艺花架、沿着砖砌方柱而设的铁皮的落水管及局部的罗马柱造型等，则更是散发出浓浓的异国情调。这是苏州近代建筑的典型特色：用江南民居空间特征的单元及体现苏式建筑内涵的元素，按照西方建筑注重功能、横向排列的方式进行总体布局，再加入一些西方建筑的符号，从而体现出极完美的中西文化的融合。从而以其古朴典雅、简洁流畅、富于变化、共性与个性并存的建筑风格特征，成为了历史文化、开埠文化、地域文化和现代文明的多面体。

鸿生火柴厂创办于1920年10月，由中国民族资本家、工商巨子刘鸿生创办。1956年，工厂转为“公私合营”。公私合营后的火柴厂大门上保留着铁制半圆形的“苏州鸿生火柴厂”厂牌，厂门边上挂着“苏州火柴厂”新厂牌。进厂门，坐北朝南，横着一幢两层木结构楼房是火柴厂办公楼。楼上是党政工团，下层是生产财务。办公楼前，生产区也一分为二，中间一条石板小路，沿河一侧排着火药仓库、火药磨房、火柴盒仓库，路西侧是制梗、上药、装盒、刷磷、包装等整个火柴生产的车间。火柴厂沿古城河而建，便于木料水运，也便于灭火。城河有三分之一的水面，实际成了火柴厂的仓库，从东北运来的椴木（制火柴梗的专用木材，轻而直，软硬适度，主产东北大兴安岭）囤积于此。

如今，已经关闭的鸿生火柴厂已列为苏州市控制保护建筑，改造为“鸿盛楼食府”。在改建设计中，遵循了功能更新、修旧如旧的原则。确定了保留并加固原有外墙，拆除内部原有木结构楼板、梁、柱，

并用钢结构框架加BHP组合楼板进行替代的加固改造方案。所以改造后，整幢建筑依然保持着原来的模样，灰砖红砖相间，红的屋檐、窗

框，但是窗子增多了，这是因为改成食府的缘故。大门也重做了，加了一个新招牌，上书“鸿盛楼食府”，“鸿盛”与“鸿生”谐音。里面也完全改变了，与一般酒家无异，有吧台、桌面、酒柜。楼后，借河造了个大平台，供游客室外观景品食。楼上也隔成了一间间包厢，辅以柔和的灯光，红木桌椅。

建筑是一个时代政治、生活、文化和艺术的交汇点，是没有文字的日记。建筑隐含的文化意味，建筑中发生的故事，往往比建筑本身更耐人寻味。经典建筑是一幅永恒的画，也是一杯历久弥香的醇酒，像鸿生火柴厂这样的中西文化相融相汇的建筑，依然吸引着人们关注的目光，并令人流连忘返。

岁月悠悠电气厂

控保档案：编号为248苏州电气公司旧址，位于劳动路苏源电力建设工程公司内，乃民国建筑。

苏州电气公司旧址位于劳动路苏源电力建设工程公司内，2004年被列为苏州市控制保护建筑，5幢青砖洋房矗立如昔，却在一抹残阳下被映衬地分外苍老。近百年的光阴，它似乎已经完成了历史的使命，是时候该歇歇了，清水墙面浑厚苍劲，虽老却风骨犹在，俨然一副铮铮铁骨和慨然的民族气节，它已经承载了太多的艰辛。

民国八年（1919），苏州市民拒用暗售日商的“振兴”电灯后，用电受影响。市区市民公社决定，在主要街道组织自办柴油小发电机供应市民用电。但苏州各界人士认为，发展小发电机终非长久之计，必须筹集资金创办大电厂才能与振兴电灯公司抗衡。上海圣约翰大学驻苏学生会在提倡创办电灯公司的募股传单中说：“剪断电线，不点振兴电灯乃消极的爱国，自己创办电灯公司，乃积极的爱国，积极的爱国尤为爱国。且只剪电线购办小机，不自创办大公司以济社会之用，外人将笑吾

无能者，长此以往终难久持，一旦抵制失败，实不亦可耻哉，所以奉劝同胞买股子，为我苏人争气也。”于是，首先由苏州公益事务所发起招股30万元筹建苏州

市立电灯厂，拟在钱万里桥设厂址。但因号召力不足，招股失败，计划未能实现。

同年11月13日，又由苏州总商会出面，邀请苏州各界人士开会，讨论集股30万元创建苏州电气公司。到会代表均赞成，认股踊跃，总商会仍推宋友裴等8人为发起人，旋即成立苏州电气公司筹办处（设在总商会）。民国九年5月27日在玄妙观召开创立会，正式定名为商办苏州电气股份有限公司。规定企业性质为民营商办，只召华股，不招外资。选出苏州电气公司第一届董事19人，监察13人，候补监察3人。

民国十三年（1924），几经交涉，由苏州电气公司出资收买振兴电灯公司，改振兴电灯公司为第二发电所，由苏州电气公司统一经营。随后，一面继续招股增资，一面对董事会进行改组。苏州电气公司收买振兴电灯公司后，阊、胥两厂同时发电，当时，苏州电气公司拥有3机3炉，发电装机总容量为11800千瓦，有职工近300人，由三类电厂一跃成为全省最大的民营电厂。民国二十五年（1936），苏州电气公司发电量1635万千瓦时，供电量1471万千瓦时，最高负荷5600千瓦时。随着发电装机容量增加，苏州电气公司的营业由城区向邻近县镇扩展。从民国十四年—民国二十六年（1925—1937），前后收并邻近乡镇12家小电厂，营业范围已发展到吴县、吴江、无锡、昆山、嘉兴5县的27个乡镇，企业内部管理亦日趋完善。

民国二十六年（1937），日本侵略者为统一控制华中地区电气事业，在上海成立“华中水电公司”。民国二十七年（1938），该公司派人多次与苏州电气公司董事会协商所谓“合作”事业，妄图通过合资经营或出资收买，达到吞并苏州电气公司之目的。苏州电气公司以企业性质是民营商办，不得招收外资入股为由婉言拒绝。民国二十九年（1940）三月，日军率领十余人对电气公司强行军管。同年六月，成立华中水电公司苏州办事处，所有首脑人员均为日方人员。

抗日战争胜利后，国民政府经济部苏、浙、皖区特派员来苏接收华中水电公司苏州办事处，于民国三十四年（1945）年接收完毕，照常发电。民国三十七年（1948）八月，国民政府发行金圆券，券值动荡更激烈，加上面临新中国成立前夕，大批国民党军队溃逃至苏州，军警特殊用户乱拉私接电源，窃电、拖欠、不交电费现象极为普遍。是年，苏州解放，电气公司的发、供电设备均未遭破坏。

1949年5月6日，苏州市军管会进驻苏州电气公司帮助恢复生产，为扶持有利于国计民生的公用电气事业，同年11月3日，苏州市人民政府批准人民银行将原来给苏州电气公司的2亿元（旧币）贷款作为正式投资。政府投资后，双方成立生产改进委员会（后改为厂务委员会），共同协商恢复生产事宜。1951年8月1日，旧董事会解体，10月21日召开临时董事会，对董事会进行改选，宣布苏州电气公司实行公私合营，成为苏州第一家公私合营企业。原董事长宋友裴因年老体弱提出辞职，第一任公方董事长由市长王东年兼任，私方董事长由贝祖武、费盛伯担任，续聘张宝桐为经理，何明、周信伯为副经理，阮昕为总工程师。1958年6月和1959年11月，望亭发电厂一、二期工程分别竣工投运。为支援苏北地区办电，1958年3月，苏州电气公司将3号机组拆迁泰州。9月25日，苏州电气公司与望亭发电厂（苏南电网）并网发电，从此，结束苏州电气公司长期孤立运行的局面。1962年7月1日，撤销苏州电气公司建制，发、供电机构分开，分别建立苏州供电局和苏州发电厂。至此，苏州电气公司的历史结束。

如今的苏州电气公司旧址位于劳动路苏源电力建设工程公司内。2004年被列为苏州市控制保护建筑。5幢青砖洋房矗立如昔，却早已没有了机器轰鸣，伴着夕阳西下，身影渐渐老去。

—乡村古建—

大盐商别墅文德堂

控保档案：编号为271文德堂，位于东山镇王衙门前，今人民街46号，乃晚清建筑。

文德堂位于东山镇西街王衙门前，现人民街46号。建于晚清，为东山扬州大盐商叶翰甫别业。这里原是明代正德年间阁臣王鏊阁老厅旧址，俗称王衙门前，又因旧时官轿至此必停轿步行而称轿子弯头。清光绪三十一年（1900），叶翰甫经商发迹，衣锦还乡，购王氏旧址而建。其宅背靠青山，面向古街，气势恢弘。东侧有明代楠木厅、郑氏延庆堂等明清古建筑群，西面不远处即为著名的响水涧、诸公井等古迹。

叶翰甫（1845—1917），初名懋鎏，后又名祥鎏，号伟成，系宋代名臣叶梦得第27世裔孙，世居东山茶叶弄文蔚堂。他虽生于大户之家，但到他父辈时已家道中落，家资不裕，又遇战乱，为治生计，只得放弃读书，改习经商。开始时他在松江、青浦学典当业，后从事运输，能左手持筹，右手握管，对答肆应，从不失误。其经商理账之才能，为浙江大盐商刘氏所赏识，遂委以重任。时淮盐全赖江河运输，扬州为水道枢纽，帆桅四达，行商云集。叶翰甫襄佐刘氏及吴中王氏操办票盐运输长江沿岸，供军民之需，其得甚厚，家业从此兴盛，遂至自行立业。

自立门户后他知人善任，又常结交四方人士，共同谋划经济，又从盐业扩展到金融业。他先后在扬州设大生钱庄，在淮阴设德生（后改泰生）钱庄，在镇江设道生钱庄；此外，在高邮、睢宁设当铺；在苏、沪建办有永生、鼎康、大德等钱庄及协盛等典当。这些钱庄与典当都以翰甫之名为号召，兴旺发达。继而叶翰甫乃与安徽歙县汪鲁门在淮北兴办盐场，他们精诚合作，经其数年不懈的努力，盐业大获成功。据说当时的江淮从南至北，无不知有“洞庭叶翰甫”之名的人。叶氏在外经商久住扬州左卫街李宦大宅，垂老归山后，于光绪三十一年（1900）构筑新宅文德堂于王衙门前。

文德堂为吴县香山帮艺匠建造，是一座清代晚期的砖木结构建筑，既有上海石库门的风貌，又有扬州建筑风格，但又不失东山商贾传统的宅园格局。其宅占地1500多平方米，有前后3进，处中轴线对称分布。入大门为照壁、门厅，然后是二门（又称仪门）、大厅、楼厅。于中轴线左右设客厅、花厅、书房和佛楼。门堂两侧为细砖八字墙垛，轩前置放花瓣形的“门当户对”青石抱鼓，轿厅梁檩四周为徽派雕刻的古代戏剧人物故事。大梁扁作，梁面纹饰雕刻“凤穿牡丹”“暗八仙”；山架梁上施斗拱，替木以承脊檩，其间嵌以浮雕云雾山水图案。厅堂宽敞华丽，厅内方砖铺地。前厅名翠花斋，主梁上雕刻“福禄寿”“义结同心”等图画，厅内陈列明式玉龙罗汉床、霸王枨方台、瓜棱书橱、玉龙平头几、四出头官帽椅等。大厅有上下两层，高9米，占地约100平方米，二楼上檐伸出一椽，大厅廊沿下置两只踩绣球狮兽木雕神仙座椅。大厅匾额“文德堂”三字，由著名画家亚明题写。楼轩庭院四周用水磨青砖垒砌贴面，极为光洁。地面均用水磨方砖铺就，既透气防潮，又庄重大方。每进之间均有40多平方米的天井相隔，以解决采光、空气问题。叶翰甫晚年同妻秦氏、继室张氏、子昭铮（字铁生）、长女淑英就居住于文德堂主楼中。1922年6月，叶淑英与严家淦结婚，惜是年农历九月初三，淑英因患病误诊而病故，年仅20岁。

辛亥革命时，太湖匪患不靖，叶翰甫又筑新居于苏州城高师巷。翰甫重视敦宗睦族之外，更不倦于桑梓公益事业。他修筑殿泾港码头、捐建上海洞庭东山会馆及三善堂（东山民间慈善机构）。其对乡中义举亦不甘落后，如江北赈饥诸事，尤乐于捐募，为人称道。他还资助有才子弟得以深造，曾出资给族侄东吴大学理学士兼文学士的叶承豫，支持他去美国纽约康省奈尔大学留学农业科学。又拟由义庄兴办学校，开倡奖学之风。正当其晚年大兴教育之业时，竟有志未遂，于民国六年（1917）冬病逝于苏州高师巷新居，终年72岁。1920年，叶翰甫病逝3年后，东山叶氏子弟为纪念翰甫功绩，在雨花禅院前兴建一楼，名“醉墨楼”，南通状元张謇为楼题写了匾额。

文德堂子孙兴旺，且大多事业有成。长孙叶承铎，字振民，台湾著名绅士。1969年8月过世后，蒋介石曾亲笔书“遗芬裕后”匾额，严家淦为他撰墓志铭，表彰他为振兴台湾经济作出的贡献，现其匾额及墓志铭原件均置于东街敦裕堂方志名人馆内。文德堂后裔中还有叶曾望、叶同昆、叶肇鑫等18名教授及高级工程师。

新中国成立后，文德堂被地方政府作为公产接管，作为震泽县机关办公场所。1977年起转让于江苏省地质矿产局苏州疗养院，建办职工住宅和地疗招待所，后房屋被长期空关。1998年，高田村村民于如林购买下文德堂，并花巨资进行全面修缮，还把他多年收藏的150多件明清家具放置宅内，开办了“文德堂明清家具陈列馆”，现因客流有限，只预约开放。

知府门第乐志堂

控保档案：编号为257的乐志堂，位于吴中区翁巷村平盘东侧双潭前，现太平村18号，乃清早期建筑。

严氏乐志堂在东山翁巷村坪盘西侧，前为双潭，东为清建同德堂，西边与翁氏古香堂相连。这里是清末广州知府后任过江苏省财政厅长的严家炽故居。乐志堂始建于明嘉靖年间，为岱心湾刘氏所建，南京礼部尚书董其昌撰有“建乐志堂记”，原嵌砌于右壁，毁于“文革”。清嘉庆年间，乐志堂因年久失修，已甚为破败，严氏购买后进行大修，故其宅现仅存清代风貌。2005年，严氏乐志堂被公布为苏州市第二批控保建筑。

乐志堂是清代中后期显赫的高官门第，其建筑颇具官家气派。严家炽（1873—1952），字孟繁，出身官宦世家，祖父与父亲均为朝廷四品正堂。祖父名国栊，号雨亭，生于清嘉庆十九年（1814），官荣禄大夫，亦官亦商，家境殷富，遂在翁巷购刘氏旧宅重建乐志堂。其长子良勋（1845—1914），字子猷，毕业于上海广方言馆。先后任过福建福宁、汀州、泉州知府，颇具政绩。良勋长子家炽，清末由吴庠生选授吏部司务。后历任九江府江防同知、广东韶州知府和广州知府署巡警道。清代末年，他从江西景德镇同知升授广东韶州知府。时粤境郡县十之有四，文诰狱讼纷沓，群盗大侠猖獗，边疆之吏又大多贪赃枉法，社会治安极为混乱。严家炽一到韶州任上，即培校植秀，奖善摧强，执法严峻，使韶境很快改变了面貌，被誉为强项之吏。其第二次至广东，任广州知府兼巡警道时，中国爆发了震惊中外的辛亥革命。是年农历三月二十九日（4月27日），孙中山领导的同盟会在广州起义失败，黄兴率领革命党人攻打广州制台衙门。因清军火力较强，加上革命党人武器不足，牺牲百余人。事后广州当局曾出告示，要死难者家属前往认领遗体。但牺牲的革命党人家属怕受牵连，没有人敢前往认领，严遂令人葬于城郊黄花岗荒丘上，计七十二具遗体。民国七年（1918）由华侨捐资在原地建成墓园，史称“黄花岗七十二烈士墓”。新中国成立后，墓园重修并扩建，现为一处全国重点文物保护单位。

民国后严家炽又先后任广州国税厅筹备处长，广东、湖南、江苏财政厅长。民国五年（1916），出任广东海关监督，兼粤省财政厅司长和国税厅筹备处长。时广东因连年战争，水火耗之，外商偷漏税严重，当局敲脂剥髓，只顾自己发国难财，而不顾人民死活。粤境百姓，富者贪，贫者死。严家炽再次临粤，进行了大刀阔斧的税制改革，减免了一部分吃饭不管事的税官，又处理了一批偷税逃税的奸商，很快改变了广东财税积弊，使上赏其绩而下悦其德。继之，严家炽还任过湖南财政厅长兼湘省按察使和江苏财政厅长等职。在江苏财政厅长任上时，他与清末状元张謇过往甚密，在《张謇存稿》中，从1920年12月至1923年11月的3年间，收录有张謇致严家炽财长书函16封之多。内容均为国计民生与江苏财政问题之探讨，亦多友情问候。民国初年（1911），洞庭东山旅沪同乡会成立时，严家炽出任第一届会长。民国八年（1919），在东山发起修筑法海路，今遗迹尚存。

日本帝国主义侵华时，严家炽经不住名利诱惑，晚年误入歧途，任过伪华中财政部长、汪伪南京政府财政部次长、监察院监察使等伪职，成为终生遗恨。在野时则兴办矿业和经营盐运等业，想以经办实业来赎

罪。抗战胜利后，严家炽被国民政府以汉奸罪逮捕，判处13年徒刑。新中国成立后，被人民政府宽大释放。1952年病逝于上海。

乐志堂原规模宏

大，有门厅、前堂、大厅、前楼、后楼和西轴线上的花厅、客厅、书楼、附房等建筑。现保存有前、后住楼两幢，面积约1120平方米。用料粗壮，门楼高大，官宅特点甚为明显。前楼面阔4间，前后带厢房，2楼内四界大梁扁作，抬梁式。后住楼面阔4间带2厢，步柱下设青石质覆盆柱础。后进2楼亦为内四界大梁扁作，抬梁式。山界梁背设荷叶墩，置五七式斗六升牌科，山尖施山雾云，拱端脊檩两侧施抱梁云，楼底厢房前檐下为雀宿檐做法。

清末乐志堂有一支至木渎经商，遂迁居木渎。严氏第19世孙时定居木渎的严家显20世纪30年代留美，获博士学位。回国时正值抗战时期，面对日本帝国主义的侵略，他立志教育救国，创办了福建农学院，后来又被复旦大学等5所大学聘为教授。50年代初，美国在朝鲜战场搞细菌战，曾从事生物与昆虫研究的严教授毅然报名赴朝，临行前病逝。次女严隽琪毕业于上海交通大学，任过上海交通大学机械系教授、博士生导师、校长助理兼机械学院院长和上海市副市长，先后被授予国家有突出贡献的专家、上海市劳动模范、全国“五一”奖状获得者，在第十一届全国人大常委会上当选为人大常委会副委员长。2010年7月14日，严隽琪副委员长在新疆考察工作时，专程接见了东山在新疆工作的著名书法家席时珞，受东山镇委托，席时珞先生向严隽琪副委员长赠送了《东山教授》《东山古建筑》等书籍。严隽琪副委员长非常高兴，说我们都是东山人，大家来合个影，便拿着书籍同席时珞等同志合影留念。

新中国成立初，乐志堂收归为国有。20世纪60年代，曾在该宅第中办过东山芦菲厂、吴县工业学校。1970年左右，乐志堂大厅被拆去建造东山新百货公司。现该宅为居民李佩华、俞仁福私产。

龙血流淌成山涧

控保档案：编号为275响水涧，位于东山镇西新街16号与22号之间，乃明、清古迹。

响水涧为东山胜迹之一，位于西新街庙渎村下，现西新街16号与22号之间，先后开挖修筑于明末与清初期。其此为东山著名的名胜古迹区，涧西端是江苏省文物保护单位诸公井亭，南面为明代所建的施公桥及施巷河，北面不远处即为廿四弯，又名虾蟆岭。近处还有金鸡岭、凤凰桥、灵佑庙等宋明清古迹。

廿四弯与响水涧两处古建筑，源于同一个民间故事。据说明朝洪武初，朱元璋夜间做了个奇怪的梦，梦见太湖上空红光一片，将有新天子出世，来抢夺朱家天下。于是令军师刘伯温乔装打扮，暗访江南。经过一番周折，刘伯温渡湖来到洞庭东山，在虾蟆岭寻到了一处龙穴，遂用廿四只金钉把即将成形的卧龙活活钉死了，其龙垂死挣扎，龙身曲成了廿四弯斗，龙血淌成了一条响水涧。虽说是民间野话，却也为这两处古迹增添了不少神秘色彩。

坐落在虾蟆坞中的廿四弯，南起前山曹坞里，北至后山陆巷村，岭高160米，历来是前山与后山之间的交通要道。因僻远山蹊，乱石狰狞，山人来往苦不堪言。每遇大

雨，山水骤发，冲蚀路石，如不慎坠落，将危及性命。据方志记载：清嘉庆二十四年（1819）八月，湖沙里旅沪商人徐学巽（字震东，号春帆）与金宜臻发起倡议，带头捐资修筑虾蟆岭山道，其议得到太湖同知罗琦赞许，为之出示布告，晓谕公众，参与其事。其岭修筑极为科学，二十四段山路共长245米，岭底路宽2.3米，岭顶宽2米，全用可防滑的山石筑成。山路各个弯折处，因面朝的方向不同，所观景色也各不相同，忽而远树青山，忽而山崖深坞，忽而村舍炊烟，忽而果林葱郁。岭顶远眺，云飞出岫，鸟倦归巢，又别具一番风情。

响水涧全长2.5公里，源于莫厘峰和三茅峰等九坞之水。始起法海坞路文贞公墓前，汇诸路山水沿山形而下，过平岭山坞，迂回曲折，逐渐向南，绕过曹坞村之边缘，而后转向东南，入庙渎村，忽地向东，旋又南流入街，进入港道。每当雨后，山水奔腾而下，忽东忽西，曲曲弯弯，犹如一条素练飘然而下，又飘然而去。上流水珠飞溅，极为壮观；下游明流暗淌，似断若续，有神秘莫测之感。

从庙渎村潘家巷圈门到西街施公桥，约长300米的下游山溪是响水涧的精华。圈门北侧涧旁有一座河房，悬筑在涧之上空，春夏水流湍急，水珠飞溅入窗，可有惊无险。河房前为一小潭，四周砌有山石驳岸，南北两岸临水筑有阶沿，为附近村民淘米洗菜和洗衣之处。涧上一座青石小桥，过往行人不断。其段山涧高达2米，北侧建有高低不一的花岗石护栏杆，旁为一条宽2米多，并用细砖铺筑的山道，为后山陆巷、白沙诸村山农及近处曹坞村人上街必经之路。路北面建有许多明清古宅，东端一口古井，青石井栏上深凹的绳印是其苍老的年轮。涧、房、路井诸景，形成一组古朴的景观。响水涧井至施公桥下之鲤鱼潭为山涧之下游，涧上架有弯背之拱桥和狭小之平桥。东岸亦筑有古道、古宅，而西岸全为临涧之河房。在山涧入街的暗河口，其水争先恐后入港下湖，哗哗的流水声能传到一里路外，为山涧之奇观，响水涧之名亦由此而得。最有趣的是涧中间立有一根六角形的青石柱，上建有一木板小筑，远远望去，宛如一艘藏头隐尾的画舫。碧波清流，浑然一体；水景桥景，相得益彰，如梦似幻，给人留下无限遐想。

20世经70年代，前山沿山脚开挖了从庙渎至翁巷村的泄洪河，目的是想把莫厘峰、虾蠓岭、雨花坞、翠峰山诸山之水，从山脚引入太湖，减少山村黄梅雨季的水患，但响水涧源头之水被拦腰斩断，水流大大减少，只是到了春夏大雨过后，才能听到哗哗的流水声。2005年响水涧被列为苏州市控保建筑后，东山镇投入大量人力物力对古涧进行整治与修缮，清除泥沙杂物100多车，达50多吨。

2011年冬季，全长2500米、将投资数亿元的东山西街旅游景区建设全面启动，响水涧是西街景区的精华，专家们将采用科学与人工相结合的方法，使响水涧之水四季奔流。到那时，蓝天白云，古涧碧水，流淌的溪水将夹带着虾蠓岭与沿途山林的花香果香，唱着歌儿奔向远方。

慎余堂里故事多

控保档案： 编号为270慎余堂，位于东山镇东街殿背，现殿新村中街路14号，乃民国建筑。

位于东山镇东端殿背后土山口的慎余堂，又称薛家祠堂及桐荫别墅。其堂背靠青山，面临古街，宅南是著名古庙宋建张师殿，西面与同为控保建筑的清代瑞凝堂毗邻。建于民国十五年（1926），为东山控保建筑中唯一有建年记载的老宅，现建筑面积1066平方米。

慎余堂为漾家桥商人薛浩峰所建。薛氏原为清末时上海滩上一红帮缝纫，因手艺独佳而发迹。薛家祖上原亦为东山望族，清咸丰辛亥兵乱之年，漾家桥薛锦文者携家迁徙上海，后生子浩峰。薛浩峰5岁丧母，父子相依为命，备尝艰辛。稍长，迫于糊口，习练商务，作贾于丝厂洋栈，又在沪拜师学裁缝，积30年之资，于清光绪年间，50岁时在殿背后购地建造薛家祠堂。民国初年，他又在祠堂楼后建桐荫别墅。建宅后的民国十八年（1929），薛浩峰还出资在吴巷山村创办志德小学，入校就读学生书学费全免，圆了他少时没有进过正规学校之梦，也为东山培养了一批人才。

在东山现存众多的明清建筑中，慎余堂是保存最为完整的古宅。据现砌于门间壁内的《江苏洞庭东山薛氏家祠碑记》载，其堂于民国十五年（1926）四月落成，计头进3间，享堂3间，边屋6间，走廊1条，祠后楼屋3楹，披屋5间，占地二亩七分九厘六毫，造价为2200银元。慎余堂宅院依中轴线布局，保存较为完好，现有门间、门屋、大厅、住楼、后楼（即桐荫别墅）与东侧5间附房等，建筑面积为1520平方米。大门面南临街，东西两边各置2扇铁门。过天井为3间门屋，中为入大厅之通

道，左右两间分别为茶厅与轿间。大厅面阔3间，为内四界前轩后双步形式建筑。内四界大梁扁作，抬梁式。前为重轩。住楼面阔3间带2厢，上下两层。楼下前廊轩形式，轩施鹤颈椽，梁架圆作，较朴素。二楼前檐下设槛窗，下置木栏杆。明间前与两厢间为天井，天井前照墙高耸。后楼为桐荫别墅，其建筑风格带有西洋色彩。面阔3间带2厢，前有照墙与门楼，后置铁栏杆阳台，可眺望莫厘群峰及翁巷古村。

风风雨雨百年间，慎余堂因扼于翠峰坞、翁巷、殿背后诸村通往镇区东、西街的要道处，成为兵家必争之地，在老宅中发生了许多故事。1938年1月东山沦陷，日本鬼子在慎余堂大门口设立岗哨，盘查过往行人，并乘机搜刮财物，奸污妇女。翁巷村杨福生等几个热血青年，夜晚乘鬼子熟睡之机，爬墙入宅，缴走鬼子的枪支，又在墙脚装鬼叫，并散布薛家祠堂闹“狐仙”的消息，吓得鬼子撤走了这道哨卡。1944年薛永辉率领的新四军太湖支队主力连就是从翁巷进山，经慎余堂门前要道，开辟与建立了东山抗日根据地。

1946年10月10 日，中央民族文化学院曾在慎余堂桐荫别墅举办开学仪式。民族文化学院前身为中国国学研究所，始创于民国三十二年（1943）12月5日，最初临时校址在四川江北陈姓私宅。抗战胜利后，随国府东归，定名为“民族文化学院”。始在桐荫别墅上课，设中文、中史、中医等系，由沈颜闵负责管理。是年10月开课后，国民政府教育部曾派高等教育使（督学）黄问岐访问该院，并致词祝贺。但上课仅3个月，民族文化学院就迁离桐荫别墅。

新中国成立前夕，慎余堂一度被金阿三湖匪部队所占领。在宅内吸“大烟”、嫖娼妓，拷打无辜百姓。金阿三部队也在慎余堂门前设卡，并随意抓捕、吊打过往行人，勒索钱财。新中国成立后，解放军部队一连战士进驻慎余堂，帮助湖湾村农民开垦荒山，发展生产。从土山将军坟之上，到薛家山脚约百亩山地，均为当年驻慎余堂部队所开垦。为纪念子弟兵的爱民之举，当时栽种了大量梅树，村民们称之为“梅园里”，惜2004年这百亩果园全卖给了房产开发商，建成了“东山会”山地别墅区，这里已风光不再。

20世纪50年代，农村成立人民公社后，慎余堂之门屋与大厅，一直是附近新民大队的办公处。“文革”中，大队革委会常在大厅中召开社员大会，“抓革命、促生产”，每月必开一次会议。后来，村村成立“毛泽东思想宣传队”，慎余堂又成了大队排戏、演戏的场所。1976年大年初一，新民大队10对男女青年在大厅中举办集体婚礼，一位新娘还把陪嫁的锄头、镰刀等农具带到婚礼上亮相，一时成为新闻。约从90年代初起，东山房管所把慎余堂的门屋、大厅、住楼等房屋隔砌成10多间小屋，租给了14户外来人员居住。2005年慎余堂公布为苏州市吴中区控保建筑后，地方政府为更好地保护这座古宅，及时搬迁了宅内的全部租住户，并进行全面修缮，慎余堂在百年之际将获得重光。

绒线大王沈莱舟宅

控保档案： 编号为262沈宅，位于东山镇通德里新乐村37号10–11号，乃晚清、民国建筑。

“羊、羊、羊，恒源祥。”这是通德堂主人沈莱舟先生民国初年所创的绒线名品，如今，上海恒源祥集团总公司已发展到22万人，全国30个省市均有其生产企业，经销点在国内达6000多个，公司所生产的绒线和棉纺织品，1994年就居世界第一。1997年11月，上海恒源祥集团公司在上海金陵东路恒源祥商厦塑了一座高1.8米，为磨光大理石底座的半身铜像，铜像上镌刻着“恒源祥”创始人沈莱舟的名字及生平事迹。

通德堂又名沈家墙门，位于东山镇叶巷通德里新乐村37号10–11号，建于晚清，其后楼民国初年建，现局部建筑面积达757平方米，为上海绒线大王沈莱舟所建。其宅前临郑氏阳桥浜场，后靠泄洪河，东连清代文昌宫（现实验小学），西与郑氏延庆堂古建筑群相接。

沈莱舟（1894—1987），字宏让，号弱余轩主，阳桥头通德里人。民国时上海“东山帮”商贾集团的著名代表，我国“恒源祥”人造丝毛绒号创始人，上海裕民毛绒线厂经理、董事长，上海著名实业家。清末他弃学从商，17岁时到上海“久康西洋杂货号”学业。他精明能干，勤奋厚道。民国十六年（1927），入英商开设的“德记”洋行，边当跑街，边打出“沈莱记”掮客招牌，没几年就自筹经费，创出了以人造丝、绒线等为主要经营项目的恒源祥商号，其招牌意为“恒罗百货，源发千祥”，即恒古长存，源头不断，吉祥如意。民国二十八年（1939），他又在几位同乡实业家的支持下，集资在上海创设裕民毛绒线厂，并自任经理、董事长，兼任恒源祥织布厂总经理，所出产品“小因”牌、“双洋”牌绒线，质优价廉，风靡市场。他成为上海有名的实业家，又被公推为上海毛纶业公会理事长。

事业有成后，沈莱舟热心公益事业，对社会尤其对家乡贡献很大。民国三十五年（1946），他捐黄金三十两，修缮了东山南宋古迹紫金庵罗汉。民国三十六年（1947），他又捐田600亩及美金2500元，资助给莫厘中学为校产和经费。民国三十七年（1948），捐款4亿元（以当时折合8.3吨米）给东山第一中心国民学（文昌小学）修建校舍。1950年，他带头捐纯毛绒线5万磅、法币10万多元，支援抗美援朝，受到了上海市副市长曹荻秋的亲切接见。1980年他又把3件个人长期收藏的乾隆年间的白釉双耳瓷器，捐献给了上海文物保护管理部门，受到市政府的嘉奖。沈莱舟先后担任过上海市各界人民代表大会工商界代表、上海市商业联合会执行委员与上海市政协委员等职。其次子沈光宇1956年毕业于北京大学数学系，并留校任教。现为华东师范大学教授、博士研究生导师。

通德堂建于20世纪20年代初期。原规模很大，宅院前有门屋，过门屋即为花园，园内堆以假山，挖有荷池，筑有水榭，占地约3000平方米。现保存有东西两幢住楼及一排附房，其结构稍带西洋色彩。两幢住楼体量形式构架基本相同，均面阔3间带2厢，梁架圆作，抬梁式。东住楼门前的门亭式建筑极有特点，为其宅园的精华所在，做法极具特点，为方形单檐尖顶形式，面阔4.3米，进深2.8米，平面呈长方形，三坡屋面，尖顶，翼角飞翘。前檐下置四柱，角柱圆形，下设花岗石圆形础，内柱方形，下置方形花岗石柱础。门亭后柱及桁均内砌在前院墙内，亭三面启开式，后为住楼库门。亭内空悬方形花篮4只，十分美观。

沈莱舟及家人长期居于上海，逢年过节回通德堂暂住，该

宅长期由一秦姓仆人看管。1953年，江苏省在东山建震泽县，通德堂为县政府所在地，县委、县政府主要办事机构大多设在东西两幢住楼中。1959年，撤震泽县建置，东山并入吴县，通德堂即为政府房管部门所接收。现园内假山大部分已被移走，荷池局部被填埋，但各单体建筑基本完好。现有多家居民租住。2005年公布为苏州市控保建筑后，地方政府积极采取保护措施，至今宅内所有租住户已迁走。

2011年8月，上海恒源祥集团公司总经理及各地分厂80多人，特地来到东山通德堂沈宅，瞻仰上海恒源祥创始人沈莱舟故居，并同地方政府接洽，准备共同出资把这幢控保建筑全面修缮后，辟建为沈莱舟纪念馆。2012年7月，东山镇党委、政府主要领导又赶赴上海恒源祥集团总公司，商谈古宅维修及其他合作事宜。这正是：控保建筑架桥梁，两地经济展翅飞。

三代进士之家尊德堂

控保档案：编号为262尊德堂，位于东山镇湖湾村三号桥70号1-10号，乃清代建筑。

在东山翁巷古村的东北端，有一座建于清朝早期的具有明代风格的大宅院，名尊德堂，别看其宅现貌不惊人，可在清代中后期，尊德堂里出了祖孙三代进士和嫡系七代知府，可谓大名鼎鼎的官宦之家。

尊德堂位于翁巷三茅弄北面，今湖湾村三号桥70号1-10号。前为吴县文保单位清建松风馆，后连苏州市控保建筑容春堂，东接明代古宅天香馆，西靠唐代著名古道翠峰路，清代乾隆年间，翰林学士上书房行走严福所建。现保存有局部建筑面积1068平方米。

严氏为东山望族，南宋迁山后，世居马家底安仁里务本堂。据严氏第6次修编家谱记载：明末东山有严姓者商贾家资雄于乡，清顺治乙酉（1645），以赈济难民倾其家。至其孙严晓山家业又裕。乾隆乙亥（1755）岁大祲，晓山倡捐谷米，同诸善士放赈，四鼓即起，始终理其事，不假手仆从，所全活者无算。梦神告曰：汝家乙年种德，当于乙年受报。至乙未（1775）岁，晓山子福中会元，入词林；乙卯（1795）年福子荣亦入翰林；道光乙酉（1825），严荣长子良裘又中举人，次子良训考中进士。是科良训姑父吴晴舫同登甲榜，亦中进士，吴中传为佳话。

严福（1738—1792），字景仁，一字爱亭。乾隆四十年（1775）乙未秋，会试中第一名会元，殿试二甲第五名，授翰林院编修，继而又充任四库全书馆校对官、武英殿国史馆、方略馆纂修官及上书房行走。乾隆四十四年（1780）己亥，朝廷颁布恩科乡试，严福被派往河南任乡试正考官，他恪尽职守，秉公办事，录取了后来成为名臣的杨维榕等70名举子，被朝廷“号为得士”。上书房师傅是专门在皇帝书房里侍奉左右的宠臣，严福因在上书房任职时，乾隆帝经常与之联句作诗，还赏赐其名人书画、羊毫竹节端砚及貂皮一袭。他年仅55岁卒于任上。消息传入内宫，乾隆帝闻讯御旨，“厚葬”。

早春，杭州西湖寒风凛冽，薄冰封湖。太阳从湖面上刚刚升起，几百艘小船分成南北两队，忙着在湖中清淤，疏浚湖道。一位官员坐镇指挥“白堤”，一边数周，持之以恒，直到疏湖清淤工程结束。这位倡导并亲自参与疏浚西湖的官员就是清代杭州知府严荣。严荣（1761—1821），字瑞唐，号少峰，乃严福之子。乾隆六十年（1795）进士，初授翰林院编修，还先后任过浙江金华、杭州知府。时浙中私盐走私猖獗，严重影响国家财政收入。其现状是“奸徒结伙，船运络绎，武装硬闯”。而各处关卡，形同虚设。严荣一到任上，就奉大府檄令，对“盐枭”“枭棍”进行严厉打击，使之“积逋一清，吏无所容其奸”。浙西岁俭，他上奏朝廷免去灾区百姓的赋税，并派员到广东一带购米以充民食，且旁邑皆仰给。岁丙子年西湖之滨有盗棺贼，结成掘冢盗墓团伙，日夜凿道钻穴，偷窃瓜分坟内葬物。他派出衙役，加强夜间巡逻，抓了一批盗墓贼，并按大清刑律严惩。

严良训（1791—1852），字叔彝，号迪甫，又自号楚桥，严荣之子。道光十二年（1832）进士，授翰林院编修。是年擢江西建昌知府，临行还奉道光帝召见，曰：“汝祖与父俱翰林出身，甚属难得。”又曰：“看汝学问尚好，心地亦明，外出做官，须要认真办事，不可沾染外官习气。”建昌毗连闽省，为贫困难治之地。良训悉心图政，到任之日即访求民间疾苦，整顿吏胥，剔除积弊。府治所辖五邑，凡有狱讼上报府衙，他必亲提研鞫，务得实情，随时判决，案无留牍。同时又修学校，查保甲，勤农桑，裕仓储。一年之内百废俱举，政绩卓著。升广东按察使，继调任陕西按察使，在任上，他协助定西将军布彦泰平定了准噶尔回部反叛，处理了许久各属郡秋审遗留的人犯案，在陕西省城内首办育婴堂。不久，良训被恩召再次进京，道光帝奖励曰：“看汝诚实不浮，可以胜任此职。”

尊德堂为严福登第后所建，原规模宏大，有门厅、轿厅、大厅、住楼、后楼及书楼、花厅、客厅、花园等建筑，尤其是二门（又称仪门）

上端置有朝廷钦差报考中科第的“金榜”，门第甚为显赫。现仍保存有门屋、轿厅、大厅、住楼、书楼等5进建筑，达1050多平方米。大厅朝南，面阔3间带2厢，进深7椽，为内四界后双步结构。内四界大梁扁作，抬梁式，用料硕大。大梁架于两步柱之上，梁背置二斗，左右厢房各为2间。前有门楼，中为天井，规制较逊。天井正中铺石麻板，但两侧却为六角形水泥地，同前后建筑极不相称，估计属后来铺浇。大厅中横梁扁作，抬梁式，用料硕大。大梁架于两步柱之上，梁背置二斗，山界梁背设五七式斗六升牌科。正间立柱粗壮，其柱用沥金布包裹，柱下置覆盆形木鼓墩，为明式建筑风格。

大厅后左右各为2间小厢房，连接后楼高耸的照墙。住楼面阔四间带两厢，上下两层。步柱下设圆鼓形青石柱础，有精细花纹。住楼前为庭院，清水砖雕门楼共有三层，雕刻极为精致。中层字牌上镌刻有“佳述相承”额，落款“丁卯正月，朱士林书”。左右两侧有两方精细的透雕，均为“八仙庆寿”图。尤其是右边砖雕上倒骑毛驴的张果老，栩栩如生，几乎可以乱真。下层中间一方“周文王访贤”的砖雕，亦极见功力，为石雕中的珍品。

住楼下层西厢房有门，过备弄又为一座宅院，前为轿厅，后为书楼。轿厅3间，前有落地长窗，建筑朴素。书楼面阔3间，上下2层，古色古香，属明式建筑风格。书楼东侧下层有一条狭长的小弄，仅1米宽，直通楼后小花园，甚有特色。后庭院中有古井两口，一为蘑菇形青石井栏，雕有荷花，甚为古朴，为明代所建。轿厅前为一花岗石六角形井栏，栏壁西面镌刻有“清嘉庆丁未建”，也已200多年历史了。尊德堂现属东山房管所公管房屋，有东山及外地16户居民租住。2005年公布其为苏州市控保建筑后，租住居民逐步搬迁，其古宅将获得新生。

叶家古宅椿桂堂

控保档案：编号为277椿桂堂，位于东山镇西街阁老厅后大圆村，现新乐村27号。乃明、清代建筑。

椿桂堂位于东山阁老厅后大园村，现新乐村27号。南为明代王鏊阁老厅，东靠原郑氏桃源山庄（现玉树中学），西临庙山金鸡岭。始建于明初，为东山叶巷派始祖叶桂故居，其西侧花厅为元末建筑风格，清中期时曾作过东山镇乡公所，现为叶姓私产，2005年公布为苏州市控保建筑。

五代十国末期，吴越国有个名叶逵的大臣说服吴越王钱俶归北宋，因功封刑部侍郎，为吴中叶氏始祖，并在东山筑有别业。逵公第17世叶桂，又称庆廿八公，原住后山陆巷，明初因族人忤朝廷"洪武赶散"的圣旨，合族遭祸，被满门抄斩。叶桂远贾避祸，久之，返山居前山叶巷，在唐股村（后称大圆村）建屋定居，取宅名为椿桂堂，含劫后余生、椿桂馥香之意。

椿桂堂所居之大园村历史悠久。明正德年间，陆巷人王鏊入阁为相，其长子王延喆在苏州城西筑怡老园，供父返乡后进城小憩，而季子王延陵则在前山唐股村置地建招隐园，供王鏊致仕后居住。王氏在叶巷原筑有真适园，面积较小，称小园，招隐园面积达30亩之广，故称大园。招隐园有睡红轩、垂阳池馆、击壤草堂、苍润楼、停云峰、丽草亭等景观，"吴中四子"唐寅、祝枝山、文徵明、徐祯卿均有题额。

据清代《兑换住房余地贴银修造椿桂堂公所记》碑文载，椿桂堂是一座规模较大、颇具宋元风格的明初古宅。清乾隆五十三年（1788），该宅进行大修，历时3年竣工，当时绘有《全宅总图》，用以传世。从现保存的《全宅总图》看，当年椿桂堂有东、南、北三面围墙，东面是一条古弄堂，西面和西南面与邻姓住宅相连，形成一座封闭式的大宅院。该宅共有5进建筑，在主轴线上有：门屋、茶厅、大厅、辉房、辉屋。两侧有甬道、厢房、前路、后路、望楼、书房、茶厅、水池、灶间、柴房等。辉楼、辉屋、望楼和花厅是椿桂楼最具特色的建筑，与宋元时代的建筑风格相似。因年代久远，历代又多修缮，使之变化很大。尤其是大厅，曾作为乡公所使用过，不同于家族人居，除其梁架等主要构件尚属原物外，檩椽等皆被维修时更换。

椿桂堂现还保存有门间、住楼、辉楼、厢房、部分备弄和西边的书房、花厅等建筑。进门屋为茶厅，第二进是大厅。虽已坍塌，但从遗址上仍可看出，大厅系硬山博风做法，苏瓦两披顶。面阔3间，宽12米，进深7桁，达8.72米。前轩后廊，拖轩式退堂间，厅屋出地面二级石阶，青石阶沿古朴。厅内方砖铺地，柱基青石提灯形，步柱为楠木，直径34厘米，高3.4厘米，用材粗硕，外貌低矮、古朴，颇系宋元遗风。庭柱基高19厘米，直径54厘米，扁圆柿子状，周围雕有3条弦纹，下垫覆盆形青石磉。柱头有卷杀，上置坐斗，略呈梭形，无侧脚。5架梁承压在步柱的坐斗上，下有梁垫，中间略有驼峰，上有十字科斗6升拱承脊桁。前檐柱、后轩柱与步柱之间有扁薄月形步梁连接。轩3架卷棚式做法，梁上施斗拱，承荷包梁。山柱皆落地，均系楠木。脊、金桁下施水浪，既有结构上的意义，又有厅堂装饰的作用。椽皆半圆形，用料细小，与梁架比例很不协调，显然是在后期维修时被更建的。大厅两侧间隔齐全，各有6扇屏风。明间原置长窗，退堂间左右侧为半窗，为满天星式。间隔与窗均为单榫眼。正对大厅的是青石库门，门楣上饰皮条脊，这是明代建筑中常见的装饰。

住楼位于厅堂后，坐北面南，5间带2厢，规制较高，极为雄伟。西侧为辉楼，有备弄连接，楼下廊额左右两侧，有“明四家”中的祝枝山、文

徵明题字，镌刻在方砖上，镶砌于墙，体现了主人在明代中期较高的身份。文徵明题字为“碧云”，而祝枝山所题字在“文革”中被毁，仅存落款“祝枝山”三字。楼西面是花厅和书房，前有小花园。书房南面窗户均为长方形的撑窗，属宋元风格，这在东山明清建造中并不多见。园内古木葱茏，奇花飘香，且有玲珑剔透的太湖石盆景。

椿桂堂在清末民初时曾为镇乡公所之地，后归还叶姓。新中国成立后较长一段时间为公管房屋，租予多家居民居住。一度作为繁荣大队（现东山村）集体食堂。20世纪80年代初，落实房屋政策，回归叶姓。因叶氏后裔均生活在上海，托东山村民徐宝生夫妇看管，房屋毁坏尚不甚严重。在2004年苏州市区普查东山古建筑时，还存有住楼、辉楼、望楼、长廊、书房等多幢建筑。翌年底，徐氏过世后，房屋只得全部空关。2007年12月全国文物普查时，仅过了3年时间，椿桂堂内辉楼、望楼、书房、长廊等已部分坍塌，住楼西厢房亦已摇摇欲坠，急需抢救修缮。

驸马后裔郑宅

控保档案：编号为258延庆堂，位于东山镇叶巷村通德里19号，乃清代建筑。

延庆堂位于东山镇叶巷村阳桥头通德里19号，前为阳桥浜场，建有荥阳桥。郑氏原居河南荥阳，南宋初迁东山，清乾隆年间其后裔为纪念故地而筑。后连绒线大王沈莱舟宅，东靠通德堂，西临江苏省文物保护单位念勤堂（楠木厅）。延庆堂建于清代中期，现大多为郑氏裔孙私产。2005年公布为苏州市控保建筑。

郑氏为东山望族，始迁祖为南宋顺德公主驸马郑钊。建炎年间扈驾南迁，定居东山武山。荥阳郑氏归隐东山后，其子孙渔樵耕读，合力治家，经过数代人的努力，在武山建起了一个新兴小集镇，东山人称之“官庄”。郑钊过世后，葬于官庄之北武山脚下，名郑陵。明代末年，郑钊九世孙郑贵，字国祥，首次举家迁移到东山椤栳峰之东南，以耕种与商贾为业。后郑贵的5个儿子都得到了很大发展，散居东山各地。这5支儿孙又称郑氏“南五支”，即宗贤、宗志、宗政、宗诚、宗谅，5兄弟先后在东山的西金、金塔、阳桥、施巷、叶巷等村落建造了许多大宅，尤其是古镇中部的阳桥埠头通德里，是郑氏后裔居住最集中的地方，故在清代乾隆年间，郑氏在村内山涧上建造了著名的荥阳桥，至清代中期，郑氏宅第已遍及东山古镇区，目前有记载尚保存较为完整的仍达15处之多，如延庆堂、恒庆堂、善庆堂、怀庆堂、履顺堂、济美堂、德顺堂、永凝堂、同庆堂、裕庆堂、安庆堂等。

延庆堂为郑贵长孙宗贤所建。宗贤字公让，邑庠生，屡试不中，

后弃儒经商，20年而归，遂建延庆堂于阳桥头。其宅原规模宏大，约占地3000平方米。现仍保存有仪门、大厅、前楼、后住楼和新楼等单体建筑。仪门面阔1间，进深5檩。门第将军门式，砷石侧面浮雕麒麟、仙鹤纹。大厅面阔5间带2厢。内四界大梁扁作，抬梁式，其山尖所设的“祥云飞凤”纹山雾云较有特点，明间脊檩施彩绘，估计为明末清初所建。前住楼面阔5间带2厢。2楼梁架圆作穿斗式，较朴素。住楼前有门罩式门楼，青石门楣所雕双凤朝阳图案极为精美。后住楼面阔5间带2厢，梁架圆作，抬梁式，亦较为朴素。

新楼位于西侧，建于清道光年间，有门间、楼厅、佛楼、附房等单体建筑，四周有高墙，可独立成一宅院。门屋一间，西侧并排为3间轿厅，进门后为一窄长天井，东侧为老宅仪门，西侧是围墙，过石库门即为佛楼。其楼在阔1间，大门朝东，上下2层，甚为精致。佛楼南是假山花园。楼厅坐北朝南，面阔3间带2厢。左右厢楼各3间，上下两层，底楼外廊为轩形式，顶作船篷形。荷包梁及步梁均雕以山水、动物及花果纹，厢房前檐下设斜撑，做雀宿檐形式。楼前水磨砖砌门楼雕刻精细，有3层透雕。上层为梅兰竹菊图案，中层为蝙蝠云，下部左右雕寿桃，中雕寿字。楼厅东西厢楼上下8扇长窗及32扇半窗裙板上，内外雕人物和花卉图案。

郑大诚，名启抡，号通甫，一号言鼎，东山荥阳桥人（始入河南祥符籍）。祥符县（今河南开封县）禀生，清道光十二年（1832）壬辰科举人，道光二十年（1840）进士。授翰林院编修，国史馆纂修，文渊阁校理。东山郑氏南宋时迁居太湖洞庭东山，始居武山，清乾隆年间有一支迁上山，建荥阳桥及通德里，世代经商，家境殷富。宋至清代早期其家族一直生活在东山，清道光年间，二十四世郑大诚（言字辈）始迁河南祥符，后豫地这一支郑氏甚为兴旺，后来居上，至光绪末年，入籍祥符县郑氏出了4名进士和9名举人。

清乾隆五十三年（1788），延庆堂郑绪章中顺天府举人，官陕西延长知县，后因政绩升授宁羌知州。这一支郑氏后来定居河南祥符县，成为亦商亦仕的官宦世家。绪章生五子，长子玉峰为陕西候补县丞，次子瀛长为山东汶上知县。玉峰子大诚，道光壬辰科进士，翰林院编修。大诚长子孝先，河南东河县丞，保升知县。孝先五子：思赞、思贤、思宾、思赓、思贡，其中长子思赞为光绪年进士，户部广东司郎中；次子思贤同治庚午举人，历署安徽宁国、祁门知县及寿州知州；三子思宾同治癸酉举人，河南乡试解元，直隶知州；四子思贺同治甲戌进士，翰林院编修、河南同治丙戌会试同考官及贵州道监察御史。

延庆堂宅园“苏香室”前有一株老桂花树，已历经300多年，仍然粗壮茂密，高逾墙垣，每年金风送爽时，桂花满树，香飘四邻。据清同治《苏州府志》载：“苏香室在东洞庭山通德里，郑茂纳建。茂纳，字理斋，有母施氏手载桂树，宅不戒于火，桂亦焦死，理斋晨夕抚桂而泣。逾年复花，因颜其室曰苏香。”《郑氏家谱》中，还载有郑茂纳外甥周礼所撰之“苏香室记并赞”，其赞语云：“维兹植物，孰谓无情，孝思所感，枯而复荣。芬流谢树，美娩田荆，子孙敬止，永式芳型。”

延庆堂新楼因长期空关，原已十分破旧。1997年莫厘饭店业主严静浩耗资11.5万元购买后，又耗资26万元进行全面修缮，成为东山影视基地之一，曾拍摄了电影《情爱画廊》等。

杨湾张家大宅院

控保档案：编号为283崇本堂，位于东山镇杨湾浜场北，乃晚清建筑。

崇本堂是杨湾古村一座有影响的古建筑，位于杨湾浜场北面。南为清代猛将堂，西连全国文物保护单位怀荫堂，北面不远即为全国文物保护单位明善堂。崇本堂建于清代晚期，为张氏祖传宅第。原有5路建筑，现仅3进宅院，为房管所公管房屋。

崇本堂为清末民初上海著名实业家张知笙故居，为其父张平甫所建。张氏原居住在太湖三山之厥山，据说是唐代名将张巡之后，唐末避战乱隐居蕨山小岛。及明代中期，张氏有一支迁到东山寺前村居住，称寺前派。清末，张氏第21世孙寺前张平甫因家贫15岁至沪，在潘氏所设之绸缎号习商业，后又自营绸缎业，在沪地商贾30余年，于同治十

年（1871）归乡，在杨湾建崇本堂。其子张知笙生于同治二年（1863），年少时曾就读于国子监，后来改习钱业，并学有所成，曾任上海仁大、森和诸钱庄经理及江苏银行理事，被选为上海钱业公会、汉冶萍矿、招董局等董事，他还是上海总商会议员、商会公断处处长。光绪三十二年（1906），因张知笙捐资公益事业，朝廷封其花翎四品衔布政司理问，授中宪大夫。民国六年（1917），又因

他建办江苏银行政绩突出，“大总统为张武镛劳绩卓著，特给予七等嘉禾勋章，用示奖励”。1936年，民国政府江苏省省长又颁赠给张知笙一块“履信蹈仁”的匾额，表彰他为社会作出的贡献。

张知笙为家乡公益出力尤多，他是建办洞庭东山旅沪同乡会的最初发起人之一，被推选担任过同乡会第七、八届会长。在职期间，组织山人争回太湖中大、小鼍山主权，兴筑杨湾街道，创办后山燕石小学和智生义务小学等。他还创办并任过东山时疫医院、苏州旅沪同乡会、上海莫厘三善堂、洞庭东山会馆等慈善机构的董事，对乡梓贡献极大。

杨湾古街南起湖边浜场，北至轩辕宫，长达500多米，崇本堂就坐落在古街的东侧，其宅院坐北朝南，临街而建，四周高墙相围，形成一座封闭式院落。该宅原规模宏大，占地达3000多平方米，现保存较为完整的西侧围墙有100多米长，且每相隔10多米，就建有一堵马头墙。大宅院坐北朝南，有东、西两路建筑，其西路为主轴线，前后有5座独立宅院，建筑面积达1240多平方米；东路为花厅、书楼、花房、花园等建筑，现东路房屋大部已毁，仅保存有3开间2厢房很有建筑特色的花房。西路保存有前住楼、后住楼及附房等3进建筑。

前住楼面阔5间带前后厢房，前有门楼，上有风火墙，高达10米，四周围以高墙，在其大宅院中又形成一座独立的院落。楼下廊沿轩形式，明、次间前设鹤颈轩。前檐柱子为方形，下设扁方形花岗石质柱础，顶置坐斗承檐檩。前檐出檐较深，施飞椽，檐下以云头挑梓檩做法承檐口。二楼梁架为内四界前后双步结构。梁架圆作，穿斗式。在前住楼后备弄西侧靠街处，有一座更楼，下为花岗石库门，上筑有一层小阁楼，临街有一排小木窗，从窗口可看到街上全貌，是该宅的一大建筑特色。后住楼规制与前住楼基本相同，只是楼沿的木雕更为精细，可能为后来所增建。

后住楼与后住屋相连处，有一条长达30多米的东、西向备弄，其备弄从西侧石库门入口，然后朝南约10米，再折向东，曲曲弯弯筑成“之”字形伸向花园。在主宅与花园中间有一条宽约2米，用鹅卵石铺筑成各种花纹图案的小弄，弄北建有一座圈门，甚为美观。花房3间带2厢，其东厢房建有船形廊。花园已毁，只是在宅园南面墙边保存有一棵树龄约100多年的紫薇花，为建园时所栽种。

崇本堂因房屋较大，在20世纪60—90年代，曾先后作为杨湾粮站、信用社、废品收购站和东山湖新大队渔业办公室。现前两进房屋已被翻建成民房，前住楼空关，后住楼与楼后3开间2厢房住屋，租住有10多户居民。2005年，崇本堂公布为苏州市控保建筑后，当地房管部门及时迁走了租住户，并对其进行修缮和保护。2009年4月，张知笙曾孙张万燕特地从美国来到家乡东山，重返祖居参观后，对地方政府给予崇本堂的保护很感激，特捐资东山历史文化研究会陈列馆5万元。

翠峰坞口刘家宅

控保档案： 编号为261容春堂，位于东山镇翁巷翠峰坞口，乃晚清建筑。

容春堂位于翁巷村北翠峰坞口汤家场上，南为清代建筑尊德堂，东连明末古堂天香馆，西靠翠峰路，北面不远即为著名的翠峰寺及古雪居遗址，是翁巷古村中最北面的一座古建筑，为清代末年沪地商人刘恂如所建，它是东山地区晚清群体民居建筑的代表，现产权属东山房管所，居住有东山与外地居民多户。

东山刘氏明嘉靖年间从山西洪洞县大树庄刘村迁居太湖东山岱心湾，故有“大树刘氏”之称。清代乾隆年间，刘氏后裔分别撰有《大树刘氏世谱》和《岱心湾刘氏家谱》两部族谱，较为详细地记载了东山刘氏数百年间的发展史。清咸丰年间，刘氏15世刘恂如（1871—1931）弃儒就商，至沪习钱庄业，因勤慎自守，成为沪地金融界翘首。先后历任志庆、庆成、协升钱庄当首（经理），还任过上海钱业公会会长。同时，刘恂如还是一位乐于瞻族济贫的慈善家。民国九年（1928）从沪归山后，他尤致力于东山公益事业，如督建安定塔、修筑新庙戏台和辟建殿背后土山路等，在苏沪和东山均有一定的影响。他晚年归山后在翁巷汤家场购地建造容春堂。

翁巷古村位于翠峰口到席家湖边约1.5平方公里的山坡上，形成于明代中期，现仍保存有近20幢明清建筑。容春堂在翁巷村的最北部，东、南、西三面均为古建筑群，而北面就是荒山坡了。据说清末刘恂如发迹后，准备在老宅旁建造新楼，苦于没有好地。后一名风水先生给他相中了村子最北面的一块山地，并告诫说：“此地为一鲫鱼穴，水道通

太湖，将来子孙能大发，但如果鱼搁浅涧，将有灾难。”当然这不过是后人的一种杜撰之说，因新中国成立初，刘恂如之独子参与不法道会被政府重办。

容春堂在民间的说法叫108间，这是因为其宅规模宏大，整幢建筑中有108间房屋而得名。原有3路单体建筑，现保存较为完整的西围墙长达100多米，围墙外即为翠峰路，是原千年古刹翠峰寺通往山下的主道，道旁墙边石板下是一条暗溪，淙淙溪水直奔太湖。中路主轴线上分布有门屋、大厅、前楼、中楼、后楼；西路以长达百米的备弄为界，有花厅、茶厅、书楼、后花厅；东路为花园与园林建筑。现东路建筑已毁，成了民房，而中、西两路房屋基本完好。门屋面阔3间，进深7檩。左右两边山墙顶部置五山屏风式风火墙。大厅3间，前有高围墙，石库门上钉方砖，称将军门式，门楼上有“佑启后人”四个砖雕大字。但大厅规制稍逊，同大门风格很不协调。前楼面阔3间带2厢，梁架圆作，较为朴素。檐柱下设青石质提灯形柱础。厢房前檐下为雀宿檐做法，较为美观大方。楼前天井前为一座水磨砖砌门楼，外侧极为朴素，朝住楼的内侧十分精致，下方一青石门楣上的“凤穿牡丹”纹雕刻精美，清水砖雕挂落极为精致。中住楼规制稍逊，因长期无人居住，门窗紧闭，已生白蚁。后住楼亦面阔3间带2厢，梁架圆作，内四界抬梁式，边贴穿斗式。其楼的规制明显优于前楼和中楼，据说新中国成立前一直为主人居住。

前花厅面阔三间，前有庭院，院内植有花木，东侧与厅堂相隔处有一座石库门，其上方砖雕十分精美。书楼坐西面东，3间1阁，上下两层，较为精致。后花厅面阔3间，进深7檩。前后带轩，内四界回顶，为三轩连缀满汉式建筑，前有庭院，院内地铺“平升三级”图案，院墙抛枋面以墨笔绘有人物戏文故事与花鸟动物图案。

据刘氏家谱记载，东山翁巷刘氏至刘恂如之子刘金生为七代单传，家境殷实，加上刘恂如曾任过上海三家钱庄的经理，亦积聚了可观的财富。在清末民初，社会动荡、经济萧条的情况下，刘家还能在翁巷建起规模如此宏大的豪宅，可见其实力之雄厚。新中国成立后，容春堂除少量房屋刘氏保留外，大部分房子归入公管房屋。1973年席家花园（启园）建办吴县晶体管厂，外地工人较多，因容春堂离厂区近，房屋面积大（即其时始称108间），该堂几乎全部辟为职工宿舍。后来，工厂搬迁至苏州，所住职工也大部迁到了城内。刘氏生有9个子女，他们在时代的洪流中都经受了考验与锻炼，有的成了军队干部，有的是人民教师、还有的被评为高级职称，均成了对社会有用的人。

儒商世家礼和堂

控保档案：编号为291礼和堂，位于金庭镇明月湾，乃清代建筑。

礼和堂位于金庭镇明月湾古村，即吴家老宅，是明月湾典型的古民居之一。建于清乾隆四十八年（1783）。坐北朝南，占地450平方米。建筑均高两层，分成东西两路，西路为主轴，依次设大厅和内厅，东路为门厅和书斋。大厅额署“礼和堂”，2005年重建。书斋为花篮厅结构，制作精良，额署“南寿轩”。2005年公布为苏州市控制保护建筑，同年由金庭镇人民政府斥资整修。

建筑分东西两路，东为门厅、书厅，西为楼厅和内楼，均为楼屋，高度基本相同。门厅楼下设置库门，原为轿厅，楼上供奉祖宗牌

位，因此称家堂楼。门厅内设有砖雕门楼一座，雕刻较简练，题字为“粹和录德”，上款为“乾隆癸卯仲冬吉旦”，下款因“文革”时期被破坏而无法辨认。书厅名南寿轩，花篮厅结构，匾额尚存，厅前设小花园，墙上有砖雕题字“清芬蔼若”。南寿轩主人吴廷枢（1733—1788），字载南，号寿轩，生于清雍正十一年（1733），卒于乾隆五十三年（1788），以自己的字、号冠书

斋名。楼厅是整个院落的建筑中心，专供庆典礼仪和接待宾客之用，因此陈设非常讲究，除了台、椅、茶几之外，还挂有字画对联。楼厅前廊两侧门框上，分别有“珠明”“玉润”砖雕题字。楼厅后侧有砖雕门楼一座，雕刻较简练，题字为“芝兰挺秀”，乾隆癸卯由明月湾人邓若木题。第3进内楼为宅主生活起居和藏闺之所，做雀宿檐（以软挑头承屋面，附于楼房），廊轩宽畅美观。

吴家迁居明月湾——吴氏为明月湾首族，人口最多。吴家迁居明月湾，还要从吴家的韫和太公说起，因为他是明月湾吴家的迁山始祖。韫和太公的父亲名叫吴璘，伯父叫吴玠，这兄弟两人青史留名，都是南宋时的抗金名将，曾先后担任过叫做“四川宣抚史”的大官，执掌我国西部四川、甘肃、陕西一带的军政大权。他们率领的军队英勇善战，人称“吴家军”，和岳飞的“岳家军”齐名。在历史上著名的和尚原（今宝鸡一带）、仙人关等抗金战役中，“吴家军”以少胜多，大败金兀朮，使金兵不敢窥蜀。在1992年，吴家祖籍甘肃省庄浪县还专门建立了吴玠、吴璘纪念馆，以彰显他们兄弟俩爱国爱民的丰功伟绩。韫和太公名叫吴挺，字韫和，虽为军人子弟，却是一介书生。他忠心爱国，很有骨气，对于侄儿吴曦与金兵勾结、卖国求荣的背叛行径十分气恼。于是扶老携幼愤然出走，颠沛流离，历尽曲折艰辛，最终落户于明月湾。由此，吴家结束了动荡的军旅生活，寻到了宁静安闲的山林乐趣。

吴家是在南宋嘉泰（1201—1204）年间迁到明月湾的，屈指算来，已有800多年历史了。800多年来，吴家繁衍生息，一代一代人丁兴旺，今已成为明月湾的大家族之一。子孙中有以耕田立身的，有从事商贸经营的，也有在外读书求职的，虽未见再有人当过大官，只是寻常百姓而已，但始终保持着简朴礼让的家风。翻开《明月湾吴氏世谱》可以看到，清代工部侍郎王以衔称赞明月湾吴氏家族“苗裔繁衍，家有俊良雍睦之风，溢于闾里”，清代诗人沈德潜则说明月湾“有吴氏者多行厚德”，这就很值得吴家自豪的了。

提起明月湾吴氏家族，吴逻这位先祖是不能不说的，因为他开了吴家经商的先河，带领吴家走上发家致富之路。吴逻，字允晖，大家都称他为允晖公。他生于明代成化八年（1472），是明月湾吴氏的第10代孙。在他之前，吴家“皆以耕读相承”，也就是说只做两件事，一是耕种田地，二是读书自娱。其实过去读书常和当官连在一起，读书当不上官，只能靠种田过日子，生活是十分清苦的。显然，吴家祖上即使有许多遗产，到了允晖公这一代也早已吃用光了。

允晖公生性聪颖，读书成绩优异，为此经常得到老师的赞扬，说他是栋梁之才。然而吴家家境日益贫困，加上连年灾荒，开始面对断炊的威胁。允晖公看到年迈的双亲常为生计操劳，心中不忍，不得不主动退学，作出了去湖南经商的选择。允晖公是个文化人，见多识广，善于处理各种问题。他在经营中待人接物温文尔雅，讲究信誉；买进卖出，落落大方，又精于核算，不到几年便获利颇丰，家中的生活得到了明显改善，让父母在家安度晚年，衣食无忧。妻子谢氏为他生了廷珪、廷璋、廷玺、廷琫4个儿子。允晖公到了中年以后，家中便十分富裕了，但他自己生活节俭，仍然过着粗茶淡饭、节衣缩食的日子。他自己克勤克俭，对待周围的人却从不吝啬，凡穷亲戚上门告贷，或者乡里举办公益事业请他捐助，他都欣然允诺。允晖公出入乡里办事公道，一举一动都按规矩行事，未尝稍逾尺寸，从而得到了大家的信赖和尊重，大家称他为善士。明嘉靖十五年（1535）去世，享年63岁，明代苏州状元、宰相申时行哀叹说，吴逻富了一家人，却误了一生才。

仲昭公名叫吴烜，是明月湾吴氏的第15代孙。他虽是生意场上的人，却不以钱财为重，为人仗义慷慨，乐于助人。仲昭公的哥哥吴爆经商多年，只能勉强维持日常生活，而仲昭公到湖南湘潭后生意红火，广交朋友，诚信经商，不到几年即赢得厚利。但仲昭公生不逢时，此时正值明清更迭不久，社会动荡不安。某日盗贼闯入仲昭公住宿地，窃走财物无数。仲昭公告于官府，谁知官盗串通勾结，颠倒黑白，反遭盗贼诬陷，要不是朋友帮忙，仲昭公差一点就被关进大狱丢了性命。仲昭公有理无处讲，只能自认晦气。又一日，仲昭公搭船去长沙办事，半途遭土匪炮击，船老大当场死于非命，仲昭公幸免于难，但目睹船老大死得凄惨，由此幡然省悟：孔方兄（即铜钱）这东西固然是好，但要是命归黄泉，身外之物与粪土何异!

仲昭公回到湘潭后，随即劝说哥哥吴爆，要他尽早返回洞庭西山。

他说："您是吴家长子，靠您支撑门面，不能有所闪失。回乡后好好照顾父母家人，待时局好转，再来湖南也不为迟。"说着以千金相赠，说："此全家足以受用些时日。"

此时旅湘同乡处境困难者也不在少数：有些一日三餐无着，难以糊口度日；有些返乡乏资，有家回不得；有些贫病交加无力就医，乃至客死他乡，后事无人料理。仲昭公经过再三思考，决定倾囊而出，买良田三十亩，送给西山旅湘同乡会的洞庭会馆，说："虽区区小数，但每年总能收些利息租金，可用来解同乡一时之急，算是我一番心意。"仲昭公此时散尽钱财，一身轻松，对人说："先是被盗，算是偿还前生前世欠下的孽债；后是给哥哥一笔重金，回报父母养育之恩，略表兄弟手足之情；再者人生在世，难保一生没有曲折。今日我帮人，说不定明天人帮我，到洞庭会馆捐款，算是为后半生买个平安。"

几年之后，湖广地区进入太平盛世，仲昭公重返商界再显身手，生意更加红火。仲昭公生于明崇祯八年（1635），康熙三十八年（1699）去世，好人一生平安，享年65岁。配本村邓氏为妻，育有国珩、国珩二子。

礼和堂的始建年代，在砖雕门楼的署款上，明确标明是清乾隆四十九年（1784）。但此宅第到底是经哪一位先祖之手建造的，现在的吴家后代已很少有人知道了。根据《明月湾吴氏世谱》记载，当时吴家有一位廷枢公，可能就是礼和堂的创建者。

礼和堂的东书房，匾额上题写着"南寿轩"三个大字。匾额系原物，虽已十分破旧，但字迹仍清晰可辨。

在古代，男尊女卑的观念根深蒂固，绝大多数农村妇女连个名字也没能留下来。其实，她们在建设家乡、支撑门庭中的作用功不可没，比如，吴家树衡公的妻子蔡老太太就是一例。蔡氏娘家在西山消夏湾，她年轻时就温顺、贤淑，由于父亲死得早，便和母亲相依为

命，辅助操劳家务。她母亲自叹命苦，常偷偷面壁哭泣。蔡氏见后，劝之再三，劝之不听，母女俩便抱头痛哭。邻里们也为之伤心落泪。

蔡氏18岁时嫁到明月湾吴家。她丈夫树衡公原本在湖南经商，婚后不久，蔡氏就劝树衡公尽早返回湖南，她说："我家以贸易为生，旷日辍业这算什么呢？且人多口杂，请勿要因眷恋乡里为借口。"树衡公在湖南克勤克俭，锐志经营，但由于体弱多病，加上省吃俭用，积劳成疾，得了心悸病。在外坚持不下去了，只能回乡疗养。谁知久治不愈，接连卧床3年。蔡氏早晚服侍，为之四处求医，因之寝食俱废；每晚焚香拜佛祷告，表示愿以身相代。树衡公一病不起，临终前对蔡氏道："上有老母，业已年迈；下有小儿，尚在襁褓，惟尔是赖。拜托，拜托！"说完便撒手人世。蔡氏含着热泪，接过了养姑扶孤的重担，由此闭户自励，苦守清贫。不久婆婆病卧床褥，蔡氏送汤送药，早晚服侍，数十年如一日，从无怨言，直到婆婆87岁去世。树衡公死时儿子才4岁，每晚子读母织，经常深夜才睡。春去冬来年复一年，儿子长大成人，蔡氏为其找了个好媳妇，终于稍感轻松。然而此时蔡氏自己已年老体衰，精力耗尽，竟卧病不起。儿子、儿媳十分孝顺，争相为老母求医治病。蔡老太太笑着摇摇手说："吴家有难，老天派我来和你们共渡难关。现在关口已过，我的任务也完成了，该回去了。" 清乾隆十二年（1747），蔡老太太安详去世，享年62岁。蔡老太太在世时，受到全村老少的敬重，出殡时，全村老少自发上山为她送行。

名家留迹礼耕堂

控保档案：编号为292礼耕堂，位于金庭镇明月湾，乃清代建筑。

位于明月湾古村的吴家老宅，建于清乾隆三十四年（1769）。据房主吴根泉老人口述，他家先祖原居湖南炎陵县，以打鱼为生，后漂泊至西山明月湾立家，以酿酒（作坊）为生。礼耕堂原是一组4进的大型民居，现存3进，但只有第1进基本上保持了旧时样貌，其余2进皆是后来改建的新式两层楼房。

礼耕堂第1进老宅由吴根泉老人夫妇居住，第2进新式楼房由其女儿及女婿朱新元居住，第3进无人居住。礼耕堂面朝东南，其中第一进老宅占地228平方米，建筑面积197平方米（不含2楼），主要包括客厅、卧房、天井、厨房、餐厅、蟹眼天井、阳台等。

以目前规制来看，礼耕堂是非常规整的建筑群，以一条中轴线为主，一进接连一进，左方以备弄相连，每一进皆包含了一座楼屋及天井。自宅门而入，是一个门间过道，面对的是一长排的备弄，向左转即是石库门及入口天井，石库门面对天井处是一道砖雕门楼，雕刻线条简洁明朗，多是吉祥花草纹，字牌上阴刻涂朱的四个大字“芳馀九畹”，上款时间为乾隆己丑（即乾隆三十四年，1769）春孟，落款人署名为秦大成（秦大成，字

澄叙，号簪园，江南嘉定人，是西山秦家堡秦氏后裔，乾隆二十八年（1763）癸未科状元，授编修）。

门楼前有一“L”型檐廊，可沿檐廊走进大厅，如遇雨天，一进屋门根本不必担心淋雨。入口天井的左侧有一口井，右侧有一间平房，据吴家主人告知，那是婚丧喜庆时乐队休息之处。门厅面阔3间，内设有屏门，将厅堂分为前后两部分，前部分约占厅堂进深四分之三，楼梯放在后部。门厅的屏门右后方有一蟹眼天井，仅靠2楼的一方小窗采光。厅堂楼上左右隔成厢房，当中的明间作为祭祀祖先的香火堂，故又称家堂楼。

在大厅屏门后是第2道宅门通往内宅，面对第2进天井处是另一座门楼，此座门楼上有浮雕的“垂裕后昆”四字，其落款时间也是乾隆己丑年，与村中石板长街的建造是同一年。其型制较入口门楼更为简单，仅有简单的仿木斗拱石雕及垂花短柱，上下坊及左右兜肚皆无雕刻。

在明月湾礼耕堂大厅的墙上，留着数幅1959年“大跃进”时期的宣传画。在一幅梁囤图旁，有一首题诗，内容为：“青山高，出云霄，青山只及金山腰。若问金，何处来，公社粮囤齐天高。”在一幅湖帆图旁，有题诗：“金洞庭，花果山，万舟满载扬白帆。橙桔漂洋又过海，换回建设好钢材。”这诗和画的作者，就是当时被下放到明月湾劳动的著名作家艾煊。

1958年夏，艾煊受“反右”运动冲击，被下放到明月湾，户口、油粮等关系也转到了西山石公公社明湾大队，住在礼耕堂吴根泉家，到农村接受再锻炼，当“新农民”，实行与生产队社员“三同”（共同居住、共同劳动、共同吃集体大食堂）的待遇。艾煊（1922—2001），安徽舒城人，著名作家，中共党员，“反右”前任中共江苏省委文艺处长，江苏省文联副主席、秘书长。艾煊到明月湾后，很快就适应了农村的生活，学会了各种生产技术，并与当地的农民建立了深厚的友谊。高大壮实的艾煊能胜任各种艰苦的劳动，盛夏三伏天能一口气从太湖边把100多斤重的两桶水挑到山上，艾煊还学会了炒制碧螺春茶、果树嫁接修剪等技术。劳动空余时间，艾煊还教社员读书写字，画“大跃进”宣传画。在明月湾居住的两年中，艾煊白天参加劳动生产，早晨和晚上抽空写作。1960年秋，艾煊被调回南京。1961年，艾煊出版了散文集《碧螺春汛》，就是根据在明月湾写的笔记整理而成的。

艾煊这样描述他在明月湾的生活：“我一到生产队，就简略地当众公告了我的身份，我是个待改造的罪人。后来相处久了，我深感到乡下人看人，和机关人看人，眼神完全不一样。自从我作为批判的罪犯见了报以后，身上的黑漆未干，当然不愿意把我身上的黑漆污染了别人。在城里，我总是破帽遮颜过闹市，不愿使别人难堪。但有些人还嫌我做得不够彻底，路遇的熟人中，还有人老远就惊慌失措地回避。农民看人，根本不理会你的政治得失。没有史学家成者为王、败者为寇的偏见。不管你职位高低，不管你显赫或是潦倒，主要看你为人如何。他们是从一个人的良心善恶、品质、道德、待人接物、劳动态度等多方面来判断一个人，不像城里人重视以官场权威评判来看人……我到农村后，第一件事就是认真劳动。挑重担、学农活、过和农民一样的粗陋生活。学农业技术，干苦活、脏活，我是很认真的。我有充分的思想准备，打算在这里过一辈子。农村生活、农田劳动，对我并不是难事，战争年代我在农村过的是比这更艰苦的生活……我下定决心，从此后当一个自食其力的农民。”

艾煊在“反右”和“文革”运动中都受到了冲击，先后被下放到西山明月湾和宜兴太华山劳动，但始终达观处世、宠辱不惊，始终保持着对党的忠诚，表现出了一个共产党员的崇高气节。20世纪80年代起，艾煊长期担任江苏省作家协会主席、党组书记。他的小说和散文创作主要抒写对伟大祖国、对锦绣江南的文化思考，具有丰厚的哲学内涵和很高的美学品位，所以艾煊素有“艾江南”的美称。1999年，艾煊重游了西山明月湾和宜兴太华山，与他的“乡亲”们畅叙了别情，随后重新整理并增写许多散文，出版了他的散文集《美在太湖》（《江南知性之旅》丛书太湖卷，广东旅游出版社，2000年）。

风水佳绝古码头

控保档案：编号为309明月湾古码头，位于金庭镇明月湾，乃清代建筑。

明月湾古码头位于明月湾古村南侧，原系明月湾与外界沟通的主要水上通道。白居易等历代名人由此泊舟登岸；明月湾人商贸湘楚也于此挥手告别。码头的始建年代已无从考证，清乾隆二十一年（1756），因“湾中旧堤及两岸塘埠且就倾圮”，村民集资重建。码头全长58米，宽4.6米，用256块花岗岩条石铺成，颇具气势，依稀可见当年舟楫往来盛况。2005年公布为苏州市控制保护建筑，同年由西山镇人民政府整治。

明月湾古码头建成至今已300余年，仍在发挥作用，鱼虾买卖，晾网补网，装货卸货，每天忙忙碌碌。从码头上面的石缝中钻出的两棵小树，也已长得有合抱粗，成了系船带缆和晾补渔网的天然工具。

明月湾码头斜向伸入湖中，不仅方便了进出明月湾港的船只，还能挡住太湖风浪对港内停泊船只的冲击。为什么会这样造呢？据说在修建码头时，明月湾人请了风水先生看了风水，再根据风水先生的指点才这样造的。原来，明月湾三面环山，沿湖的一面也是古树参天，在太湖

中远望不易发现，码头斜向深入太湖，使远来的船只更容易把航向对准明月湾。更重要的是，当时明月湾有很多人在浙江湖州经商致富，湖州方向是明月湾的财神所在。而从湖州入太湖的大钱

港港口，正好对准明月湾，为了使从湖州来的这一路富水到了明月湾不轻易外泄，码头必须斜着造，才能汇集富水，聚财纳福。

明月湾村口沿湖的那块地原为各族共有，称为众家地，长满了参天大树，使得在太湖中行船很难望见明月湾的房子，这给夜晚归航的船只带来了不便。为此，明月湾人在众家地立了一对1米多高的旗杆石，立起10多米高的旗杆，杆顶用滑轮和绳子升降灯笼，每天晚上由更夫点好灯笼升上旗杆，作为明月湾归航船只的航标。到了清朝末年，高耸的旗杆却引来了不少太湖强盗，百姓苦不堪言，为此，明月湾人商定了一个报警办法，凡发现有强盗船要靠近明月湾时，就降下灯笼，提醒村民一起准备应付。

多教和谐明月寺

控保档案： 编号为295明月寺，位于金庭镇明月湾。乃清代、民国建筑。

明月寺位于明月湾古村东南侧，也称明月禅院。相传明正德年间从明月湾西侧的庙山嘴搬迁而来。清初称明月庵，民国时曾维修并增建楼房，改今名。内设弥勒、观音、城隍、关帝、猛将、蚕花等神殿。神像系当地村民崇敬偶像，佛教、道教等宗教观念被淡化，为原始乡土信仰文化的例证。坐北朝南，占地面积1100平方米，现存主要殿堂均为原构。庙宇依山面湖，景色秀丽，楼上为望湖赏月佳处。2005年公布为苏州市控制保护建筑，同年由西山镇人民政府斥资整修。

明月寺现存3进院落，建筑既有清代的，也有民国的。该寺在清代就曾多次重修，先前最近的一次重修是在民国十四年（1925）。新中国成立后该寺曾用作集体的生产、办公用房，包产到户后成了村民的柴草仓库，寺虽破落，亦无佛像，但时常仍有附近居民来此烧香。

寺内保存有多方清代和民国年间的碑刻，多为重修和募捐纪事碑。

其中有两块特别珍贵，是明月湾先民保护生态环境、创建和谐社会的历史见证。立于清乾隆六年（1741）的《奉各宁永禁采石碑》，记载的是因明月湾一带有人开山采石，影响地

方风水和居民生活，村人吴允斌等联名上书州县，经各级官员批示办理，得以奉令在明月湾永禁采石。立于清嘉庆元年（1796）的“明月湾湖滨众家地树木归公公议”，记载的是为保护众家地的树木，经明月湾金、邓、秦、黄、吴五族公议，决定将众家地的树木收归明月湾地方公有，不得私自砍伐。

明月寺位于明月湾东侧，背靠青山，临湖而建，大门朝南，太湖风光一览无余。晴天，三山岛、笠帽山、长兴山清晰而见。占有这样风水的寺庙，在西山还不多见。明月寺有观音、如来，也有关圣、茧子娘娘，还有城隍菩萨等，算是一座杂庙，它始建于何年，没有确切的文字记载，但在民间却流传着这样一个故事：现在明月寺这块地属于明月湾五大姓氏（金、邓、秦、黄、吴）的，称“众家山”，那是一块风水宝地。有一年的夏天，有个阴阳先生路过此地，口渴得厉害，就向一位老太讨口水喝。老太是金家人，她看到那人满头大汗，就舀了一碗冷水，并且随手抓了一把砻糠撒在碗里。阴阳先生有些不解，想这个老太真是可恶，给我水喝撒砻糠，要我吃砻糠呀。老太看到了阴阳先生眼里的不满，就解释道：天这么热，你浑身淌汗，犹如一部发烫的机器，一下子用冷水浇，要坏事的。阴阳先生方才知道老太的用意，要他吹开砻糠慢慢喝。多么善良的老人呀。好心有好报。阴阳先生决心还她个人情。他问老太要不要看个风水，寻块墓地。在交谈中，老太知道他是个风水先生，一片诚意，就爽快地答应了。风水先生就为她看中了如今明月寺西旁的那块土地。老人过世后，按照风水先生的吩咐，下了葬。后来，金氏的子孙在明代早期果真发了迹，成了明月湾最大的家族。

金家发迹后，人们才隐隐约约知道，那是因为金家老太葬在了这块风水宝地上。这事传到了东山王鏊的耳朵里。王鏊是明代的宰相，退位后住在老家陆巷里。他和西山渊源很深。据说，王鏊的外婆家在明月湾，他的女婿（徐天官）是西山东河人。因此，退位后，他经常来

西山走动。如今知道明月湾有这样的一块风水宝地，很想在过世后葬在那儿，也可使子孙发迹。王鳌要来看墓地的消息传到了明月湾。据说，宰相下葬，凡是做工的人都要陪葬，免得有人知道墓里的秘密。若此，明月湾人就要遭殃了。怎么化解这个“灾难”呢？村里的吴家老人想出了一个主意。

明月湾西有个地方叫庙山嘴，那儿有座庙。一天，吴家人半夜里悄悄地到庙内，偷了个观音菩萨像，放到了王鳌想葬的那块地上。第二天，庙里的和尚发现不见了观音，觉得是从来没有过的事，就四处寻找。村里人万分惊奇，小偷有偷东西物品的，强盗有抢钱财妇女的，可从来没有人会偷观音菩萨的。这事惊动了整个明月湾村人。有人在金氏墓地东边的地中发现了那尊观音菩萨。奇怪，观音菩萨怎么会到这块地中呢？有人说，那是块风水宝地，连菩萨也看中了。这个说法得到了大家的认同：是菩萨自己夜里跑过去的，她在暗示大家，这儿要造个庙！只有吴家人明白其中的原委，暗自好笑，但也装着认真的样子，说菩萨显灵，我们应该在那里建个寺庙。此事一传十，十传百，王鳌知道了。他当然不能与菩萨相争，于是，就放弃了在西山明月湾为自己择墓的打算。

一年后，人们就在那块地中造了一个规模较大的寺庙，名字就叫“明月寺”。建庙的这块地因为是大家都有份的，也都出了钱，因而，有人建议造城隍庙，有人建议造观音庙，也有人说还是建关圣庙，公说公理，婆说婆理。最后，各采众长，什么菩萨都供放一间。明月寺就成了一座杂寺。

崇文尊商秦氏祠

控保档案： 编号为290秦家祠堂，位于金庭镇明月湾，乃清代建筑。

秦家祠堂位于明月湾古村，始建于清代，民国时改为小学，原建筑部分被改建，存花岗石牌坊为原构。2005年公布为苏州市控制保护建筑。2007年修复门厅、享堂，占地400平方米，并布置为明月湾财神殿，供奉有文财神、陶朱公之称的春秋越国大夫范蠡。

明月湾秦氏是西山秦家堡秦氏的分支，迁明月湾始祖为明朝初年的山东道监察御史秦伯龄。秦伯龄在元朝末年遵照“只许读书，不得仕元”的祖训，更感世不可为，遂弃书从商，在淮北一带经商致富，明洪武初年受朱元璋赏识，封为山东道监察御史，政绩显著，成为亦官亦儒亦商的一方名流，可惜到任后两个多月因病身故，归葬西山明月湾。西山秦氏是宋代著名词人秦观（字少游，号淮海先生）的直系后裔，迁山始祖是秦观五世孙秦益之。宋光宗绍熙年间，秦益之曾游西山，爱山水之胜，遂建别墅于西山消夏湾安仁乡，卒葬缥缈峰下飞仙山麓，其子秦通守墓遂定居于此，并更乡名为秦家堡，是为江南秦氏西洞庭支。秦通之子秦仪，19岁中进士，尚宋理宗的娥明公主，今驸马墓尚存，为

苏州市文物保护单位。秦仪三子秦孝义随宋末帝南逃，一起投海殉国，成为宋朝烈士，故秦家堡府名“咏烈堂”。存世《洞庭秦氏宗谱》，有清道光五年（1825）修本、同治十二

年（1873）重印本各一种。

明月湾人多为宋朝南渡贵族后裔，历来有重教习文的传统。明清时期，明月湾经济繁荣，各家族及大户人家都是自请先生，还有私塾。民国后，明月湾日益衰落，经济每况愈下，儿童读书也成了问题。为此，各族只能联合兴办义学，在吴家祠堂设一间教室，学童仅20余名，教传统的识字、诗书和珠算，教师由族人推荐，有邓宝生、张老五等。1930年后因吴家祠堂房屋狭小，学堂搬至秦家祠堂。

1937年抗战爆发，不少在外地经商的明月湾人回乡避难，致使明月湾义学的入学儿童数量大增，学堂经济非常困难。为募集教育经费，由黄才宝发起，族人纷纷到上海、湖州等明月湾商人较多的城市募捐，很快筹集到了足够的经费，使明月湾义学得以在乱世得到较大的发展。义学不仅不要学生学费，书本、笔墨纸砚也免费提供，还接纳了附近的旸坞、南湾、杨巷等村的学童入学，到1942年，已有在学学童80多名。在捐资助学人士中，以在上海经商的明月湾人吴达卿（曾任西山旅沪同乡会常务理事）出资最多，每年一人要承担义学三分之二以上的经费。新中国成立后，设在秦家祠堂的明月湾义学成了公立的明湾小学（现已撤并至镇夏的西山石公小学）。

古时能读书识字是件不容易的事，因此，对有文字的纸充满敬意；又有人觉得万物皆有灵，有字的纸则更具灵性，不得随意毁弃，必须以火将之送上天界，便有了焚烧字纸的敬字亭、惜字幢等建筑，此举成为儒家思想在百姓生活中最淳厚亲切的表现。在明月湾邓家祠堂的节孝牌坊前，原有一座惜字幢，青石底座，幢身砖砌，分2层，高2米余，惜字幢的火膛内置一条石，上刻“敬惜字纸”四字。明月湾各族规定，各家无用的废纸，只要上面有印刷或书写的字迹，就不能随意丢弃，必须集中到字幢内焚化，以示明月湾人对字神的敬奉。小小的一只惜字幢，体现了明月湾古时对文化和教育的重视程度。可惜的是，惜字幢在“文革”时被毁，但明月湾人对文化和教育的重视却依然如旧。

—附 录—

感谢控保建筑

苏州古城历史悠久，人文荟萃，是国务院首批命名的24个历史文化名城之一。全市现有2座历史文化名城（苏州、常熟），10个全国历史文化名镇（周庄、同里、东山、凤凰、甪直、木渎、沙溪、千灯、锦溪、沙家浜），2个国家级历史文化名村（明月湾、陆巷），2条中国历史文化名街（平江历史文化街区、山塘历史文化街区），4个江苏省历史文化名镇（西山、光福、震泽、汾湖），还有一批苏州市级历史文化名镇、名村和历史街区。截至2012年1月，苏州现有各级各类文物保护单位690处，其中国家级34处，省级138处，市级518处，苏州市区还有237处控制保护建筑和790处古桥、古井、古牌坊、古砖雕门楼等古构筑物。

1983年初，苏州市建委、苏州市文管会经苏州市政府批准，公布了古城区控保建筑252处。自此，便有了“控制保护建筑”这一全新的概念，此举开创中国文物保护之先河，具有苏州地方特色。控制保护建筑（以下简称“控保建筑”），是指苏州市政府尚未公布为文物保护单位的具有历史、艺术、科学价值的建筑。控保建筑通过苏州市文物行政部门调查、核定、登记，由苏州市政府向社会公布。

随着城市基本建设速度的加快，文物古建筑面临的冲击也越来越大。1995年，苏州市文管会在复查基础上，将原公布的控保建筑调整为208处；2000年，苏州市建委、文管会增补控保建筑26处，合计234处；2003年，由苏州市政府公布古城区控保建筑200处；2004年，由苏州市政府公布第二批控保建筑50处，合计250处。2006年，江苏省政府公布第六批省级文物保护单位时，将苏州的2处控保建筑升级为省级文物保护单位。2009年，苏州市政府公布了第六批苏州市文物保护单位，将11处控保单位升级。

苏州尚存会馆、衙署、寺观、宅院等各类古建筑，面积约为210万平方米。时间跨越宋、明、清以及近现代，尤其以清代和近现代为多。

苏州市区控保建筑用途类型丰富，涉及城垣城楼、宫殿府邸、宅第民居、坊庙祠堂、衙署官邸、学堂书院、驿站会馆、店铺作坊、牌坊影壁、寺观塔幢、园囿园林、桥涵码头、池塘井泉等。

苏州市区控制保护建筑主要有如下几种：

一、会馆公所

明清时期，从海内外各地云集苏州的商人或按照籍贯或按照行业而自发建立的一种社会组织，称为会馆公所，主要是作为经商的公共空间。苏州历史上曾先后有260多处会馆公所，苏州的会馆公所最早出现于明代万历中叶，到了清代乾隆时，发展最为鼎盛。会馆里定期举办祭祀、慈善、娱乐等活动，也作为捐款成员贮藏货品、寄宿与规范同乡或行业活动的场地。会馆有按商人籍贯设置的，如全晋会馆、潮州会馆、安徽会馆等，也有按所从事的行业划分的，如金箔公所、梨园公所、裘业公所、玉器公所等。苏州市区控制保护建筑中，属于这类的有汀州会馆、梓义公所、岭南会馆、安徽会馆、山东会馆、梨园公所、元宁公所、玉器公所、裘业公所、宣州会馆等。

二、寺庙道观

苏州自古宗教兴盛，明清以来寺庙道观鳞次栉比，形成了独特的宗教文化氛围。控制保护建筑中属于这类的有：长洲县城隍庙、轩辕宫、海宏寺、报国寺、观音阁、敕建报恩禅寺、驸马府庙、外安齐王庙、瑞莲庵、关帝庙、佛慧庵、灵迹司庙、春申君庙、圆通寺、福济观、蒋侯庙、五路财神殿戏楼、玄妙观方丈殿、天宫寺、昭庆寺、宝积寺、真觉庵、元和县城隍庙、清微道院、赤阑相王庙等。

三、官署建筑

苏州市的控制保护建筑中，言子祠、按察使署旧址、忠仁祠、元和县署旧址等均属于此类，数量不多，但所反映的建筑艺术和历史文化却独具特色。

四、宅第民居及祠堂

苏州市的控制保护建筑中80%以上是宅第民居及祠堂建筑。苏州市古民居是苏州古建筑中数量最多的建筑形式，是构成苏州古城的重要组成部分。苏州古民居缘水而筑，与水相依，叠石为丘，置园造林，引山入水，轻巧简洁，古朴典雅，粉墙黛瓦，色彩淡雅，无不体现着雅、素的艺术特色。民居营造，宅主是关键，为此，不同身份的宅主包括状元、文人、官宦、商贾等，从宅第营造的习俗与风格，反映了他们不同的审美情趣，进而为民居建筑带来风采各异的人文品位。

五、近现代建筑

各种类型和功能的近现代建筑分布在苏州市区的大街小巷，总共有百余处，其中列为控保建筑的有47处。这批建筑分布无明显集中性，呈散落状，但形式多样、用途丰富、风格各异。主要类型有宗教建筑、文化教育类建筑、金融建筑、近代工业建筑、商业服务性建筑、行政类建筑、里弄住宅、名人故居等。这批建筑几乎都集中在一个时期，它们是空间上的同时展现，而不是时间上的前后更迭，功能与表现形式也较为多样，并在苏州扎了根成为与传统建筑相融合的建筑形式。简洁的风格、夯实的造型，突出于苏州的传统建筑之林，显得尤为惹眼，正越来越受到人们的重视。

也许当时提出“控制保护建筑”这一概念，旨在保护那些尚未正式成为文保单位的文物，让它们有个过渡，并作为文保单位的待选对象。当时不经意的举动，开创了文物保护的新领域，使得大批文物古建筑能生存在当下，能在历史的阴翳中躲藏一会儿，没有遭到更多的惦记与破坏，文化痕迹也依稀可见。它们是寂寞的，它们是平静的，它们又回到自己的本色，没有盛名的拖累。虽然没有高等级的文保单位般惊艳，但也如同空谷幽兰般暗自绽放着。家乡故人抑或是外乡旅人，不论是误打误撞或是心心念念的去处，无不满足而归，它们是幸运的，因为它们越来越难找到小桥流水人家的旧相识了。

作为一名文物工作者，我们要感谢控保建筑，自然，我们也更要感谢保护和研究控保建筑的人们。

控保建筑的建筑特色

一、建筑结构特色

苏州控保建筑都以立帖木结构或砖木结构为其主要结构形式，又以立帖木结构为主。立帖木结构是中国古建筑的主要构造形式，苏州立帖木结构建筑是江南古建筑的代表。苏州控保建筑形式多样，造型优美，古朴典雅，以其立帖木结构多变的构造形式建造了各种类型的厅堂、殿庭、廊庑、亭榭等，构成了苏州独特的古城风貌特色。

立帖木结构

立帖木构架是由木柱与木梁混合承重的一种建筑形式。沿着房屋进深方向在石础上立柱，柱上架梁，再在梁上立矮柱并置梁，最上层立脊矮柱，从而构成一组木构架，一般称这种构架为帖，或叫立帖构架。在平行的两组立帖构架之间，用枋、机、桁等联络柱的上端，使数帖构架组成一个整体。由两组立帖构架形成的空间称“间”。一组房屋通常有一间、两间、三间乃至若干间，沿着面宽方向排列为长方形平面。立帖构架构造分两部分，一为柱，是直立受压构架；二为梁、桁、枋、椺等，是水平受弯构件。在殿庭建筑中，为加大出檐，在梁枋间增设牌科，以承担檐部重量，所以殿庭帖式构架构造应分三部分，一为立柱，二为梁枋等水平构件，三为牌科。

苏州民居受明清住宅等级制度限制，面宽多数为3间。中间称正间，两旁称边间或称次间，正间作客堂起居，边间作卧室，也符合居住需要，所以以3间为1进的房屋较适用，也最普遍。但也有5间、7间的建筑。3间建筑有四帖构架，中间的两帖称正帖，旁边两帖称边帖。楼房帖式则在平房上加建一层。

立帖木构架建筑在苏州地区千年不衰的原因，是因其建筑的承重与围护结构分开，屋顶和楼面荷重由木构架承重，墙身仅作围护和分隔之用，因此使建筑物内部空间有极大的灵活性。可以不作分隔，留出较大空间做成厅堂，也可按需要进行整隔，门窗大小和位置可以随意设置，可以做成四面通风的亭榭，也可以做成四面密封的仓库，还可以用隔扇、板壁、挂落、飞罩等做成各种装饰隔断物，随需要装设或拆除。木构件制作容易，可以预制装配，施工周期短，抗震性能亦好。

厅堂建筑

厅堂建筑是老宅里的主体建筑，亦是庭院内的景观建筑，是苏州古宅建筑之精华，其主要构造特征是在立帖构架内另加设翻轩、草架或回顶，从而形成双层椽桁的构造形式，装饰比普通立帖建筑精美，为富家大宅内建筑之构架。

厅堂建筑的帖式一般由轩、内四界和后双步三部分组成，即在普通立帖构架廊界内加设翻轩，使在翻轩与内四界的椽望之上，屋顶之下，形成一个封闭的空间，在这空间之内的构架称草架。因为这个空间是封闭的，其构架不需精心制作，可以较为粗糙，故名草架。

翻轩简称轩，是厅堂建筑必不可少的构造形式，是南方建筑精美之所在。可谓无轩不成厅。明《园冶》对轩作了这样的论述：“轩式类车，取轩轩欲举之意，宜置高敞，以助胜则称。”意思是，轩的式样，类如古代车子，取其高敞又居高，可以增进景物。房屋设轩，可以加大房屋进深，抬高檐口高度，尽收室外庭院之美景。同时轩可以做成各种娟秀的式样，美化室内空间。

苏州控保建筑中，厅堂按其构造不同分为圆堂、扁作厅、船厅、花篮厅、鸳鸯厅、贡式厅、海棠厅和楼厅堂等。

圆堂

圆堂由轩、内四界和后双步三部分组成，并都由圆料制作，圆料的轩一般做船篷轩，内四界和后双步形式类似普通平房帖式，圆堂船篷轩梁低于内四界大梁，《营造法原》称其帖式为磕头轩。

扁作厅

扁作厅亦由轩、内四界和后双步三部分组成，扁作厅的轩与内四界都由扁方料制作，后双步可由圆料或扁方料制作。一般来讲，圆堂是比较简洁的厅堂，扁作厅用了扁方料，在方料上可雕刻各种精美的图案，使扁作厅显得更加富丽堂皇。

船厅

船厅构架由三界、五界或七界组成，屋顶中央成双脊桁，其椽子弯如卷棚，类似乌篷船，故名船厅，又称回顶。船厅的构架有圆作，亦有扁作。大部分船厅在前后步柱外加设廊，廊上用茶壶档轩或弓形轩装饰，步柱间装长窗，廊柱间装挂落，下置半栏。船厅体量小，一般布置在庭院内作书房。

花篮厅

花篮厅是普通厅堂帖式用减柱的手法，平面上减去两只或四只步柱（也有减两只檐柱），所减柱的部位垂以花篮状的雕刻，借以美化室内空间，故名花篮厅。减柱后，厅堂内无任何屏障，扩大了空间，家具陈设可灵活布置，活动余地增加。

花篮厅最精华的部分是花篮装饰。花篮厅梁架多雕花饰，花篮安装在梁垫，蒲鞋头后方，成凹字形，从枋子下方嵌进，固定在枋子上，枋两侧雕空成荷花、梅花、牡丹等图案，枋子下垂一花篮，篮四周也刻有不同的回纹或花朵图案。

鸳鸯厅

鸳鸯厅由前后两个对称内四界，或前后两个对称五界回顶构架组成，脊柱在房屋中间，草架也前后对称，脊柱之间用纱隔及飞罩分隔，内部空间显得高雅富丽，南面为冬厅，北面为夏厅。为了表示南北两厅既对称又有区别，南厅的内四界或五界回顶做成扁作，北厅的内四界或五界回顶做成圆作，连桁条也是南厅是方的，北厅是圆的，故称鸳鸯厅。鸳鸯厅草脊桁即在脊柱上。草架空间大，保暖隔热效果更佳。

西式别墅和里弄建筑结构

西式别墅和里弄建筑结构都是砖木结构，它由砖墙、木搁栅木楼板、三角形木屋架木檩条三组承重构件组成。立帖木构架因全部由木材承重，墙头拆了房屋还在，西式别墅和里弄建筑因为由砖墙与木材同时承重，所以拆了墙头，房屋就塌了。因此西式别墅和里弄建筑的墙体特别重要，它是承重的，或扁砌，或清水扁砌，有的在墙上加钢筋砖腰箍或加混凝土腰箍，以增加其整体性。屋架由压杆、拉杆、斜杆等组成三角形，称三角形屋架，三角形屋架整体受力，所以跨度可加大。木搁栅断面薄而高，排列密，上铺木板后，整体刚度强。

二、建筑布局特色

苏州控保建筑中有住宅、祠堂、会馆等各种用途的房屋，因其使用功能的不同要求，形成了不同的建筑布局。

大型住宅布局

控保建筑中的大型住宅都是由数个、数十个院落组合而成，而每个院落则由一进房屋、一个天井组成，以高墙围合。这些院落一般按轴线规整排列，沿轴线排列的一组院落称一“落”，在全宅主轴线上排列的一组院落称“正落”，正落两边的院落组合称“边落”，又称“次落”。按照传统礼制和江南地区传统族居方式，正落是长辈们居住生活的地方，在正落这条轴线上的房屋，特别规整、严谨、对称，按功能要求，一般依次构建为门厅（门屋）、轿厅（茶厅）、正厅（大厅）、内厅（女厅）、堂楼等，深的可达5进、6进、7进……

一进又一进的厅堂，一个又一个的庭院，重门叠户，深不可测。边落有规整排列，也有不规整而灵活的组合，而灵活组合的院落往往就成为有园林趣味的庭院。

备弄是房屋之间的夹弄，实际上就是古民居内各进之间的通道，有直的、有折的、有曲的，明明暗暗、宽宽窄窄，连通了大院不同的空间，方便了主人的生活起居。备弄里还有各种壁灯洞，夜间燃灯照明。备弄折角的小天井里还有竹石小品点缀。炎热夏天，凉风穿弄而过，这里成为消暑的好去处。

庭院住宅布局

庭院住宅是苏州民居之精粹，它把民居建筑和庭院艺术有机结合起来，把使用功能和空间环境的变化结合起来，把建筑内部空间和外部观赏空间自然地结合起来，在数百、数十以至数平方米的空间内，倚山石于松旁，植芳草于墙边，或修竹几枝，或石笋数片，斜影粉墙，蠡窗照壁，如同一幅秀丽的山水画，笔淡意远，把诗画的意境引入庭院空间。

庭院内厅堂以其全敞开的门窗，把庭院内山石花木之秀自然地引向室内，把室内的精细雕刻延伸到室外，使内外空间融汇一体，加之曲折逶迤的卵石小道，亭廊着意的点缀和分隔，粉墙黛瓦作背景，为居住起居、读书会客、家宴娱乐提供了一个十分优雅的环境。苏州庭院民居按功能要求合理分隔各部分，使居住、读书、杂务等既有联系又互不干扰，灵活地配置了庭院绿化，美化了环境，丰富了生活情趣，达到了使用要求和艺术要求的完美统一。它通过点景、组景、借景、对景，使居住空间内外贯通，既封闭又开敞，脱离自然又生活在自然之中。这些被粉墙紧紧围住的天井，不仅是过道，而且担负着采光通风和排水的功能。

临水住宅布局

临水住宅是苏州民居的又一特色，它把居住建筑和水有机地结合起来，把水的通航、洗濯和水巷之丽引进居住建筑。依水住宅的骑楼、挑楼、挑阳台、骑河楼、骑河廊、挑外廊等，有的伸入水面，有的退入驳岸，有的加披屋，有的凸出做成悬挑，有的底层凸上层退，有的上层挑底层凹，有的岸边隙地植树数枝，建筑的凹凸进退，形成建筑立面的强烈阴影，使建筑群体富有主体美。

里弄公寓布局

里弄公寓俗称石库门住宅，以一个石库门为一个居住单元，每个单元石库门为3间2厢2层楼房，或3间4厢（前后有厢房）2层楼房，每个居住单元有独立卫生设施，适合一户人家居住。多个石库门相连建造成一幢房屋，几幢石库门房屋又有序地排列在一起，构成了一个石库门里弄公寓居住区。

祠堂布局

祠堂都是对称布局，进头门，中间是一条平整的石板通道，通道较长，有20余米，通道边种有参天大树，通道两侧是长长的庑廊，走在通道上显得庄严肃穆，过石板通道即进入祠堂的主体建筑——享堂，享堂是供奉祖宗神位与祭祀的地方。在享堂后部又建一幢殿堂，称二堂，是放置棺木的地方。祠堂可单独布置，亦可与古宅相连布置。

会馆布局

会馆布局也采用对称布局，第一进头门的沿墙是高高的八字照墙，十分气派。照墙里两层楼头门，底层是门厅，第二层是戏台。进大门只能沿门厅两边间进去，两边间外侧是庑廊，庑廊可以建一层，也可以建两层，庑廊尽头是第2进大殿，大殿、戏台与两边庑廊围成一个四合院，四合院院子与两边庑廊是听戏的地方。第3进是两层楼厅，供聚会、议事、住宿之用。

三、装饰与附着物建筑特色

苏州控保建筑中的装修主要有门窗、栏杆、裙板、挂落、飞罩等，附着物主要有屋面、墙垣、门楼、假山、铺地、驳岸河埠等。

门窗

老宅里的门有对子门、屏门、墙门、将军门、矮闼门等。将军门是达官贵人家最气派的大门，矮闼门是小户人家之门。

老宅里的窗有长窗、半窗、横风窗、和合窗、庭院花窗、小姐窗等。

栏杆裙板

木栏杆装于走廊两柱之间，或装于半窗之下，装于半窗之下的木栏杆在栏杆外还加钉一层木裙板，代替外墙围护。

挂落

挂落用木条镶搭成镂空花纹，如网络状花格，悬装于廊柱间枋子之下，由小方格、长方格、折角格组成的网络花格是最常用的挂落，这种网络花格以“卍”字反复变幻相连，故叫它万川挂落。挂落装于廊下，既美丽又古朴，是苏式建筑的重要标志。

飞罩

飞罩是安装于室内两后步柱或两脊柱（属鸳鸯厅构架）之间的装饰物，也悬装于廊柱间枋子之下，两端下垂如拱门，飞罩与挂落相类似，如用木条镶搭成镂空花纹或藤茎纹且两边下垂较多的称挂落飞罩，如其两端及地，内缘作方、圆、八角等形状，称其为落地飞罩。有的飞罩用银杏木雕成，是件很好的艺术品。

屋面

老宅屋面由桁条、椽子、望砖、底瓦、盖瓦组成，称本瓦屋面，它按提栈制度，屋面坡度从檐口至屋脊逐步提升，檐部屋面平缓，屋脊屋面较陡，这样利于排水，柔和的屋面曲线造型十分优美。

墙垣

老宅墙垣是非承重隔墙，所以用较薄的二斤砖空斗砌筑，俗称空斗墙，匠人师傅称其花滚墙。为防盗，很多老宅外墙勒脚部分都用条石砌筑，或采用砖头实砌，并砌成芦簇片状，称芦簇片墙，是老宅里最美观的墙体。

两山墙凸出屋面的墙称屏风墙。屏风墙有三山屏风与五山屏风，三山屏风墙与五山屏风墙是墙阶梯式高出屋面的墙垣，屋面与墙垣高低起伏，形成老宅独特的天际线。

门楼

在每进院落入口墙门上加砌梁枋装饰，上覆屋面的库门称门楼。门楼是每进院落的大门，又是防火门，更是极具艺术特色的装饰门。门楼由三部分组成：石框与基座、梁枋装饰、屋面。门楼梁枋都以砖细装饰，在檐口下，有砖细桁条、砖细牌科、砖细上枋、字牌及方框、砖细下枋，还有荷花头、挂落、拖浑、束编细、纹头等砖细装饰，以上各部件都要用砖细雕刻而成，砖细门楼是一件砖细雕刻艺术品。字牌题刻在砖雕门楼的正中央，是砖雕门楼最显眼的地方，字牌内由名人挥毫题字，或篆或楷或隶，无不呈现出吴门书派秀润流丽的风格，丰富了苏州砖雕艺术的文化内涵和审美价值。

假山

苏州假山有太湖石假山与黄石假山两大类。太湖石产于水中，长期经水浸蚀，形成了形式各异的空洞，有瘦、皱、漏、透的优美形态。黄石产于苏州尧峰山，黄石呈块状，黄而带青，形态较笨拙。老宅里的假山多数是太湖石，少数是黄石。太湖石假山玲珑细润，白质藓苔，叠成假山妍巧工细，它或藏于小院一角，或落落大方地站在屋边，时而与芭蕉为伴，时而与绿水相映，它千姿百态，异彩纷呈，或形奇、或色艳、或纹美、或质佳，皆超凡脱俗，令人赏心悦目，所以人们喜欢用太湖石点缀庭院。黄石假山古朴粗犷，有顽而稳重之感。

铺地

室内铺地大部分采用清水方砖经刨光打磨后铺设。 老宅里方砖铺地经百余年踩踏，虽有开裂凹陷，但仍在使用，踩着这些古老的方砖地，可使人们感受到历史的厚重。在备弄或走廊内常用黄道砖侧铺地坪。黄道砖“人”字形铺砌，更经久耐用。

老宅天井里的铺地大多采用石板铺地，因为石板地平整耐用。

老宅庭院里的小径常采用花街铺地。花街铺地有三种类型：卵石铺地、砖材铺地、卵石砖瓦混合铺地。花街铺地可以做成各种图案：六方式、八方式、球门式、冰裂式、冰裂梅花式、十字海棠式、金钱海棠式、“卍”字海棠式等。有的还铺出各种吉祥寓意的图案，如松鹤长寿、五蝠捧寿、平升三级、笔定如意、凤穿牡丹、暗八仙等。花街铺地工艺精湛细腻，具有建筑结构美、线条流畅美、文化内涵美、艺术特色美。

驳岸河埠

驳岸是用石料叠砌在河边的人工河岸，绝大部分临水民居的后廊柱就支撑在驳岸上，以驳岸代替基础，所以驳岸既是河岸又是基础。驳岸用平整有规则的长方形条石叠砌的称塘石驳岸，用不规则的乱石叠砌的称蛮石驳岸。塘石驳岸整齐规整，外形优美，质量较好。蛮石驳岸虽乱石叠砌，但乱中有序，不失古朴风貌。

河埠是在岸边洗濯用的台阶，都由条石组成。河埠根据地形有多种形式，有的凸出水面，有的凹进岸边，有的用挑筋石悬挑出水面，有的成“八”字形可两边同时洗濯。

控保建筑的雕刻艺术

控保建筑的文化意蕴表现在许多建筑部位，诸如照壁、漏窗、门洞、门楼、窗扇、梁柱、屋脊、柱础、井栏等。“无雕不成屋，有刻斯为贵。”苏州建筑装饰中的砖雕、木雕与石雕俗称“三雕”，它们早已成为苏州民居建筑结构不可分割的一部分。它们既具有明显的实用功能，又具有极高的艺术价值，无论是官宦人家、书香门第，还是绅衿富商之家、名人雅士之所都有精美的建筑装饰，哪怕平民百姓的陋屋、农舍也或多或少配有建筑装饰，在苏州的民居建筑中处处深含着浓厚的文化底蕴。

秀丽儒雅的砖雕

苏州的砖雕是一种秀丽儒雅的装饰艺术，如同苏州人甜糯、温软的性格，吴歌“花墙头、百子格”唱的就是苏州民居中的砖雕。苏州砖雕大多施于门楼、墙门、垛头、抛枋、照壁、门景、月洞、塞口墙等处。这些砖雕技艺精湛，构思巧妙，气韵生动，线条密集苍劲，纤细均匀，呈现出秀丽雅致、精巧细腻的特点，带有明显的文人色彩，儒雅境界。

自明清以后，苏州砖雕逐渐形成了典雅细致的风格。在技法上，浮雕、镂雕、圆雕、透雕等手法并用；在设计上，善于借鉴传统的散点透视方法和鸟瞰、透视等构图；在布局上，讲究主次有序，疏密有致，散而不松，多而不乱，画面紧凑，层次分明，主题突出，具有以小见大的艺术效果。表现题材也极为丰富，以人物故事和吉祥图案为主，内容包括人物、山水、花木、鱼虫、祥禽、瑞兽等。苏州砖雕的最大特点还在于其充分融合了吴地文化与民间艺术的精华，门楼牌匾都请当地名人挥毫题字，有的还有落款、印章及书写年月，诸如“厚德载福”“增荣益誉”“锡兹祉福”“德为福基”“嗣宗泽远”“俭德传家”等，以示宅主的品德为人、处世准则，既借以自勉，也昭示后代。精细的砖雕衬以多变的书法，极富笔墨情趣，更显艺术效果，顿使民居平添了几分书卷之气。这些字幅匾额砖雕与饰满花卉的额枋、雕刻精致的斗拱、花纹繁丽的挂落、惟妙惟肖的图案、栩栩如生的人物相互映衬，将砖雕的儒雅展现得淋漓尽致。

在苏州，几乎所有的深宅大院经轿厅后便是砖雕门楼，过天井是正厅，往里有内厅，也建有砖雕门楼。许多宅院的砖雕门楼至今依然较好地保存着。如位于苏州古城区中部的大石头巷吴宅内，仍较为完整地保存着苏州清代砖雕艺术的代表作。宅内有两座乾隆年间的砖雕门楼，一座在正厅前，牌匾上书“含和履中”，雕刻的花纹、回纹、云纹、蝙蝠纹非常精细。另一座在堂楼前，牌匾上书“麐翔凤游”，门楼又称“四时读书乐”门楼，其镂功之精，雕艺之高，喻意之深，在苏州现今保存的砖雕门楼中是弥足珍贵、首屈一指的。门楼上的“麐翔凤游”四字，是指麒麟、龙、凤凰、龟四种动物，象征吉祥、飞腾、富贵、长寿。上枋镂雕着福禄寿三星、王母、鬼谷、麻姑、刘海等神仙以及猴、鹿、羊、蟾等动物。下枋则以园林风景为背景，以元代翁森《四时读书乐》诗为题，精镂细刻着四组人物，分别是“春时读书乐”诗“绿满窗前草不除”，“夏时读书乐”诗“瑶琴一曲来熏风”，“秋时读书乐”诗“起弄明月霜天高”，“冬时读书乐”诗“数点梅花天地心”。这四组画面春夏秋冬意境不同，整体布局合而为一，十分自然，毫不牵强，细细品味，犹如一幅人物山水长卷，又是一本教人刻苦求学、勤奋上进的教科书。在苏州，那些经商的富豪宅第也都饰以砖雕，以显露浓浓的吴文化气息。然而，他们与文人雅士、官宦人家砌筑的砖雕门楼是不尽相同的，他们都或多或少带有商人的气息，彰显出商人的追求，乃至暗暗显示自己的富有与阔绰，这便是苏州儒商的一种特有的风格。苏州市中心的卫道观前西首，有一处坐北朝南、规模宏伟、装修精致，现今保存较为完整的豪宅，乃徽商潘麟兆所建。全宅5落6进，现尚有8座砖雕门楼。商人就是商人，砖雕门楼上不忘雕以“锁扣铜钿”，财源滚滚，代代富有。因此，在苏州，无论是官宦人家、文人雅士，还是商贾富家，都会砌筑砖雕门楼。尽管构思不同、追求不一，却都散发着浓浓的吴地文化气息。苏州大街小巷的“深深庭院”里有如此众多精美的砖雕门楼，被誉为“南方之秀”是当之无愧的。

精致细腻的木雕

苏州的民居建筑多为砖木结构，又以木为多。因此，苏州民居建筑的木雕也随处可见，梁、枋、棹木、山雾云、抱梁云、琵琶撑、雀宿檐、飞罩、落地罩、夹堂板、各色门窗特别是裙板等无处不有。可以说，苏州的工匠艺人如同书画家，到处以木作纸精雕细镂，苏州建筑木雕也由此以精致、纤巧、富有灵性而著称。苏州历来拥有人文荟萃、精英辈出的得天独厚的有利条件，建筑三雕都带有明显的文人色彩，具有其他地区难以达到的儒雅境界。

苏州民居的木雕用料大多为杉木、银杏木、黄杨木及楠木等。雕刻工艺运用镂空雕、圆雕、浮雕、阴刻等多种手法，风格活泼，柔顺秀丽，精致纤巧，富有灵性，一点一画，巧夺天工。

苏州民居建筑木雕的题材和纹样大多借用隐喻、比拟、谐音等多种手法来表现一定的寓意内涵。由于苏州是文人墨客较为集中的地区，吴文化的底蕴较深，建筑木雕的题材内容十分丰富，主要包括伦理教化、祈福纳祥、民俗风情等。伦理教化多为历史故事、戏文故事、神话传说等内容；祈福纳祥主要体现在福、禄、寿、喜、财等多个方面，包括升官发财、长命百岁、多子多孙、招财进宝等；民俗风情大多是刻画渔樵耕读等生活场景。因此，苏州的民居建筑木雕既有龙、凤、狮、豹、象、金鸡、松鼠、蝙蝠等各种寓寄吉祥的动物，也有松、竹、梅、兰、桃等意表情操品行的花卉树木，还有福禄寿三星、松鹤延年、金鸡报晓、吉祥平安、招财进宝等民间流传的传统雕饰等。一些大户人家充分利用木制品种较多、面积较为开阔的优势，雕刻西施、貂蝉、杨玉环、王昭君四位古代美女，以及穆桂英、花木兰、樊梨花、梁红玉等巾帼英雄。还有“二十四孝”图，唐诗宋词画意以及“梁祝”《西厢记》《三国演义》《牡丹亭》《长生殿》等典型人物和经典故事。现今，人们住进了现代住宅，却也千方百计在室内配置木雕。由于现代住宅建筑是水泥钢筋组成的，难以雕梁画栋，但很多人家还是会充分利用各处门窗、夹堂板、落地罩进行雕刻装饰。更有一些富裕人家出资购买旧宅，在整修中仿照传统庭院的布局进行以木雕为主的装修。坐落在七里山塘街250号的控保建筑是清末及民国建筑，轿厅却是明末清初建筑，由民营企业家周炳中先生购得后，在精心整修中，更精心于雕饰，正厅的落地长窗上雕有西施、貂蝉、杨玉环、王昭君四位古代美女和穆桂英、花木兰、樊梨花、梁红玉等巾帼英雄；走马楼下的东侧走廊，雕有全本“梁祝”，西侧走廊雕刻全本《西厢记》，楼上回廊里雕刻全本《白蛇传》；第五进古戏台的两侧雕刻全本《牡丹亭》，台下雕刻全本《长生殿》。该宅2落5进，所有的扁作梁架、枋子、夹堂板、搁栅、挑沿、栏杆、门窗、挂落、插角、飞罩、隔扇等处共有450多件雕花板块，组成了1200多幅图案，且可贵的是既没有一幅重复，也没有半点累赘，可以说宅里集中了苏州传统民居的木雕精华。古建筑专家罗哲文先生实地考察后，欣然提笔挥毫，题写了“山塘雕花楼”五个大字。修复后的这处古宅，有如此众多精美的木雕和砖雕，称雕花楼是当之无愧、名不虚传的。

在苏州传统民居里，木雕是十分普遍的，只是由于宅主的社会地位、经济实力的不同，而多少不一、精细不同而已。苏州的一栋栋屋宇，一处处木雕，恰如一幅幅展开的精美画卷，一本本翻开的精装画册，世世代代、岁岁年年闪烁着耀眼的民居文化的灿烂光辉。

别具匠心的石雕

苏州自古就有“亲地”和“恋木”的情结，民居大多为木构住宅，人们认为在阴阳五行中，土是吉象，居中央，主方正，木象征生气，以青龙为标志，方位为东，土与木相配，一般施于门楼、柱础、栏杆、台阶、井圈等处。石雕的用料大多产于苏州西郊木渎金山的花岗石和产于西山的青石，另外还有一种垒堆假山的太湖石。

古时，受到封建礼制的限制，官宦宅邸与民居门前都不能置放石狮子，然而，许多人家为了自家门前设置能起石狮般作用的镇物，以驱邪除妖，保宅平安，便在住宅门楼里、大门两侧建造起规格不一的“门枕石”。门内的石枕用来固定门扇，门外常做成鼓形、箱形、柱形和狮子形，一般雕刻有寓意吉祥的精美浮雕。施于柱础的石雕在苏州民居建筑中，一般凿成方形、鼓形、覆盆形、花瓶形、八角形等，也有饰以雕刻。其雕刻题材有花卉、鸟兽、山水、几何形纹以及福禄寿三星等，这些蕴含着丰富文化内涵与人生哲理的寓意题材，使雕刻艺术充满强盛的生命力。在苏州，石雕施于井圈的比比皆是，有六角形、八角形、圆形、莲花状等形态，且井圈大多雕刻题字，诸如“留韵”“仁德”“甘泉”等，不仅除却了石头的沉重感，也增添了井圈的美感，更充盈了井台周边环境的文化气息，成为民居里耐磨、耐看的艺术品。

精神眉眼 人文意趣

——苏州历史建筑中的题额与楹联

苏州旧时大户人家总是有厅堂、天井、卧室和书房。厅堂与书斋里往往有题额和楹联，其中，特别是楹联，或修身砺德，或感时抒怀，或传神象意，或寄意托物，是与厅堂、书斋、天井乃至四周环境相映成趣而又关系密切的一种文学表现手段和载体，极具文化的象征意义和坐标意义。我们能够从点点滴滴的资料中发现宅主或楹联题额创作者的精神眉眼、人文情怀。

岁月沧桑，古屋旧室多所毁圮。于是，当我们要整理和研究相关的题额和楹联内容时，就目前情形而言，只能从相关文献中去扒剔、去收集，而无法与其“零距离”接触，欠缺与传讹在所难免。

相当数量的古建筑、宅园中有亭池之胜，一些题额、联语就非常抒情化，情景交融，意象纵横，典雅色彩十分浓厚。

《吴门表隐》卷十：“三山馆旧名白堤老店，国初赵氏创建，以供往来停骖设饯之所，下塘山景园，乾隆时戴大伦增建，有园林之概。亭曰‘坐花醉月’，堂曰‘卷石勺水’，有阁临流，匾曰‘留仙’，联曰‘莺花几緉屐；虾菜一扁舟’，柱联曰‘竹外山影；花间水香’；皆吴云书。”（注：緉，双的意思。）

吴云，清代学者、书画家，曾为苏州知府，故居在今庆元坊听枫园。三山馆的题额、联语是吴云书，也可能就是吴云所撰，题额和联语不仅写出了环境之美，也洋溢着意境之美，特别是“竹外山影；花间水香”短短八个字，把虎丘山塘写活了，也写绝了。

赵宧光为自己书舍“寒山堂”的题联“竹开霜后翠；梅动雪前

香”，不仅写出了意境之美，还富有哲理。竹、梅与松一向被称为“岁寒三友”，竹经严霜，仍舒翠叶，梅浴寒雪，更吐芬芳，借不畏严寒的植物，象征在恶劣环境下还能保持高尚情操的人品。需要指出的是，这副联语是集引唐初虞世南的《侍宴归雁堂》诗，借以表现赵宧光始终不媚权势和流俗，竹之有节，梅之高雅，正是他高风亮节的夫子之道。

苏州一些大宅园，毫无疑问，是非常适宜居住和逍遥岁月的，一些宅园的主人或功成身退，或壮志难酬，住在大院内，花天酒地、醉生梦死的也有，但相当一部分还是头脑清醒的。他们在尽量享受高度物质文明的同时，还有所追求和期待，但佯狂假醉，把内心的企盼掩饰在啸傲风月之中。憩桥巷7号宅内就有砖刻门楣“邀月”“听涛”，砖刻门联：“酒醉琴为枕；诗狂石作床”，这类题刻就当作如是观。

住在三茅观巷的明代著名书法家祝枝山，为自己“怀星堂”写的一副联语，别有一种高情远韵，读来令人回味无穷：“相与观所尚；时还读我书。”抒写了高雅脱俗的生活情趣。可以想见，祝枝山与他志同道合的朋友们，也就是文徵明、唐伯虎等人，在挂于这一副楹联的书斋或客厅里，鉴赏名人的诗文和字画，互相探讨，甚至互有争论和商榷，将是一种何等惬意、何等高雅、何等令人羡慕的文化活动啊！

祝枝山还有这样一副自题联：“每闻善事心先喜；得见奇书手自抄。”一边是道德修养的提高，一边是情趣爱好的升华，襟怀已开，其乐无穷。这种崇文、为善的风尚，应当说，在苏州是一直受到人们的赞许和推崇的。这两句都出典于陶潜的诗。

也有些联语是明白地激励自己，鼓励自己提高修养，深造学问。

石韫玉考中状元后，做过翰林院修撰等，官至山东按察使，但为人正直，不太适应官场的尔虞吾诈。退职后，回到苏州主讲苏州紫阳书院20余年，住在苏州金狮巷，是个饱读经书的学者。但他在家，仍自题一联，勉励自己努力读书，钻研学问：“精神到处文章老；学问深时意气平。”寓意深刻，可谓是经验之谈，也是激人励己的人生格言。

咏物言志，妙笔生花，是苏州古屋老宅楹联中最常见的，因为吴地山水明媚，花树宜人，所以咏物言志，多借山水花树，抒发情怀。

毕沅，苏州太仓人，乾隆年间状元，官至湖广总督。他字秋帆，又自号灵岩山人。他在苏州名胜灵岩山下建有住宅，宅中有一联语，颇具雅趣："苍松翠竹看颜色；秋水春山见性情。"颜色，本指色彩，这里借指尊严，喻指人的气节，而秋山春水，比喻清朗的气质。这副对联妙用比喻，形象鲜明。

与此类似的，有彭玉麟为东山枕流阁撰写的楹联："古香自有梅花在；雪山时看野鹤来。" 旨在自砺，也以励人，借物咏志，十分精当。

有些楹联，告诫和激励的成分更多一点，更直白一点。范成大，南宋政治家、著名诗人，晚年回归苏州，有联语为："戒之书鱼蠹；勉以云鹏举。"鱼蠹，即蛀蚀书籍衣服的一种小虫，又称"衣鱼"，民间习称书虫，习惯上人们又用以指死啃书本的读书人；鹏举，说是像大鹏奋羽冲天。这是告诫自己，不能做死读书、读死书的书呆子，而要像高飞云霄的大鹏，做一个有抱负的奋发有为者。

清代苏州状元陆润庠也写过类似的联语，"世补斋"是陆家祖传的斋名，取于世有补的意思。陆润庠故居在阊门内下塘，世补斋既然是他祖传书斋名，那么他的自题书斋联，理应就放在这里："风生碧涧鱼龙跃；月照青山松柏香。"风生水上，鱼龙腾跃，月光如水，松柏常青，要大展雄才，又要不改本色。联语静动结合，声色俱全，寓意丰厚，真情满怀，实在是一副佳联。据说陆润庠还常常将此联语书写后赠友人，共勉共励。

另有一些楹联多见于纪念性质的祠堂，虽也感事抒怀，述志道情，但无不体现了作者心存仰慕的心绪，当然，某种程度上也让读者感同身受。《楹联丛话》卷四中有宋漫堂题范文正公（范仲淹）祠堂联，很有代表性："兵甲富于胸中，一代功名高宋室；忧乐关乎天下，千秋俎豆重苏台。"上联歌颂了范仲淹保宋安边的历史功绩，"胸中自有雄兵"，下联更以浓厚的笔墨，表现了对范氏"先天下之忧而忧，后天下之乐而乐"理念的无比仰慕。

还有一些联语更重视"治家"。《楹联丛话》卷八："吴门故家厅堂有一联云：'必孝友乃可传家，兄弟式好无他，即外侮何由而入；惟诗书常能裕后，子孙见闻止此，虽中材不致为非。'"这种厅堂联类似家训，却高于家训，是处世格言，也是治家格言。这类联语，清代住在马医科的大学者俞樾在自己家里也写了几副，现存曲园“乐知堂”中的楹联“三多以外有三多，多德多才多觉悟；四美之先标四美，美名美寿美儿孙”，曲廊上的“惜时惜衣，不但惜财犹惜福；求名求利，只须求己莫求人”，应当就属于处世治家格言类的。

楹联语言多精练典雅，但也有一些口语化的，浅貌深衷，耐人寻味。“长洲沈玉生（基庶）上舍斋中悬一联云‘愿与不解周旋客饮酒；难为不识姓名人作书’”（《楹联续话》卷四）就是语言趋向散文化的楹联，通俗易懂，但又有题外远致，发人深省。这类联语，似乎唐伯虎、金圣叹等人传下的较多。唐伯虎因科场舞弊案而被废弃，便写下这么一联“一失足成千古恨；再回头是百年身’”（一作“一失脚成千古笑；再回头是百年人”），还在自家大门上公然贴了这么一副对联：“龙虎榜中人第一；烟花队里醉千场。”这位“江南第一才子”用最直白的语言把多波澜、多曲折的人生境遇描绘得十分形象。金圣叹也是这样，他家住憩桥巷，在书斋“沉吟楼”上有这么一副自题联：“老拳搏古道；儿口嚼新书。”老拳指结实有力的拳头，以此比喻老练的方法和丰富的经验，也就是说研究古代之道（古制、治学、思想、风尚等）沉稳透彻。儿口，像小儿吃东西又急又快，一个“嚼”字，十分形象，比喻如饥似渴地学习。

控保建筑中的家具摆设

在苏州，小桥流水是一种印象，粉墙黛瓦是一种传统，亭台楼阁是一种习惯，鸟语花香是一种自然，而庭院深深是苏州的一种建筑风格。

如今的许多控保建筑，曾经的“深宅大院”或“海派建筑”，在钢筋水泥的现代化都市中，仍然散发出独特的韵味，吸引我们去追忆、探索。

房屋建筑的规模根据房屋主人的地位、身份、财富的不同，规模大小也就不同，但建造的形制则大同小异。其中家具摆设的材质、工艺和款式同样也是按照房屋主人的地位、身份、财富的变化而变化的。

按常规来说，清代的深宅大院，排列在建筑轴线上的数幢房屋秩序称为进。从朝南的正门口往里算起，第1进为门厅（俗称墙门间或门房间）。客气点的主人家，会在门厅的左右两边靠墙放置2条长凳，若建筑规模大气点的主人家，在门厅内就放置4条长凳，都是提供给过路百姓休息坐的，体现了大户人家的气量。

第2进为轿厅（当时，主客人出入都是坐轿子进出的，因此，轿厅是专门用来停放轿子的地方）。一般轿子为双人抬轿，门第颇高的主人为四人大轿，所以，轿厅的规模大小也同样体现出该户主人的地位和身份。在轿厅的两边靠墙处，对称放置数条与门厅内不同式样的“矮脚、阔面、加长”的长凳，专供抬轿子的轿夫们休息之坐。

虽说是普通的长凳，却也是大户之家展示给外人的第一件家具，所以细细品味长凳，其中也有高、中、低档之分。当时大户人家选用的榉木精制的“既宽又厚的凳面，且不穿榫，还带装饰牙板”的品相完好的长凳，如今也不多见了。

穿过天井，第3进为客堂，是大户人家接待一般客人的地方。从落地的白善门开始，由北朝南的家具摆设为：正中紧靠白善门的为天然几（俗称搁台或长台），一般天然几长度为2~2.5米，宽为0.6米左右，两端头微翘或平头。天然几两边再放置高脚花几一对。朝南紧靠天然几的是一张贡桌，一般长度为1.6米左右，宽为0.8米（凡客厅里的天然几与贡桌的尺寸大小是有一定比例的）。接着紧靠贡桌的是一张做工讲究的大方桌。在方桌两旁各放置一只尺寸较大、精工细作的太师椅（俗称独座），是户主人或长辈的专座之位。正前方两旁各放置中号太师椅3只，茶几2只，共为六靠椅、四茶几组合，是专为宾客准备的。

这种客堂里的家具摆设是传统中国式的宾客礼仪摆设。客堂里的一大套家具材质基本上是一致的，要么全部是红木，次一点为香红木，再低一档为榉木。同时在款式及雕刻工艺花纹上也是统一的，给人以整体的美感。

再朝北跨过大天井，进入第4进，此进为大厅堂。凡设有第3进客堂的，若再有第4进大厅堂的一定是特大户人家（一般的大户人家有了第3进客堂也就着实富裕了）。大厅堂是专门用来会见、接待重大宾客的场所，一般的客人就在第3进客堂内会面，凡进入大厅堂的一定是重要人物。

在大厅堂里，家具的摆设格局基本与客堂相仿，但家具的档次和规格更上层。天然几有2.8~3.1米之长，两端头高高朝上翘起（俗称翘头天然几）。在天然几的正中位置，依次放置3尊大型瓷质的福、禄、寿。左侧放置大型瓷质花瓶（寓意平平安安）。右侧放置精工红木雕刻底座、镶嵌天然大理石山水图纹的屏架。贡桌的尺寸也比一般客堂内贡桌要大一个规格（在清代也称为董桌）。贡桌前的精致大方桌是2只1对放置，体现出大户人家的风范。两旁精雕细刻的太师椅（独座）更是庄严而稳重，显现了主人的独特地位和身份。正前方两侧放接待重大宾客的太师椅，共为八靠椅、四茶几，同样也是雕工精细。再在下方的外侧，放两只下人小坐的方凳。在这种气氛庄严的大厅堂里，主、客、仆等级十分分明。在大厅堂左右两侧的靠墙边，各放置1对料好工精的半圆桌及小方桌，这样的布局和放置，使大厅堂体现出整体的对称美。

从清初开始一直到民国的这段时期内，在扶手椅中，凡形体较大的，庄严而华贵的，都可称为“太师椅”。其形式特征、装饰匠意在清民时期的家具中，成为突出的典范，形式多种多样，下列介绍几款。

（1）钩云纹书卷搭脑太师椅。

这种椅子的主要特征是：背板与书卷搭脑一木连做，靠背板上部正中铲地浮雕“云、蝠、结、磬”的寓意纹饰，扶手和靠背均作对云钩，兜结交角圆和，做工利落，是一款比较普遍的式样。

（2）钩云纹嵌黄杨木书卷搭脑太师椅。

款式与上述太师椅基本相仿，但束腰镂空炮仗洞，起阳线嵌黄杨木条，正面和左右牙板饰黄杨木角牙，书卷搭脑靠背下嵌黄杨木。

（3）牛角式搭脑嵌大理石太师椅。

这款椅子的构造特点为搭脑两端下弯，端头雕云头如意，靠背板为三隔堂，上、中装饰大理石，下挖花饰亮脚，椅面为大理石板面。

（4）浮雕龙纹太师椅。

这款也可称为三屏风式屏背椅，该椅背屏框内，屏板上雕满繁复精细的云龙纹，椅座下身平雕拐子龙纹，左右对称，与椅子上下呼应，显得绚丽而华贵。

（5）透雕荷花太师椅。

此款椅子用料较大，雕刻生动，椅背圆雕莲花、荷叶、莲藕，并合在一个圆形之内，下为流水波浪纹，形象写实，做工精细，工艺讲究，唯摆放在大厅堂之内，才能体现出富丽堂皇、光彩炫目之感。

（6）满雕灵芝独座。

此款扶手椅正称为“太师椅”，苏州一带则叫“独座”。椅背搭脑卷云纹作外形，内雕云头灵芝纹，中心圆景镶大理石，圆框下装饰对称云头灵芝。牙板高浮雕“组合灵芝图”，脚头雕大小卷珠组合，形似兽面（俗称老虎脚）。整体用料粗硕，造型稳重，这类独座一直兴盛不衰，常与天然几、贡桌、大方桌、高脚花几等家具组合成套，采用对称形式陈列于大厅堂之内，给人以气氛强烈、庄严大方的感受，体现出中国家具文化的浓浓气息。

经回廊进入第,5进，此进为内堂，是客人走不到的地方，也是本家族聚集、议事、休息、闲聊的场所。里面的家具没有厅堂里的那么讲究，没有成双、成对、成套的摆设，给人以轻松、自在的感觉。

在内堂的一侧还专门设有“女厅”，是本家族女性休闲的地方。里面的家具精致、小巧、玲珑，其中“贵妃榻”是女厅里最有特色的家具之一。

大户人家还专门设有“书房”。窗明几净，晓月清风，为文人墨客所追求的居室格调。苏州文人书房布置一向为世人称道，摆放在书房内的家具，都具有“文气、秀气和灵气”（俗称“书卷气”）。书桌、书椅、书柜款式文雅，做工严谨，块块立面上都精雕画面，寓意含蓄。例如，横斜的梅枝，仿佛可闻月下浮动的暗香，文雅风韵。点睛之笔还看书桌椅婉约的搭脑向下悄然化成消瘦的梅桩，恰好在视线聚焦的靠背中心，生发出数枝梅花，一对栩栩如生的喜鹊，早已登上枝头，似向书房的主人报告功名来临的喜讯。书桌的侧面还有一对秀气十足的“文椅”，中间的茶几是书房内招待笔友的最佳位置。

大户人家卧房藏在深帷，一般不为人所知。但卧房家具却也十分讲究，尤其在床的花纹装饰上更有学问，床板的正面浮雕婴戏图、园中猫蝶图、松鼠摘葡萄图、双狮戏珠图、二龙抢珠图等，寓意五子登科、多子多福。

靠墙放置一对顶箱大柜，每扇柜门的立面上都雕刻着琴、棋、书、画四图，分别是：三四个小童“或莲畔抚琴，或花前对弈，或石上疾书，或松下展卷”，纹饰简洁，却精雕细刻，赏其可以怡情，令人浮想联翩。

这种红木卧房家具，其天然的木质纹理若行云流水，让人陶醉其中。

在控保建筑中，有很多是清末民初时的西洋式楼房，宅主均是较早接受过西洋教育，留过洋的先生，或在洋行里工作的人，他们的思想在当时比较时尚，从而也就出现了崇洋的建筑。家具是一种文化，同样也受到了大背景的影响，洋房里的家具充满了西洋式的味道。

客厅里，主要以沙发为主，一般是1只三人沙发加配1只长茶几，4

只单人沙发加配2只小茶几，组合成一个会客的场所。沙发相比中式的椅、凳、太师椅等来讲，坐起来更为舒服与自在，同时感觉不到主与客之间的地位、身份的不同，更多的是给人以平等的亲切之感，但在中式家具中，却带有一定的尊卑之感。

西式家具中，餐桌比较低（一般不高于78厘米），双肩可以自然下垂，给人以轻松自由的感觉，而中式餐桌一般高85厘米，双肩须拱起来，给人以正襟危坐之势。

西式的餐椅，一般椅面前大后小，精致的椅面前沿边带有弧形，给人以灵动之感。中式椅子天圆地方，给人一股中规中矩之态。

当时国内的工匠们为了迎合当初追求西洋式视觉的时尚人，匠心独运地在传统的中式卧房家具中，融入了西式家具的元素，将卧房家具制作得更为精巧、讨人喜欢。殷实点的人家选购红木材质的海派家具，一般的人家选购柚木材质的海派家具。

古城控保建筑的分布、建筑风貌及结构形式

（一）古城控保建筑分布

1.以区域分

平江区有168处，占67.7%；沧浪区有60处，占24.2%；金阊区有20处，占8.1%。在平江区占大多数，而且以临顿路以东及王天井巷以西较为密集，特别是平江历史街区内就有47处，占总数的19%；沧浪区的大部分散在古城内；金阊区的大部分在山塘街的一侧。

2.以原用途分

古城区控保建筑原用途类型丰富，有宅第民居、庙宇祠堂、衙署官邸、驿站会馆、店铺作坊等。其中宅第民居有166处，占总数的66.9%。宅第民居中的名人故居有43处，占宅第名居的25.9%。名人故居中状元府第5处，进士府第6处，国民党军政要员旧居4处，名医故居4处，知名文人故居9处，其他社会知名人物故居15处。

3.以年代分

以2003年至2004年苏州市政府第二批公布的古城区控保建筑计，古城区中清代建筑有179处（个别建筑还存留明代遗迹），占总数的72.2%；民国建筑69处，占总数的27.8%。

4.以建筑结构分

控保建筑大多以木结构或砖木结构为主要结构形式。清代的以立帖木结构为主。立帖是指墙体垂直及屋盖水平，用木构架承重的结构形式，立帖木构架按其构造的不同可分为普通帖式、厅堂帖式、殿庭帖式及亭廊帖式等。民国时期以砖木结构为主要建造形式，其垂直方向以砖

墙体承重，水平方向以木质屋架承重。以欧式建筑居多。

5.以使用现状分

从古城区现存控保建筑分析，新中国成立后通过社会主义改造，绝大部分成了政府的公有财产，留给原房主的有一部分，公私比例大致在7∶3之间。改造后的房屋，大多由政府分配给居民使用。至2008年，用作住宅的有204处（约占84%），约有4000户居民居住在内。从划定紫线范围内的建筑群分析，相对新中国成立初期的实存建筑及庭院变化很大，特别是原有的庭院，绝大部分陆续建起了民居、工厂、办公场所等建筑。

（二）主要建筑风貌

苏州现存的苏派古建筑是控保建筑风貌的主要代表形式之一，粉墙黛瓦，朴素淡雅，外敛内张，建筑结构布局严谨，精雕细琢，有精美规矩的建筑工艺。充分体现师法自然，“虽由人作，宛自天开”的建筑理念，是宅第庭院天人合一、浑然一体的建筑形式。

宋代是苏派建筑发展的一个辉煌时期。到了明代，建筑的发展达到了全面鼎盛期。当时，苏州远离全国政治中心，经济和文化都出现了一个繁荣发展时期，退隐的官僚、文人墨客、富商大贾云集苏城，他们的建宅造园理念和自身修养极大地影响了宅第建筑风貌。因为当时建筑施工没有详细的规划图，需要建筑匠师在施工中根据建房主人的要求或文人的画稿进行因地制宜地再创作，所以宅第的个性特征也比较明显。

进入清代、民国，建筑受外域影响和上海租界建筑辐射，在原有基础上又糅合了异域的风情。

（三）主要结构形式

在苏州，除了少数官宦、富商人家之外，大多人家不喜欢张扬，因而建造的庭院住宅几乎都是“砖墙高筑，门面简朴”，如同普通民居一样，毫不招摇。在古城留存的控保建筑中，这类庭院住宅占了很大的比重。

庭院住宅结构十分讲究主次、规整、对称、严谨，基本上按中轴线有序排列，形成了从外到里依次为门厅（门屋）、轿厅（茶厅）、正厅（大厅）、内厅（女厅）、楼厅（卧房）、附房（杂间）等的排列规则。一侧或两侧辟有备弄，以连通前后，连接边落。尽管苏州的庭院建筑排列几乎相同，规整如一，但各家都充分发挥各自的个性，辟有私家花园，挖有池塘，建有亭台，或筑有曲廊，垒有假山，尽享“不出城郭而获山水之怡，身居闹市而有林泉之致”。今日的苏州古典园林，甚至那些列入了世界文化遗产的园林，早先都是控保建筑庭院住宅里的私家花园。

这些住宅大多坐北朝南，屋宇高爽，朝阳透风，冬暖夏凉。大多由一进房屋（有的屋前或屋后，一侧或两侧连有厢房）、一只天井以高墙和门楼围合成一方小天地。庭院的门楼大多以苏州本地开采的花岗石做门框，配上两扇厚实的黑漆大门，有的门上还贴上砖细板材，铆上铁钉，组成坚固的石库门头，夜间用横闩或落地长闩闩住大门，既用来防盗，也用来防火。

苏州的石库门楼多为砖雕门楼，砖雕技艺精湛，构思巧妙，气韵生动，线条密集苍劲，纤细均匀，十分讲究，呈现出秀丽雅致、精巧细腻的特点，带有明显的文人色彩、儒雅境界。每一座门楼仿佛都是精美的立体画作，具有极高的艺术价值和历史价值。

临水建筑大多中间是河道，两岸是建筑，或者河道一侧为街巷，另一侧为建筑的构建特色，形成了前街后河、重门叠户、幽幽深深直达河边的深宅大院。

枕河人家多为沿街房屋的民居，房屋砌筑在驳岸上。苏州沿河的驳岸都是手艺高超的匠人用一块块花岗石，一层层垒叠起来的。沿河房屋是用一根根木桩，一头顶住房屋，另一头插入河底，穿过淤泥层，深深地埋入水下坚实的泥土中，岁岁年年纹丝不动，筑成“枕河人家”的水巷景观。

临水建筑结构形式轻巧简洁，虚实有致，色彩淡雅，层次丰富，临河贴水，构成了人水相亲、河屋相映、动静结合，空间变化丰富、充满生活气息的优美水巷环境。

古城控保建筑的基本功能要素、人文内涵及价值评价

（一）基本功能要素

1.厅堂

正厅是庭院住宅最为考究的主体建筑，一般都是五柱落地，扁作梁架，高爽宽敞，端庄典雅，颇为气派。厅堂建筑是苏州古民居中的主体建筑，也是庭院内的景观建筑，是苏州古民居建筑之精华。厅堂建筑按其木构架形式的不同，称为扁作厅、圆堂、船厅、花篮厅、鸳鸯厅、贡式厅、四面厅、楼厅堂等；厅堂建筑按其位置和使用功能的不同，分别称为门厅、轿厅、大厅、女厅、花厅、书厅、对照厅等。厅堂建筑既是居住建筑、休闲建筑，亦是观赏建筑。在古民居的正落部位，一般建门厅、轿厅、大厅及楼厅等，是休闲、读书、会客、观赏的场所。厅堂建筑有可居、可品、可赏、可游的建筑特色，是休闲、读书、会客、观赏的场所。

2.厅轩

凡厅堂往往将内四架以前地位加深，自一架至二架，并予原有屋面之下，架重椽，使前后对称，表里整齐，自下仰视，俨若假屋者谓之轩。

3.门楼

砖雕门楼是古民居每进院落的大门，位于院落入口的墙门上，隔天井与厅堂相对。砖雕门楼一般由地栿门框、梁枋砖细饰物及屋面三部分组成。砖雕门楼的门洞有石槛、石敧、地栿等，都是用花岗石制作而成，起到防火及防盗的作用。

4.备弄

控保建筑庭院住宅大多辟有备弄，较大的宅院辟有东、西两条备弄，宅院的进深不同，备弄的长短也不同。备弄是深宅大院的必备通道，它是连通前后、连接边落的纽带，是宅中的“小巷”。备弄巧妙地把整个宅院分成不同的空间，自然地将男女居室、主仆用房进行分隔。备弄的路面大多用方砖铺就，且从外到里循序渐高，一路走来似有拾级而上之感，谓“步步登高”。且有了坡度也有利于向外排放污水、雨水。

5.天井

两进房屋之间，以高墙和门楼围合成一方小天地，即为庭院天井，主要用于采光和通风。一般都是花岗石地坪，中间一条通道，两侧大多种植金桂、玉兰或其他古树名木，寓意金玉满堂。有的挖有水井用以浇灌花草树木，井水冬暖夏凉，夏日可为天井洒水降温，也可用以灭火，以备急救之需。庭院两侧高墙围合，墙体坚挺厚实，墙顶砌筑成阶梯式或骆驼峰式，形似屏风，叠印半空，是为防邻屋失火而采取的防御措施，又构成了一道美丽的景观。

6.花园

叠石堆山，凿池架桥，构筑亭轩，繁花秀木，集中表现仿自然生态的空间称花园。这历来是苏州状元和官宦最喜爱的文化生态环境，因此控保建筑中状元府和官宦人家的花园，大多给建筑留足空间，使其以意境为创作核心，清新明丽、小巧玲珑、深渊幽静，富有诗情画意，情景交融。

7.橱灶

苏州人习惯“暗房明灶”，房有私密性要暗点，灶要明，便于一日三餐。灶大多设在河畔，或靠天井、院子，灶间大多为平房，两间、三间，中间不分隔。苏州原先烧柴、草，宅院大的人家在灶间边有专门堆放柴、草的“柴房间”。

8.库房

苏州人原用的柴米油盐以及日常用的肥皂、草纸等不是“日用日买”，而是“一次性进货屯放”。因此，库房大多设在运输、取拿方便之处，且根据苏州的气候特征，注意“下高上高”，即屋要高畅、透风，下要填高防霉、防虫等。

9.水井

虽然苏州古城区河道纵横，但全市街巷庭院中仍分布着大批水井。原因一是原来江南的天气潮热，河水不稳定易污染，经常会泛出脏东西；二是深巷大院，前巷后河，取水不方便，宅内凿井便于洗用。三是起消防作用。而井的面积小，为深层地下水，水质较好，容量比较稳定，也不易污染。水井带给人们更多的是方便和实用，是苏州水文化中极具实用价值的生活必需品，是实用与审美结合的精灵。

10.漏窗（门洞）

漏窗是中国园林中独特的建筑形式，也是构成庭园景观的建筑艺术处理工艺，多在走廊上成排出现，具有十分浓厚的文化色彩。门洞既是通道口，又是景框，可以从不同的视景空间和角度，获得生动的风景画面。因此，通过门洞的巧妙运用，可以使环境产生园中有园、景外有景、步移景异的效果。

（二）老宅人文内涵

1.宅主生平

通过对控保建筑宅主生平事迹的探寻和对宅主后人的走访，使得宅园人文内涵更加丰满、生动。

2.三雕艺术（砖雕、石雕、木雕）

苏州建筑装饰中的砖雕、木雕与石雕俗称“三雕”，早已成为苏州民居建筑中不可分割的一部分，也是苏州控保建筑极为明显的特征。既具有明显的实用功能，也具有极高的艺术价值。无论是官宦人家、书香门第还是绅衿富商之家、名人雅士之所都有精美的“三雕”装饰，在苏州的民居建筑中处处深含着浓厚的文化底蕴。

3.楹联题额

苏州状元府和官宦人家的厅堂、书斋、门楼里，往往挂（刻）有楹联题额。外观色彩典雅，内容丰富多彩，或言孔孟之道，或记忠孝节义，或誉业主业绩，或赞府第胜景，或劝世人读书，等等。有的修身砺德，有的感时抒怀，有的托物言志，与四周环境情景交融、相映成趣。

风格各具特色，或质朴清新，或意韵鲜明，或语露机锋，或妙入化工。从这些楹联中，我们可以发现状元、官宦等宅主的精神眉眼、人文情怀。

4.家具摆式

老宅的家具摆设与建筑一样，有基本格式、习俗的要求，十分讲究。往往按照房屋主人的地位、身份、财富的不同，选用不同的家具材质、制造工艺和款式规格。

5.古树名木

控保建筑中原宅主大多喜欢花草树木。

庭院多植灌木类树木花草，正厅前栽植玉兰、桂花、石榴之类，寓意金玉满堂、多子多孙等。书房前往往有芭蕉、素竹，疏密相间。阶前石旁多植菊花、蜡梅，表示宅主品格高洁。

花园里的花草树木与园中的假山、池塘、小桥、曲径、亭台楼阁相配，协调建筑，组成园景。涧道盘曲，林壑幽深，高林蔽日，绿荫满地，山固本静，水流则动；石造本顽，树老则灵。因此，控保庭园多有古树名木，奇花异草。

（三）评估价值属性及评价价值指标

（1）历史价值属性。历史价值是构成控保建筑价值体系的基础内容之一。

（2）社会文化教育价值属性。控保建筑向多数或少数群体教育宣传精神的、政治的、民族的或其他的文化内涵，标志了一个群体的精神认同，同时体现了人类历史与文化的多样性。

（3）科学价值属性。控保建筑的科学价值是指建筑遗产见证它所产生、使用和存在、发展的历史时间内的科学、技术发展水平和知识状况的价值。

（4）艺术价值属性。所谓艺术价值，主要是指一件艺术品所代表的作者的艺术个性及风格，所反映的民族性和地域性，越个性、越典型，其艺术价值也就越高。艺术价值见证控保建筑在它被创造产生、使用延续的历史时间中人们的审美情趣、艺术观念和风尚，以及时代的精神特质。

（5）环境生态价值属性。指紧靠控保建筑及其延伸的，影响其重要性和独特性或是其重要性和独特性组成部分的周围生态环境。

（6）实用价值属性。控保建筑本身是不动产，虽然具有历史文化属性，但并非失去其原有功能，它仍然是可供人们居住、参观、休憩的活动场所。实用功能一旦丧失或被封闭起来，其作为人类生存环境的意义就会中断，反而失去了它所具有的其他诸多价值。

苏州市区控保建筑名录
——2010版（289处）

序号	标牌号	名称	时代	地点
001	001	钱大钧故居	民国	人民路680号
002	002	费仲琛故居	清	桃花坞大街176号
003	003	谢家福故居	清	桃花坞大街264号
004	004	张宅	清	廖家巷12、13、15号
005	005	吴宅	清	桃花坞大街120号
006	006	瑞莲庵	清	齐门路星桥巷13、14、16、18、20、22号
007	008	关帝庙	清	西北街关帝庙弄4号
008	009	亲仁堂张宅	清	东北街210号
009	010	思绩堂潘宅	清	齐门路77－84号
010	011	佛慧庵	清	齐门路平家巷13、14、15、16、17号
011	012	张氏义庄	清	东北街222、224、226、228号，迎春里
012	013	许乃钊故居	清	东北街138、139、140、142号
013	014	灵迹司庙	清	东北街128号
014	015	敬彝堂严宅	清	东北街116号
015	016	邓宅	清	仓桥浜33、34号
016	017	元宁公所	清	官宰弄9号
017	018	曹沧洲故居	清	阊门西街59、61号
018	019	余宅花园	清、民国	阊门西街38号
019	020	福济观	清	阊门内下塘街132号
020	021	永丰仓船埠	明	阊门内下塘街崇真宫桥西

续表

021	022	庄宅	清	西海岛3号
022	023	陆润庠故居	清	阊门内下塘街9、10号
023	024	吴廷琛故居	清	白塔西路80号
024	025	洪宅	清、民国	白塔西路70、72、74号
025	026	温宅	清	白塔西路100号
026	027	徐宅	清	皮市街257号
027	028	蒋侯庙	清	蒋庙前19、21、22号
028	029	潘奕藻故居	清	蒋庙前2、4、6、8、10号
029	030	吴宅	清	谢衙前28、30、32号
030	031	程宅	民国	皮市街304号
031	032	吴钟骏故居	清	潘儒巷79、81号
032	033	丰备义仓旧址	清	石家角4号
033	034	德裕堂张宅	明	狮林寺巷72、75号
034	036	华宅	清	东麒麟巷17号
035	037	谦益堂潘宅	清	刘家浜24、26、28号
036	038	尢先甲故居	清	刘家浜39、41、43号
037	039	申宅	清	刘家浜38号
038	040	潘宅	清	五爱巷36号
039	041	玉器公所	清	周王庙弄28号
040	042	织造局旧址	清	五爱巷10号
041	043	汪鸣銮故居	清	王洗马巷26、28、30号
042	044	春申君庙	清	王洗马巷16号
043	046	张宅	清	宋仙洲巷15号
044	048	诵芬堂雷宅	清	包衙前20、22号
045	049	潘曾玮故居	清	西百花巷4号
046	050	金宅	清	西百花巷18、26号
047	051	许宅	清	高师巷2、4号
048	052	张宅	清	高师巷22、24号

续表

049	053	王宅	民国	曹家巷28号（新乐里）
050	054	季宅	清	马大箓巷37号
051	055	周宅	清	马大箓巷9、11号
052	056	顾宅	清	马大箓巷26号、高师巷23号
053	057	石宅	清	中街路10、12号
054	058	吴大澂祖居	清	双林巷18、20、22、24、26号
055	059	五路财神殿戏楼	清	范庄前5号
056	060	长洲县城隍庙	清	雍熙寺弄8号
057	061	程宅	清、民国	闾邱坊巷46、50号
058	062	詹宅	清	闾邱坊巷4、6号
059	063	杭宅	清	白塔西路115、117、119、121、123、125号
060	064	轩辕宫	清	祥符寺巷36、38号
061	065	陆宅	清	祥符寺巷7、8号
062	066	范烟桥故居	清	温家岸17、18号
063	067	潘遵祁故居	清	白塔西路13、15号，西花桥巷3号
064	068	王氏怀新义庄	清	西花桥巷24、25号，白塔西路39、43号
065	069	吴氏垂裕义庄	清	史家巷46号、48-1号
066	070	梓义公所	清	清洲观前34号
067	071	玄妙观方丈殿	清	观成巷16、17号
068	072	天宫寺	明、清	蒹葭巷10、11号，天宫寺弄1、3号
069	073	陈宅	明、清	蒹葭巷49、50号
070	074	潘宅	清	悬桥巷55-60号
071	075	潘氏松鳞义庄	清	悬桥巷46号
072	076	丁氏济阳义庄	清	悬桥巷41号
073	077	德邻堂吴宅	清	大儒巷8号
074	078	查宅	清	悬桥巷37号
075	079	端善堂潘宅	清	大儒巷44、45、46、48、49、51、52号，南石子街12-3号后门
076	080	丁宅	清	大儒巷6号

续表

077	081	韩崇故居	清	大儒巷迎晓里4、6、8、10号，迎晓里一弄4号
078	082	昭庆寺	清	大儒巷38号
079	083	郑宅	清	曹胡徐巷3、5号，东花桥巷18号
080	084	宋宅	清	曹胡徐巷76号
081	085	怀德堂凌宅	清	东花桥巷10号，姑打鼓巷4号
082	086	杭氏义庄	清	东花桥巷41号
083	087	潘宅	清	东花桥巷11号
084	088	朱宅	清	曹胡徐巷51号
085	089	周宅	清	曹胡徐巷17－23号
086	090	徐氏春晖义庄	清	南石子街10-1号
087	091	潘祖荫故居	清	南石子街5、6、7、8、10号，迎晓里12号
088	092	韩宅	清	南显子巷5、6、7、8号
089	093	清慎堂王宅	清	大柳枝巷9号
090	094	邓氏宗祠	清	大柳枝巷18号
091	095	徐宅	清	大柳枝巷13号，丁香巷28号后门
092	096	笃佑堂袁宅	清	大新桥巷28号
093	097	庞宅	清	大新桥巷21号
094	098	沈宅	清	中张家巷3号
095	099	郭绍虞故居	清	大新桥巷12、13、20号
096	100	蒋氏义庄	清	胡厢使巷34、35号
097	101	唐纳故居	清	胡厢使巷40号
098	102	杨宅	清	混堂巷8号
099	103	吴宅	清	中张家巷6号新建里
100	104	汪氏诵芬义庄	清	平江路254号
101	105	吴学谦旧居	清	朱马高桥下塘3号
102	106	嘉寿堂陆宅	清	天官坊8、10、11号，肃封里
103	107	裘业公所	清	高井头2号，梵门桥弄42号
104	108	怡老园后楼	明	学士街209号

续表

105	109	某宅鸳鸯厅	清	景德路221号
106	110	毛宅	清	慕家花园28号
107	111	顾家花园	清	申庄前4号
108	112	海宏寺	清	海红坊4号
109	113	郑氏宗祠	清	西麒麟巷14号
110	115	潘奕隽故居	清	马医科36、38、40号
111	116	宣州会馆	清	吴殿直巷8号
112	117	张宅	清	绣线巷13号
113	118	庞氏居思义庄	清	马医科27、29号
114	119	言子祠	清	干将路908号
115	120	慕园	清	富仁坊巷72号
116	121	宝积寺	清	塔倪巷8、10号
117	122	潘宅	清	颜家巷16号
118	123	庞莱臣故居	清	颜家巷26、28号
119	124	赵宅	清	颜家巷20号
120	125	陈宅	明、清	干将路216、218号
121	126	王宅	清	钮家巷5、6号，新一里
122	127	孝友堂张宅	清	干将路622号
123	128	董氏义庄	清	大郎桥巷61、63、65号
124	129	王宅	明、清	肖家巷53号
125	130	方宅	清	纽家巷31、32、33号
126	131	真觉庵	清	钮家巷27号，东升里16、17、18号
127	132	元和县城隍庙	清	肖家巷48号
128	133	艾步蟾故居	清	肖家巷15号
129	134	陈宅	清	钮家巷8号
130	135	田宅	清	建新巷1、3号
131	136	洪钧祖宅	清	西支家巷8、10、11、13号
132	137	沈宅	清	西支家巷14号

续表

133	138	清微道院	清	东支家巷15号
134	140	曹沧洲祠	民国	瓣莲巷4号
135	141	吴宅	清	富郎中巷20、22、24号，太平桥弄9号
136	143	忠仁祠	清	庙堂巷16号
137	144	范氏宅园	清	庙堂巷10号
138	145	沈瓞民故居	民国	富郎中巷德寿坊3号
139	146	承澹盦故居	清	大石头巷牛车弄6号
140	147	秦宅	清	大石头巷22、24号
141	148	报国寺	民国	穿心街3号
142	149	丁宅	清	通关坊5、7号
143	150	马宅	清	人民路152号
144	151	元和县署旧址	清	公园路16号
145	152	吴大澂故居	清	凤凰街101号，沈衙弄1、4号
146	153	张家瑞故居	近代	槐树巷（机关幼儿园南部）
147	155	周瘦鹃故居	民国	王长河头4号
148	156	顾廷龙故居	清	十梓街56、58号
149	158	程小青故居	近代	望星桥北堍23号
150	159	邓邦述故居	清	侍其巷38号
151	160	陈宅	清	金狮巷26、27、28号
152	161	李宅	清	金狮巷16、18号
153	162	秦宅	清	金狮巷14号
154	163	吴宅	明、清	泗井巷32号，十梓街259号
155	164	太原王氏家祠	清	醋库巷38号
156	165	顾宅	清	滚绣坊26-1号
157	166	吴氏继志义庄	清	滚绣坊41号
158	167	顾宅	清	盛家带33号
159	168	苏宅	清	盛家带31号
160	169	朱宅	清	盛家带29号

续表

161	170	红豆山庄遗址	清	吴衙场37-1、37-2号
162	171	吴宅花园	民国	东小桥弄3号
163	172	周宅	清	新桥巷4、6号
164	173	驸马府庙	清	东大街396号
165	174	怀厚堂王宅	清	十全街265号，怀厚里
166	175	慎思堂王宅	清	十全街737号（原275号）
167	177	圆通寺	清	阔家头巷6、8号
168	178	赤阑相王庙	清	相王路78号
169	179	彭定球故居	清	十全街67号
170	180	汀洲会馆	清	山塘街192号
171	181	鲍传德庄祠	民国	山塘街787号
172	182	许宅	清	山塘街250号
173	183	汪氏义庄	清	山塘街480号
174	184	陶贞孝祠	清	山塘街696、701－707号
175	185	郁家祠堂	民国	山塘街502号
176	186	观音阁	民国	山塘街578号
177	187	李氏祗遹义庄	清	山塘街815号
178	188	某宅	清	山塘街252号
179	189	某宅	清	山塘街454号
180	190	敕建报恩禅寺	清	山塘街728号
181	191	岭南会馆头门	清	山塘街136号
182	192	山东会馆门墙	清	山塘街552号
183	193	天和药铺	清	山塘街374号
184	195	梨园公所	晚清	义慈巷16号
185	196	安徽会馆	民国	阊门外辛庄来凤桥东北堍
186	197	刘家花园	民国	阊门金石街33号
187	198	顾家花园	民国	北浩弄61号
188	199	韩王庙	清	枣市街76号

续表

189	200	外安齐王庙	清	东汇路68号
190	201	李仲公故居	民国	宝城桥弄22号
191	202	昆曲传习所旧址	民国	林机厂内
192	203	汪宅	民国	高长桥9号
193	204	墨园	民国	人民路五二六厂内
194	205	方宅	民国	东北街198号
195	206	明远堂赵宅及会所	民国	阊门内下塘久福里
196	207	崇安里曹宅	民国	阊门内下塘
197	208	老大房旧址	民国	西中市吴趋坊口
198	209	采芝斋、五福楼、陆稿荐旧址	民国	西中市29、31、33号
199	210	积善堂陆宅	民国	天库前76号
200	211	中国银行旧址	民国	西中市德馨里14号
201	212	严家淦旧宅	民国	西中市德馨里6号
202	213	侯宅	民国	文衙弄6号
203	214	某宅	民国	宝林寺前大马堂7号
204	215	松茂里周宅	民国	石塔头2号、石塔横街47、48号
205	216	孩子图书馆旧址	民国	石塔头4号
206	217	申宅	民国	西百花巷31号
207	218	泰仁里	民国	高师巷
208	219	马宅	民国	祥符寺巷53号
209	220	朱宅	民国	银房弄2、3号
210	221	承德里	民国	观前街西部
211	222	单宅	民国	史家巷41号
212	223	中山堂	民国	玄妙观后
213	224	方嘉谟故居	民国	悬桥巷45号
214	225	苏肇冰故居	民国	顾家花园13号
215	226	朱宅	民国	景德桥东南堍
216	227	苏民楼	民国	高井头市三中校园内

续表

217	228	尤宅	民国	梵门桥弄42号
218	229	救世堂	民国	养育巷357号
219	230	万宜坊谢宅	民国	吴殿直巷
220	231	某宅	民国	宜多宾巷21号
221	232	开明大戏院	民国	北局
222	233	吴宅	民国	建新巷29号
223	234	万嵩源故居	民国	幽兰巷11号
224	235	同益里、同德里	民国	五卅路北部
225	236	某宅	民国	锦帆路3号
226	237	某宅	民国	体育场路5号
227	238	某宅	民国	十梓街608号
228	239	民德亭	民国	苏州公园内
229	240	苏州图书馆旧址	民国	公园路2号
230	241	朱子久故居	民国	望星桥南堍6号
231	242	舒伟园故居	民国	司前街128号
232	243	顾宅	民国	新桥巷26号
233	244	胥江水厂旧址	现代	胥门南
234	245	某宅	民国	寿宁弄2号
235	246	吴晓邦故居	民国	腌猪河头25号
236	247	鸿生火柴厂旧址	民国	胥门外
237	248	苏州电气公司旧址	民国	劳动路苏源电力建设工程公司内
238	251	谦和堂	清	东山镇陆巷村嵩下
239	252	麟庆堂	清	东山镇新丰村
240	253	同德堂	清	东山镇太平村
241	254	务本堂	清	东山镇太平村
242	255	尚庆堂	明、清	东山镇典当弄7号
243	256	尊德堂	清	东山镇太平村
244	257	太平村乐志堂	清	东山镇太平村

续表

245	258	延庆堂	清	东山镇通德里19号
246	259	修德堂	清	东山镇太平村
247	260	瑞凝堂	清	东山镇东新街殿后弄
248	261	容春堂	清	东山镇翁巷
249	262	沈宅	民国	东山镇新乐村
250	263	紫兰巷某宅	清末民初	东山镇紫兰巷
251	264	马家弄某宅	民国	东山镇马家弄39号
252	265	古香堂	清	东山镇太平村
253	266	光明村严宅	清	东山镇光明村
254	267	信恒堂	清末民初	东山镇新义村
255	268	景德堂	清	东山镇建新村
256	269	湖湾村某宅	清	东山镇湖湾村二号桥
257	270	慎余堂	清、民国	东山镇殿新村
258	271	文德堂	清	东山镇人民街46号
259	272	岱松村裕德堂	清	东山镇岱松村
260	273	锦星堂	清道光	东山镇上湾村
261	275	响水涧	明、清	东山镇西街
262	277	椿桂堂	明、清	东山镇大圆村
263	278	承德堂	清光绪	东山镇永安村
264	279	敦朴堂	清道光	东山镇潘家巷7号
265	280	三祝堂	明	东山镇嵩下
266	281	嵩下裕德堂	明	东山镇嵩下
267	282	鸣和堂	明	东山镇嵩下
268	283	崇本堂	清	东山镇杨湾村
269	286	容德堂	清	金庭镇堂里镇
270	287	黄氏宗祠	清	金庭镇明月湾村
271	288	遂志堂	清	金庭镇堂里镇
272	289	瞻瑞堂	清	金庭镇明月湾村

续表

273	290	秦家祠堂	清	金庭镇明月湾村
274	291	礼和堂	清	金庭镇明月湾村
275	292	礼耕堂	清	金庭镇明月湾村
276	293	凝德堂	清	金庭镇明月湾村
277	294	汉三房	清	金庭镇明月湾村
278	295	明月寺	民国	金庭镇明月湾村
279	298	仁德堂	清	金庭镇明月湾村
280	299	姜宅	清	金庭镇明月湾村
281	301	学圃堂	清	金庭镇东村
282	302	绍衣堂	清	金庭镇东村
283	303	敦和堂	清	金庭镇东村
284	305	孝友堂	清	金庭镇东村
285	306	源茂堂	清	金庭镇东村
286	307	凝翠堂	清	金庭镇东村
287	308	太湖营军用码头	清	金庭镇堂里村
288	309	明月湾古码头	清	金庭镇明月湾村口
289	310	方宅	民国	浒关镇北津弄24号

摘自2010年6月文汇出版社出版的《苏州文化遗产丛书》文物卷（1）书中的附录二《苏州市区控制保护建筑名录》章节。

1.列入控保建筑名录的建筑物数量，先后多次发生变化。2003年以来，苏州市政府分批公布了控保建筑名录200处。至2005年，随着统计控保建筑所在地区的扩大，公布名录为310处。其中，古城区（平江、沧浪、金阊）250处（详见《古城遗珠——苏州控保建筑探幽》附录），高新区（虎丘区）1处，吴中区59处。2010年后，因为一些控保建筑升为文物保护单位，又调整为289处。

2.本书中的内容，因涉及吴中区的东山镇和金庭镇。因此，附录中的苏州市区控保建筑名录，采用了2010年版的289处名录。其建筑标牌号均出自该版名录。

3.本书中“苏州市区控保建筑名录”选自《苏州文化遗产丛书》附录二“苏州市区控保建筑名录”。

编后

沈庆年

编《古城遗珠——苏州控保建筑探幽》的灵感得益于王仁宇、徐刚毅两位专家的启发，而最终能结集出版主要是得到了苏州文化旅游集团董事长王金兴的鼎力支持。

2011年夏，由徐刚毅老师推荐我认识了苏州文化旅游集团的领导，当时是为了受托完成潘世恩等老宅的调研报告，之后在保护、改造、利用老宅的共同目标下，我们专门组建了“苏州历史建筑文化丛书”编委会，王金兴先生为主任，编纂古建老宅的系列丛书。这是极有意义而又极其辛苦的一件事，在撰写过程中，苏州古城投资建设有限公司的张纯、姜林强两位领导给了我们十分具体的指导，因此，“苏州历史建筑文化丛书”首卷《古城遗珠——苏州控保建筑探幽》的编辑工作大大加快。此书的出版已不再是我个人的灵感和爱好，而是由一群人共同的社会责任所驱使。

人们都说苏州很美，美在“小桥、流水、人家”，美在古典园林，美在高墙深院的居家庭院。这些年来，苏州的小桥有人写了，苏州的流水有人写了，深巷也开始有人描述了，唯独苏城瑰宝的主体，那些散落在桥边、河畔、小巷深处的精致古宅似乎从没人用文字系统地记录过。这不光是遗憾，更是一种责任的空白！这些深深镌刻着沧桑岁月印痕的老宅和宅内所附存着的古建文化内涵一直蓬头垢面地湮没在历史的尘埃之中，与我们渐行渐远。这对于古城苏州来说，实在是羞于启齿的一种无奈……

现在，一本装帧精美的《古城遗珠——苏州控保建筑探幽》校稿已在我的案头，不日就可付印，我内心有一种如释重负的感觉。可以说，她是苏州第一本最集中、最细致描述苏州控保建筑风貌和人文知识的书籍。特别是当人们能意识到那些历史优秀建筑如不抢救就将淡出世人视线时，更会觉得我们出版的这本书弥足珍贵。该书将如一根红线，把颗颗散落在河畔、桥头和小巷深处的古建明珠串成灿烂夺目的项链，让她在名城苏州温润的颈项上熠熠闪光，供人们识宝、赏宝、鉴宝，进而护宝、用宝，让苏州古城内外古今辉映，变得更加迷人。这也是我们编书的初衷。

王仁宇老师在本书序中说："控制保护建筑工作难度很高，实际情况要比预计的复杂得多，远远超乎我们原先的想象。"编《古城遗珠——苏州控保建筑探幽》亦然如此。起先我们以为有《苏州楼市》杂志多年来的文章积淀，花上半年时间就可以成书了，但当真动起手来，才觉得很费工夫。

首先，由于控保建筑的分布、坐落、数量、遗存现状都要一一核准，以前的资料因年月已久、版本颇杂、口径不一，已难以精确。我们想既然是出书，那必须逐一复核，因此颇费周折。几经查对、推敲才决定以2003年—2008年向苏州市政府分三批公布的古城区控制保护建筑为编写脉络。其中有的宅子已在近年列入省、市文保单位，但为了与政府公布目录相吻合，还是以"控保建筑"收入本书。

其次，原本编写此书时，曾设想基本内容是遗存照片加简短文字说明就可以了。但一经询访便知，一座控保老宅便是一个知识宝库，需要深挖才能独显珍奇。它又是一个多专业的系统工程，涉及建造年代、建筑特征、演变过程、宅主典故、人文风采、遗存内涵等，这些都需要寻访求证，加上《苏州楼市》特约撰稿老师的年龄都已60岁左右，受体能和精力所限，繁重的涉猎一时很难穷尽。所以我们只能先以人文为主，作补白式描述，待日后再版时逐一补充。

再则，关于照片资料，起先我们有意每文一照，但由于这些弥足珍贵的建筑瑰宝历经岁月沧桑，饱受风侵雨蚀，再加上人为拆改损缺，遗存至今的宅第已破损残缺，或拆了楼层院墙，或少了进落庭园，当年风貌大多荡然无存。尽管我们走街串巷，广为收集，一处处现场抢拍，但终难填补历史的遗憾。如今不少宅子的风采只能靠读者通过我们的文字来延伸思维了。还有，苏州200多处控保建筑按其风貌特征和当时实际用途有多种形态类别，编书前我们想借编书的过程作一番精准分类，但在编辑过程中，虽然拜访过不少专家，翻阅了不少资料，但各有圆缺，难合其形。所以最后我们还是以苏州市文管会徐苏君老师的分类法为基础，根据读者阅读习惯和我们的描述顺序，在书中把它们分类型，虽不一定权威，但还是希望专家和读者能予以接受。

编书和其他艺术创作一样，总会留下遗憾。《古城遗珠——苏州控保建筑探幽》即将付印，但我还是喜忧参半。喜的是3年多来我在业内专家的指导下，特别是在苏州文化旅游集团领导的鼎力相助和《苏州楼市》特约撰稿老师的努力下，苏州控保建筑这些古建明珠终于有了较为系统的刻录；忧的是由于自己水平和精力所限，面对一些有待深挖的史料和内涵只能浅尝辄止，留待后人弥补。请读者原谅我们的第一次，因为这在苏州也是第一次！

大家都说苏州很美，而且说了很久很久。今天，当我们编辑了《古城遗珠——苏州控保建筑探幽》后，才能深感自傲地说："苏州美的内涵就是那些散落在大街小巷的控保老宅和文保建筑，她们像历史尘埃中出土的明珠一样，一直在古城熠熠生辉。"

"是的，苏州很美！因为有那些优秀古建筑，她美得是如此古朴、精巧、典雅、端庄……"

2011年11月10日晚

第二次修改于2013年春节

后记

沈庆年

去年3月，在苏州文化旅游集团支持下，苏州历史建筑文化丛书第一卷《古城遗珠——苏州控保建筑探幽》出版，业内和社会反响强烈，还有幸入选改革开放以来“品味苏州三十本好书”之列。

为了不辜负苏州市委、市政府领导和广大读者的期盼，丛书编委会主任王金兴先生要求我们要凭借多年来研究、探访、积累的大量控保建筑资料，加快《古城遗珠——苏州控保建筑探幽》续集的编撰，编委会还对“苏州历史建筑文化丛书”其他卷册的出版作了规划框架。

现在“续集”即将付印，在此补充几点说明。

第一，2003年—2008年间，苏州市政府分三批公布了古城区控保建筑289处目录，这些目录是我们撰写《古城遗珠——苏州控保建筑探幽》及其续集的基本脉络和依据。

第二，《古城遗珠——苏州控保建筑探幽》续集编撰选录的控保建筑为74处，加上第一卷编录的73处，共147处。虽只是政府公布目录的一半，但因为控保建筑历尽岁月沧桑及人为损缺，许多建筑已荡然无存，要进一步发掘和考证的难度极大。尽管我们出于对控保建筑保护利用的社会责任，还将不遗余力地继续实录记载，但辑成大全已渐成愿望。我们只希望这两册《古城遗珠——苏州控保建筑探幽》出版后能成为苏州历史建筑文档中的珍贵史料，让更多的仁人志士在保护古城古建瑰宝继续努力时多一份参考。

第三，鉴于本书中74处控保建筑的遗存和原用途的实际情况，经反复推敲，书目中删节了“状元府第”与“公寓别墅”两栏，增加了“乡村古建”栏目。

第四，就在成书前夕，国务院、江苏省政府批复同意了苏州市部分行政区划调整。按理我们即应将吴江区的控保建筑尽数纳入，但考虑到广大读者阅读《古城遗珠——苏州控保建筑探幽》续集的急切心情和我们以政府公布目录为准的编撰原则，只能在新行政区各项职能深入开展后，在市、区领导的关怀支持下再作努力，请读者予以谅鉴。

由于我们编辑水平、经验和时间的不足，恳请读者对书中出现的瑕疵加以批评、指正。在此，对在《古城遗珠——苏州控保建筑探幽》前后两册编辑过程中给予充分关注、大力帮助的领导、专家、读者深表感谢；对为此书提供资料的老师以及辛劳笔耕的《苏州楼市》杂志特约作者致以真诚的敬意。

2013年3月28日